Einschwingvorgänge Gegenkopplung, Stabilität

Theoretische Grundlagen und Anwendungen

Von

Johannes Peters

Leiter der Hauptabteilung Forschung des Nordwestdeutschen Rundfunks
Lehrbeauftragter an der Universität Hamburg

Mit 130 Abbildungen

Springer-Verlag
Berlin / Göttingen / Heidelberg
1954

ISBN-13: 978-3-642-92633-4 e-ISBN-13: 978-3-642-92632-7
DOI: 10.1007/978-3-642-92632-7

Softcover reprint of the hardcover 1st edition 1954

Dem Gedächtnis meines Lehrers

Ernst Lehmann

Eutin

in Verehrung und Dankbarkeit gewidmet

Vorwort.

Das vorliegende Buch hat sich aus der in ihm enthaltenen engeren Aufgabe entwickelt, den gegengekoppelten Verstärker zu behandeln. Diese Aufgabe ist etwas zwiespältig: Zunächst sollte eine Darstellung der Möglichkeiten und Grenzen in der Anwendung der Gegenkopplung entstehen, welche als brauchbarer Leitfaden für die Praxis dienen könnte; gleichzeitig verträgt der gegengekoppelte Verstärker nicht die näherungsweise Behandlung, wie sie sonst in der Nachrichtentechnik üblich ist. Die Stabilitätsbedingungen erzwingen streng richtige Betrachtungen.

Wer einen gegengekoppelten Verstärker bauen will, steht vor einer mehrfachen Schwierigkeit: Er fängt mit einem nicht gegengekoppelten Verstärker an, wobei er hofft, die zu großen ursprünglichen Fehler durch eine entsprechende Gegenkopplung herabsetzen zu können. Das gelingt aber nur dann, wenn der Verstärker nach Schließen der Gegenkopplung stabil bleibt. Zwar kann man stabilisierende Glieder in den Gegenkopplungskreis einbauen; sie verschlechtern aber wieder die Wirksamkeit der Gegenkopplung, namentlich in der Nähe der Grenzfrequenzen.

Dem Urheber eines Gegenkopplungskreises fehlt eine Beschreibung derjenigen Möglichkeiten, die er im Rahmen der Stabilität erwarten kann, und eine Angabe über den dahin führenden Weg. Zwar gibt es Stabilitätskriterien. Aber es ist leichter und einfacher, am Verstärker selbst zu prüfen, ob er stabil ist oder mit welcher Frequenz er schwingt, als deshalb erst einmal den Gegenkopplungskreis aufzuschneiden, um auf Umwegen zum gleichen Ergebnis zu gelangen.

Mit anderen Worten: Ein Stabilitätskriterium hat so lange keinen praktischen Nutzen, als es nicht für eine Aussage über eine zweckmäßige Bemessung des Verstärkers brauchbar ist. Andernfalls ist es kein Fortschritt, wenn man durch Probieren ein Stabilitätskriterium zu erfüllen sucht, anstatt unmittelbar die Stabilität des Verstärkers durch Versuche anzustreben.

Wenn eine solche Verbindung zwischen der Stabilität und der praktischen Bemessung geschaffen worden ist, zieht diese sofort wieder die weiteren Fragen nach sich, in welchem Zusammenhang bestimmte Eigenschaften mit der Gegenkopplung stehen, ferner, ob die mit der Stabilisierung zusammenhängenden Forderungen realisierbar sind und wie die Realisierung der Stabilität die geforderten Eigenschaften beeinflußt und dabei wieder einen Teil der ursprünglichen Erwartungen vernichtet.

Für mehrere Einzelfragen lagen bei Beginn dieser Arbeit Lösungen noch nicht vor. Nach dem Zusammentragen des Materials und dem Füllen der Lücken entstand die Frage nach einer geeigneten Darstellung. Die Beschreibungen von Wegen und Reisezielen sind nutzlos, wenn die gewählte Sprache nicht von den zu erwartenden Reisenden verstanden wird.

Zwangsläufig mußte aus diesem Rattenkönig von Fragen eine möglichst anschaulich und physikalisch gehaltene Theorie allgemeiner Netzwerke mit aktiven

Elementen erwachsen. Wenn die Arbeit mehr bieten will als Hinweise für spezielle Fälle, muß sie ernsthaft die Frage zu beantworten trachten: Was kann man ganz grundsätzlich erreichen und wie?

Nachdem diese gesuchte Darstellung einigermaßen festlag und nachdem sich herausgestellt hatte, daß ein gewisser Umfang unvermeidlich ist, lag der Wunsch nahe, die Darstellung nicht nur auf den speziellen Anwendungsfall zu beschränken, von der die Arbeit einmal ihren Ausgang genommen hatte. Die Verwandtschaft zwischen Regel- und Gegenkopplungssystemen führte dazu, auch mechanische Systeme in Analogie zu den elektrischen Systemen zu behandeln; damit wurde gleichzeitig das Kapitel der mechanisch-elektrischen Wandler angeschnitten.

Auf diese Weise ist dann schließlich eine allgemeine Zusammenfassung einer „Theorie der Übertragung" entstanden, die auch Fragen auf ganz anderem Gebiet beantworten hilft, wie z. B. im Fernsehen das Problem der Einschwingvorgänge bei Restseitenbandfiltern.

Der Inhalt ist in 5 Kapitel unterteilt, von denen die ersten drei der allgemeinen Einführung in die theoretischen Grundlagen dienen. Das IV. Kapitel behandelt das ursprüngliche Hauptthema. Das letzte Kapitel soll über Analogien zu Anwendungen auf dem Gebiete der Regeltechnik führen. Die Sprache bedient sich der in der Verstärkertechnik üblichen Ausdrücke. Wenn von einer *Amplitudenkurve* gesprochen wird, so ist damit eine Darstellung der reellen Komponente des Logarithmus vom Übertragungsfaktor für ungedämpfte Schwingungen gemeint. Die *Phasenkurve* ist die entsprechende Darstellung der imaginären Komponente. Da es in der Technik üblich ist, die Phasen*rück*drehung positiv zu rechnen, hat die imaginäre Komponente in den graphischen Darstellungen stets das falsche Vorzeichen. Es wird eigentlich der konjugiert komplexe Wert des Logarithmus dargestellt.

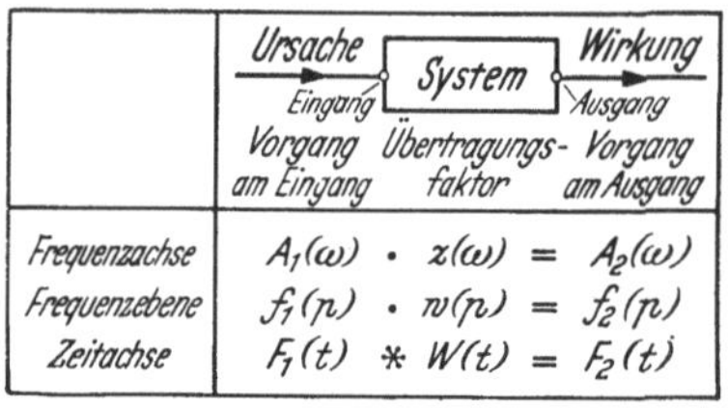

	Ursache (Eingang) Vorgang am Eingang		System Übertragungsfaktor		Wirkung (Ausgang) Vorgang am Ausgang
Frequenzachse	$A_1(\omega)$	$\cdot$	$z(\omega)$	$=$	$A_2(\omega)$
Frequenzebene	$f_1(p)$	$\cdot$	$w(p)$	$=$	$f_2(p)$
Zeitachse	$F_1(t)$	$*$	$W(t)$	$=$	$F_2(t)$

Abb. 1: Mathematische Darstellungen der Beziehungen zwischen Ursache, System und Wirkung mit den verwendeten Bezeichnungen auf der Frequenzachse, in der Frequenzebene und auf der Zeitachse. (Das Sternchen als Multiplikationszeichen bedeutet ein Faltungsprodukt.)

Der gesamte Inhalt hat die Beschreibung eines linearen oder nahezu *linearen Übertragungssystems* (s. Abb. 1) zum Gegenstand. Es wird am *Eingang* von einem Vorgang erregt und erzeugt dadurch einen Vorgang am *Ausgang*. Der Vorgang am Eingang wird daher kurz *Ursache*, der Vorgang am Ausgang kurz *Wirkung* genannt. Beide Vorgänge sind *reelle* Funktionen der Zeit. Das System kann gekennzeichnet werden:

1. durch seinen Übertragungsfaktor für komplexe Frequenzen,
2. durch seine *Wirkung* auf *definierte* Ursachen (Einheitssprung, Einheitsstoß),
3. durch die Verteilung seiner Nullstellen und Pole in der komplexen Frequenzebene.

Es wird gezeigt, daß alle drei Darstellungen dasselbe aussagen, ferner, daß diese Darstellungen durch allgemeine und immer gültige Grundsätze eingeschränkt werden, denen die gegengekoppelten Systeme entsprechen müssen, wenn die Ergebnisse mit der Wirklichkeit übereinstimmen sollen.

Ich habe den Versuch unterlassen, eine korrekte Darstellung der Priorität anderer Autoren zu geben. Statt mich zeitlich abzugrenzen, habe ich mich bemüht, den fremden Gedanken eine möglichst einheitliche Form zu geben und sie dabei mit einigen eigenen Gedanken so zu verbinden, daß ein möglichst homogenes Ganzes entsteht. Das Schrifttumsverzeichnis gibt Aufschluß über die verwerteten

Originalarbeiten. Unter diesen Arbeiten hebt sich ein Autor mit seinem Werk ganz besonders hervor, so daß es mir ein Bedürfnis ist, ihn besonders zu erwähnen: H. W. Bode, *Network Analysis and Feedback Amplifier Design.* Er hat mich in eine neue Perspektive für die Betrachtung von Übertragungssystemen versetzt und mir dadurch auch eine Einführung in die zeitlich voraufgegangenen Arbeiten von W. Cauer gegeben.

Dem Nordwestdeutschen Rundfunk und seinen leitenden Persönlichkeiten habe ich für die bereitwilligst erteilte Genehmigung zur Veröffentlichung herzlichst zu danken. Mein Dank gilt auch allen denen, die mir die Arbeit durch ihr Interesse erleichtert haben; ganz besonders wertvoll war mir dabei das Vertrauen des Verlegers Herrn Dr. Julius Springer, der die mannigfaltigen Wandlungen seines Auftrages und die Terminverzögerungen wohlwollend und mit Gleichmut bis zum hoffentlich guten Ende hingenommen hat.

Meinem Mitarbeiter Wolfgang Händler danke ich neben seiner persönlichen Anteilnahme auch für seine Mühe bei der Durchsicht der Korrekturfahnen.

Hamburg, im Oktober 1953.

Johannes Peters.
Senior Member of The Institute
of Radio Engineers.

Inhaltsverzeichnis.

Zweites Kapitel.

Übertragungsfaktoren von passiven und aktiven Systemen.

Drittes Kapitel.

Stabilität, Stabilitätskriterien, Stabilisierung.

Viertes Kapitel.

Der gegengekoppelte Verstärker.

Fünftes Kapitel.

Mechanische, elektrische und mechanisch-elektrische Übertragungssysteme.

Formelzeichen.

A	Koeffizient der Spannungs-Spannungs-Gegenkopplung
$A(\omega)$	komplexe Amplitude
a	Beschleunigung
$a(\omega)$	komplexe Amplitudendichte
a_{nm}	Koeffizient, reell
α	Ordnung eines Poles
B	Koeffizient der Strom-Spannungs-Gegenkopplung
b_{nm}	Ohmsches Element in einer Matrix
β	Dämpfungsfaktor im Gegenkopplungsweg Ordnung ein Poles
C	Kapazität Koeffizient der Spannungs-Strom-Gegenkopplung
c	Konstante, Federungskonstante
c_{nm}	kapazitives Element in einer Leitwertmatrix
D	$= \frac{1}{C}$ reziproke Kapazität Koeffizient der Strom-Strom-Gegenkopplung
$D(t)$	DIRAC-Stoß
d	Wandstärke eines Wärmeisolators
Δ	Determinante einer Matrix
Δ_{rs}	Determinante einer Matrix nach vorherigem *Streichen* der Reihe r und der Spalte s
Δ'	Determinante einer Matrix nach vorherigem Entfernen eines aktiven Elementes
(Δ)	Die zur Determinante Δ gehörige Matrix
E	elektrische Feldstärke, Elastizitätsmodul
$E_{x,y}$	Komponenten der elektrischen Feldstärke
e	Basis des natürlichen Logarithmensystems
$\dot{e}$	elektrische Spannung
ε	Sicherheitsabstand, kleiner Radius
F	Fehlerdämpfung Federungsmoment
$F(t)$	Vorgang, allgemein
$F_1(t)$	Ursache
$F_2(t)$	Wirkung
f	Frequenz = Anzahl Perioden/Sek.
$f(p)$	LAPLACE-Transformierte eines Vorganges (allgemein)
$f_1(p)$	$\mathfrak{L}$-Transformierte der Ursache
$f_2(p)$	$\mathfrak{L}$-Transformierte der Wirkung
Φ	magnetischer Fluß
$\Phi(u)$	Bewertungsfunktion für die Berechnung der Phase
φ	Phasenwinkel
$\varphi(\omega)$	Phasengang
G	Gegenkopplungsfaktor
G_{fg}	Ohmscher Leitwert zwischen den Knoten f und g
$\mathfrak{g}$	Leitwertmatrix
g_{nm}	Leitwertelement in einer Matrix
$g(\omega)$	reelle Komponente einer komplexen Amplitude
γ	Anfachungskonstante ($-\gamma$ = Dämpfung)
H	magnetische Feldstärke HURWITZ-Determinante reziproke Induktivität
$H_1(t)$, $H_2(t)$	hochfrequenter Träger am Eingang bzw. Ausgang eines trägerfrequenten Übertragungssystems
h_{nm}	induktives Leitwertelement in einer Matrix
$h(\omega)$	imaginäre Komponente einer komplexen Amplitude
I	Stromstärke
i	Symbol für die imaginäre Richtung
i	Stromstärke
K	Wärmekapazität Klirrfaktor (allgemein)
$K_{\sim}$	Klirrfaktor für Sinusspannungen
$K_{\diagdown}$	Klirrfaktor für Sägezahnspannungen
k	Anzahl angeschlossener Knoten, Kraft, Druck, BOLTZMANNsche Konstante
$k(p)$	Nennerfunktion bei einem gebrochen rationalen Übertragungsfaktor
L	Induktivität
l	Länge
$\mathfrak{L}\{\}$	LAPLACE-Transformierte ($\mathfrak{L}$-Transformierte) von
$\mathfrak{L}_{II}\{\}$	Zweiseitige LAPLACE-Transformierte ($\mathfrak{L}_{II}$-Transformierte) von
$\mathfrak{L}^{-1}\{\}$	Originalfunktion zur $\mathfrak{L}$-Transformierten ...
λ	Wärmeleitfähigkeit
M	Drehmoment
m	Masse
$m(p)$	Zählerfunktion bei gebrochen rationalen Übertragungsfaktoren Übertragungsfaktor nach Fortkürzen von Polen
$m_\nu(p_\nu)$	Residuum des Übertragungsfaktors
μ	Verstärkungsfaktor (allgemein)
μ_{kr}	Verstärkungsfaktor des Kreisverstärkers

μ_0	Verstärkungsfaktor des nicht gegengekoppelten Verstärkers
μ'	Verstärkungsfaktor des gegengekoppelten Verstärkers
N	*Anzahl* der Nullstellen in einem Gebiet
$N_{(+)}$	*Anzahl* der *endlichen* Nullstellen in der rechten p-Halbebene
$N_{(-)}$	*Anzahl* der *endlichen* Nullstellen in der linken p-Halbebene und auf der $i\omega$-Achse
$N_1(t)$, $N_2(t)$	das einem Träger aufmodulierte Signal am Eingang bzw. Ausgang eines trägerfrequenten Übertragungssystems
n	ganzzahliger Faktor
Ω	normierte Kreisfrequenz
ω	Kreisfrequenz Winkelgeschwindigkeit eines umlaufenden Speeres
ω_0	Bezugsfrequenz
ω_{gr}	Grenzfrequenz
$\omega_{ü}$	Frequenz, bei der die Asymptote des Verstärkungsfaktors die Verstärkung 0 schneidet
P	Anzahl der Pole in einem Gebiet
$P_{(+)}$	*Anzahl* der *endlichen* Pole in der rechten p-Halbebene
$P_{(-)}$	*Anzahl* der *endlichen* Pole in der linken p-Halbebene und auf der $i\omega$-Achse
$\boldsymbol{P}$	Matrix des passiven Anteiles in einem Netzwerk
p	komplexe Frequenz ($p = \gamma + i\omega$)
p_1, p_2	Pole eines Übertragungsfaktors
Q	Wärmemenge Ladung, elektrische (konstant)
$\boldsymbol{Q}$	Matrix der Quellen und Verbraucher in den Außenstromkreisen
q	Fehlanpassungsmaß Ladung, elektrische (veränderlich)
q_μ	Nullstelle eines Übertragungsfaktors
R	Radius (großer) Reibungsmoment Widerstand, Generator-, Verbraucher-
$R_\nu(t)$	Residuum von $f(p)\, w(p)\, e^{pt}$ im Pol p_ν
$\boldsymbol{R}$	Matrix der passiven Röhreneigenschaften
r	Radius (kleiner), Abstand
ϱ	Reibungskoeffizient
S	Steilheit von Röhren und Verstärkern
$S(t)$	Einheitssprung (von 0 auf + 1)
s	Weg, Spaltbreite
$\boldsymbol{S}$	Matrix der aktiven Röhreneigenschaften
σ	umgekehrter Wert des Reibungskoeffizienten
T	absolute Temperatur Periodendauer Trägheitsmoment
$\boldsymbol{T}$	Transformationsmatrix
t	Element in einer Transformationsmatrix Zeit
τ	Integrationsparameter Zeitkonstante
Θ	Winkelgeschwindigkeit (mechanisch)
U	*Anzahl* der *positiv* gezählten Umläufe von Ortskurven um den kritischen Punkt
u	$= \ln \omega/\omega_0$ reelle Komponente einer komplexen Veränderlichen
$ü$	Übersetzungsfaktor eines fiktiven Übertragers
V	Verstärkung = Logarithmus des Betrages des Verstärkungsfaktors
v	Geschwindigkeit imaginäre Komponente einer komplexen Veränderlichen
$W(t)$	von DIRAC-Stoß erzeugte Wirkung $= \mathfrak{L}^{-1}$-Transformierte des komplexen Übertragungsfaktors
$w(p)$	komplexer Übertragungsfaktor (allgemein)
$w_a(p)$	komplexer Übertragungsfaktor eines Allpasses
$w_g(p)$	komplexer Übertragungsfaktor im Gegenkopplungsweg
$w_0(p)$	komplexer Übertragungsfaktor des nicht gegengekoppelten Verstärkers
x	Abszisse einer Kennlinie reelle Komponente einer komplexen Veränderlichen z
ξ	Integrationsvariable
Y_{fg}	Leitwert (allgemein) zwischen Knoten f und g
y	Ordinate einer Kennlinie imaginäre Komponente einer komplexen Veränderlichen
Z	Wellenwiderstand
$z(\omega)$	Übertragungsfaktor auf der $i\omega$-Achse $z(\omega) = w(i\omega)$

Die konjugiert komplexe Größe wird durch * angedeutet, z. B. $w^*(p) \equiv$ konj. kompl. $w(p)$.

Symbole für Operationen.

$\oint\limits_{(R)} \ldots dp$	Integration in beliebiger Umlaufrichtung auf einem Kreis mit dem Radius R in der komplexen p-Ebene
$\oint\limits_{(R)} \ldots dp$	Integration in positiver Umlaufrichtung auf einem Kreis mit dem Radius R in der komplexen p-Ebene
$\int\limits_{(R)} \ldots dp$	Integration in positiver Umlaufrichtung von $-iR$ bis $+iR$ auf einem *Halbkreis* mit dem Radius R in der rechten komplexen p-Halbebene (offener Integrationsweg)
$\oint\limits_{(R)} \ldots dp$	Integration auf einem geschlossenen Weg in negativer Umlaufrichtung von $-iR$ bis $+iR$ entlang der $i\omega$-Achse, dann auf einem Halbkreis in der rechten komplexen p-Halbebene von $+iR$ nach $-iR$ zurück
$\mathfrak{L}\{F(t)\} \equiv \int\limits_0^\infty F(t)e^{-pt}dt = f(p)$	Einseitige LAPLACE-Transformation (aus dem Oberbereich in den Unterbereich)
$\mathfrak{L}_{\mathrm{II}}\{F(t)\} \equiv \int\limits_{-\infty}^{+\infty} F(t)e^{-pt}dt = f(p)$	Zweiseitige LAPLACE-Transformation
$\mathfrak{L}^{-1}\{f(p)\} = F(t)$	LAPLACE-Rücktransformation (aus dem Unterbereich in den Oberbereich)
$F(t) \underset{-\infty}{\overset{+\infty}{*}} G(t) \equiv \int\limits_{-\infty}^{+\infty} F(t-\tau)G(\tau)\,d\tau$	Zweiseitige Faltung

Erstes Kapitel.

Allgemeine statische und dynamische Eigenschaften linearer Übertragungssysteme.

Einführung.

Dieses Kapitel beschreibt die Eigenschaften linearer Übertragungssysteme, welche mit Hilfe neuerer Betrachtungsweisen aus allgemeinen und immer gültigen Grundgesetzen abgeleitet werden können. Die Beachtung dieser Eigenschaften ist bei Regel- und Gegenkopplungssystemen unbedingt wichtig. Für normale Übertragungszwecke ist im Gegensatz dazu meistens eine schematische Vereinfachung der Betrachtungsweise zulässig, wenn damit z. B. nur eine zeitliche Verschiebung des Signals verbunden ist. Diese Vernachlässigung ist bei Gegenkopplungssystemen unzulässig, da eine zeitliche Vorverlegung des Signals im Gegenkopplungskreis eine nicht vorhandene Stabilität vortäuscht, während eine Rückverlegung des Signals eine nicht zwingend notwendige Instabilität zur Folge hat.

In Verbindung mit der strengen Betrachtungsweise treten alle diejenigen Zusammenhänge — z. B. zwischen Betrag, Phase und Einschwingvorgängen — in den Vordergrund, welche mit den klassischen Betrachtungsweisen nur schwer erfaßt werden können. Eine gemeinsame Kennzeichnung aller dieser Eigenschaften geben die Nullstellen und Pole des Übertragungssystems.

Die verwendeten theoretischen Methoden erhalten im Verlaufe der Untersuchungen nahezu zwangsläufig eine physikalische Ausdeutung. Jedoch verfolgt die Darstellung nicht den Zweck, damit eine mathematische Einführung in die theoretischen Grundlagen zu ersetzen oder überflüssig zu machen.

Ein hinzugefügter Abriß über Trägerfrequenzsysteme hat auch für das Fernsehen eine aktuelle Bedeutung.

A. Statische Eigenschaften bei Schwingungen.

I. Komplexes Rechenverfahren.

Ein jeder physikalischer Vorgang wird am Meßinstrument durch eine reelle Zahl von Maßeinheiten angegeben. Es gibt kein Längenmaß und keinen Strommesser, mit dem eine Amplitude als eine komplexe Anzahl von Zentimetern oder Ampere gemessen werden kann.

Trotzdem werden die Begriffe *komplexe* Amplitude, *komplexer* Strom, *komplexe* Leistung, *komplexe* Frequenz bedenkenlos benutzt, obwohl es sich hierbei um ein Paar *realer physikalischer* Größen handelt, das zusammengenommen eine *komplexe mathematische* Zahl bildet. Diese Darstellung kann aber nur dann zulässig sein, wenn die gesetzmäßigen physikalischen Beziehungen zwischen den beteiligten Größen mit den mathematischen Rechenregeln übereinstimmen. Wenn ein solcher Fall vorliegt, ist die komplexe Rechnung in jedem Fall vorzuziehen. Nicht nur, daß die komplexe Rechnung einfacher ist als die reelle. Ihre Anwendung erzwingt die automatische Beachtung der besonderen physikalischen Zusammenhänge.

Eine Schwingung ist physikalisch etwas durchaus Reales; jeder Augenblickswert der Schwingungsweite kann nur durch eine reelle Zahl von Maßeinheiten angegeben werden. Trotzdem erlauben es die Rechenregeln bei einer sinusförmigen Schwingung, die Amplitude g zur Zeit $t = 0$ mit der Amplitude h zur Zeit $t = -\frac{T}{4}$ zu einer komplexen Zahl $g + ih$ zusammenzusetzen. (T = Periodendauer der Schwingung.) Diese komplexe Zahl nennt man ohne physikalische, aber mit mathematischer Berechtigung eine *komplexe Amplitude*.

Mathematisch kann man eine sinusförmige Schwingung in zwei entgegengesetzt umlaufende Speere $e^{i\omega t}$ und $e^{-i\omega t}$ zerlegen. Dadurch entstehen die beiden Gleichungen

$$\sin \omega t = \frac{1}{2i}(e^{i\omega t} - e^{-i\omega t}), \tag{1a}$$

$$\cos \omega t = \frac{1}{2}(e^{i\omega t} + e^{-i\omega t}). \tag{1b}$$

Hierbei ist ω das 2π-fache der Periodenzahl/Sekunde f, aber gleichzeitig auch die Winkelgeschwindigkeit des umlaufenden Speeres $e^{i\omega t}$. *Zur Vereinfachung der Bezeichnungsweise sei das Wort Frequenz in Zukunft mit dem Begriff Winkelgeschwindigkeit des Speeres gleichgesetzt.*

Ein allgemeiner reeller Ausdruck für eine Sinus-Schwingung wird mit den beiden Gln. (1a) und (1b) wie folgt umgewandelt:

$$g \cdot \cos \omega t + h \cdot \sin \omega t = \frac{1}{2}(g - ih) \cdot e^{i\omega t} + \frac{1}{2}(g + ih) \cdot e^{-i\omega t}, \tag{2a}$$

$$a \cdot \cos(\omega t + \varphi) = \frac{1}{2} a \cdot e^{i\varphi} \cdot e^{i\omega t} + \frac{1}{2} a \cdot e^{-i\varphi} \cdot e^{-i\omega t}. \tag{2b}$$

Die vor dem Einheitsspeer $e^{i\omega t}$ bzw. $e^{-i\omega t}$ stehenden komplexen Faktoren sind die sogenannten komplexen Amplituden. Die rechten Seiten von Gln. (2a) und (2b) bestehen aus zwei stets konjugiert komplexen Summanden. *Dadurch wird erreicht, daß in jedem Augenblick der eine der beiden umlaufenden Speere das Spiegelbild des anderen in bezug auf die reelle Achse ist. Addiert man beide, so ist die Summe gleich dem doppelten Realteil eines jeden Speeres, weil sich die Imaginärteile fortheben.*

Faßt man die komplexe Amplitude als *eine* die gesamte Frequenzachse von $-\infty$ bis $+\infty$ durchlaufende Funktion der Frequenz auf, wobei also

$$A(\omega) = g(\omega) + i\,h(\omega) = a(\omega) \cdot e^{i\varphi(\omega)} \tag{3}$$

ist, so erhält man[1]

$$A(-\omega) = A^*(\omega), \tag{4}$$

oder in Komponenten zerlegt:

$$g(-\omega) = g(\omega), \tag{5a}$$

$$h(-\omega) = -h(\omega), \tag{5b}$$

$$a(-\omega) = a(\omega), \tag{5c}$$

$$\varphi(-\omega) = -\varphi(\omega). \tag{5d}$$

[1] Der Stern * bedeutet die konjugiert komplexe Größe.

Es gelten ferner noch folgende beiden Beziehungen für die Umrechnung der Komponenten in die Darstellung nach Betrag und Phase

$$a = \sqrt{g^2 + h^2}\,, \tag{6a}$$

$$\varphi = \operatorname{arc\,tg} \frac{h}{g}\,. \tag{6b}$$

Bei linearen Aufgaben (also z. B. nicht bei der Berechnung der Leistung!) gilt das Gesetz der Superposition. Man kann sich dann darauf verlassen, daß die konjugiert komplexe Ergänzung zu dem Ergebnis automatisch dazu gehört, um es wieder reell zu machen. *Mit diesem Vorbehalt genügt es, bei linearen Aufgaben mit dem einen umlaufenden Speer allein zu rechnen und gegebenenfalls das 2fache der reellen Komponente des rechnerischen Ergebnisses als das physikalische Ergebnis anzusehen.*

II. Komplexer Übertragungsfaktor.

Der komplexe Übertragungsfaktor ist der mathematische Ausdruck für die physikalischen Eigenschaften des Übertragungssystems bei der betreffenden Frequenz. Bei einer technischen Messung zwingt man dem System mit einem Meßgenerator einen sinusförmigen Vorgang auf. Der Punkt, an dem die Spannung oder der Strom angreift, nennt man den *Eingang* des Systems. Den Meßpunkt nennt man den *Ausgang* des Systems. Der aufgezwungene Vorgang sei zur Vereinfachung mit *Ursache*, der beobachtete übertragene Vorgang mit *Wirkung* bezeichnet. Das System knüpft den Kausalzusammenhang.

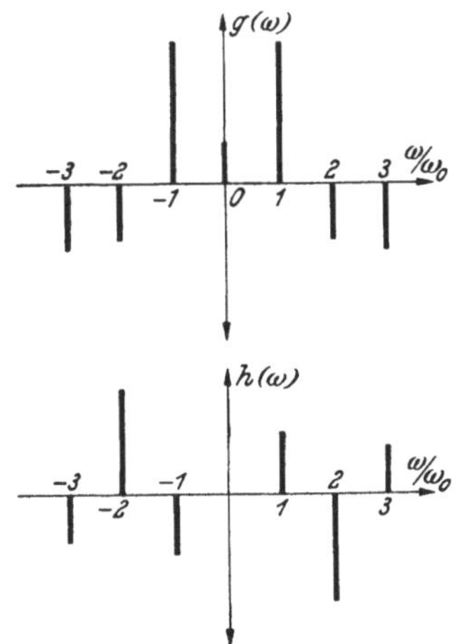

Abb. 2. Spektrum der Fouriertransformierten einer periodischen Zeitreihe, zerlegt nach Komponenten.

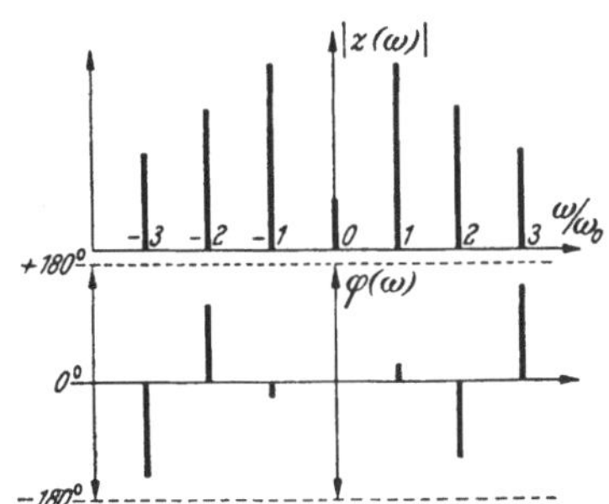

Abb. 3. Spektrum wie in Abb. 2, jedoch zerlegt in ein Spektrum des Betrages und ein Spektrum der Phase.

Bei der technischen Messung wird am Ausgang (nach Ablauf einer hinreichenden Zeit) die gleiche Frequenz beobachtet wie am Eingang. Da es sich um ein lineares System handelt, ist die Amplitude der Wirkung proportional der Amplitude der Ursache. Außerdem ist die Beobachtung unabhängig von dem Zeitpunkt, in dem die Messung vorgenommen wird.

Ein Beobachter kann seine Messung für jede Frequenz nur durch *zwei* Zahlen ausdrücken, die aber nur von der Frequenz und nicht von der Zeit abhängen. Er kann entweder die Komponenten der Schwingung angeben, bezogen auf die maximale Schwingungsweite der Ursache, also die relativen Augenblickswerte in der Wirkung, gemessen einmal beim Nulldurchgang der Ursachenschwingung und ein zweites Mal eine viertel Periodendauer später. Statt dessen kann er auch das Verhältnis der Scheitelwerte von Wirkung : Ursache und den Phasenunterschied angeben. Beide Wertepaare können mit den Gln. (6a, b) ineinander umgerechnet werden.

Rechnerisch genügt es, folgende Annahme zu machen:

$$\textit{Ursache:}\ F_1(t) = e^{i\omega t}. \tag{7a}$$

Dann ergibt sich für die

$$\begin{aligned}\textit{Wirkung:}\ F_2(t) &= (g + ih)\cdot e^{i\omega t},\\ &= a\cdot e^{i\varphi}\cdot e^{i\omega t}.\end{aligned} \tag{7b}$$

Der Quotient Wirkung: Ursache ist der

komplexe Übertragungsfaktor:

$$z(\omega) = g + ih = a\cdot e^{i\varphi}. \tag{8}$$

Betrachtet man den Übertragungsfaktor als Funktion der Frequenz (unter Einschluß negativer Frequenzen), so müssen wegen Gln. (5a—d) *die reelle Komponente* $g(\omega)$ *und der Betrag* $a(\omega)$ *gerade Funktionen der Frequenz* und *die imaginäre Komponente* $h(\omega)$ *und die Phase* $\varphi(\omega)$ *ungerade Funktionen der Frequenz* sein (s. Abb. 2 und Abb. 3).

III. Komplexes Übertragungsmaß.

Es bedeutet für zukünftige Aufgaben eine Erleichterung, wenn das komplexe Übertragungsmaß als der natürliche Logarithmus des komplexen Übertragungsfaktors definiert wird.

Die komplexen Rechengesetze werden auch in das logarithmische System hinübergerettet, wenn an dieser Stelle die Komponenten nicht auseinandergerissen werden. Was ist der Logarithmus einer komplexen Zahl?

Angenommen, $u + iv$ sei der natürliche Logarithmus der Zahl

$$x + iy.$$

Dann ist also

$$x + iy = e^{u+iv}. \tag{9}$$

Da $e^{iv} = \cos v + i\sin v$, kann man Gl. (9) in die beiden Gleichungen

$$x = e^u\cdot\cos v, \tag{10a}$$

$$y = e^u\cdot\sin v \tag{10b}$$

zerlegen. Nach Addieren der Quadrate beider Gleichungen und Auflösen nach u erhält man

$$u = \ln\sqrt{x^2 + y^2} \tag{11a}$$

und entsprechend nach Division von Gl. (10b) durch Gl. (10a) und Auflösen nach v:

$$v = \operatorname{arc\,tg}\frac{y}{x}. \tag{11b}$$ [1]

Vergleicht man beide Gln. (11) mit den beiden Gln. (6), so stellt man fest:

Die reelle Komponente des komplexen Übertragungsmaßes ist der natürliche Logarithmus des Betrages vom Übertragungsfaktor; die imaginäre Komponente des komplexen Übertragungsmaßes ist der Phasenwinkel des Übertragungsfaktors (in Bogenmaß).

---

[1] Dies ist der Hauptwert; auch $v + n\cdot 2\pi$ sind mögliche Werte (Vieldeutigkeit).

B. Komplexe Frequenzen.

I. Komplexe Darstellung gedämpfter Schwingungen.

Gibt man der Frequenz ω eine imaginäre Komponente, also $\omega = \omega_r + i\omega_i$, und setzt dies für ω in $e^{i\omega t}$ ein, so entsteht $e^{i(\omega_r + i\omega_i)t} = e^{-\omega_i t} \cdot e^{i\omega_r t}$. Die imaginäre Komponente bedeutet also eine zeitliche Dämpfung.

Um einen besseren Anschluß in den Formelgrößen an die später verwendete LAPLACE-Transformation zu bekommen, sei statt dessen die Größe

$$p = \gamma + i\omega \qquad (12)$$

eingeführt und der Einfachheit halber als komplexe Frequenz bezeichnet. (In Wirklichkeit ist diese Größe das i-fache der komplexen Frequenz.)

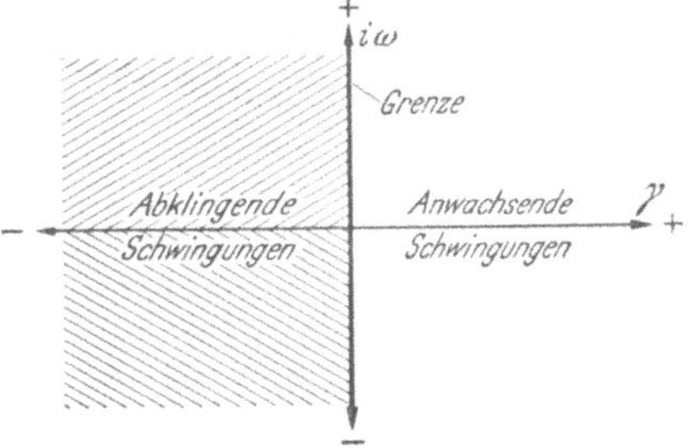

Abb. 4. Komplexe Frequenzebene (p-Ebene), wobei $p = \gamma + i\omega$.

Die bisherige Frequenz-Halbachse, welche für technische Frequenzen von 0 bis ∞ reicht, hatte bereits bei der Einführung negativer Frequenzen eine Erweiterung zu einer beiderseitig unendlichen Frequenzachse erfahren. Die nochmalige Verallgemeinerung des Frequenzbegriffes erweitert diese Achse zu einer Frequenzebene (s. Abb. 4), in der die Frequenzachse im bisherigen Sinne von der *imaginären* Achse gebildet wird. Auf ihr liegen die ungedämpften Schwingungen, in der linken Halbebene die gedämpften, d. h. abklingenden, und in der rechten Halbebene die sich anfachenden Schwingungen. Die reelle Achse trennt die beiden konjugiert komplexen Hälften voneinander.

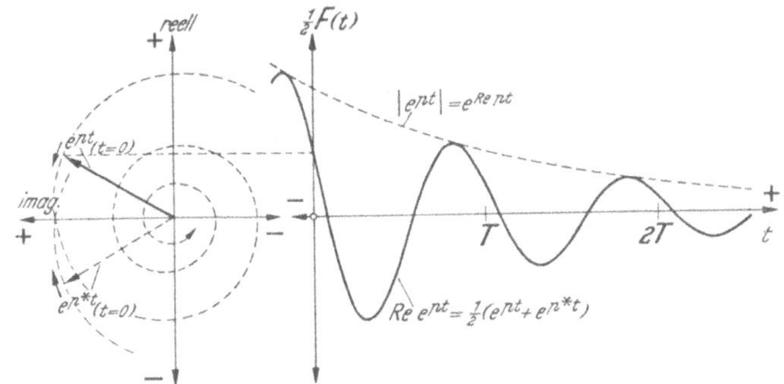

Abb. 5. Exponentiell abklingende Sinusschwingung, dargestellt als die Summe zweier mit komplexer Frequenz umlaufender Speere. (Der Zeitpunkt $t = 0$ ist in der Abb. beliebig gewählt).

Damit zwei Zeiger mit komplexen Frequenzen wieder etwas Reelles ergeben, muß zu einem Zeiger $A \cdot e^{pt}$ stets der Zeiger $A^* \cdot e^{p^*t}$ hinzuaddiert oder wenigstens hinzugedacht werden (s. Abb. 5). Es gilt auch hier

$$A(p^*) = A^*(p), \qquad (13)$$

damit das Ergebnis reell (= physikalisch real) bleibt. Zwei in diesem Sinne zueinander konjugiert komplexe Größen ergeben

$$(g + ih) \cdot e^{(\gamma + i\omega)t} + (g - ih) \cdot e^{(\gamma - i\omega)t}$$
$$= 2e^{\gamma t}(g \cdot \cos\omega t + h \sin\omega t), \qquad (14)$$

also eine reelle gedämpfte Schwingung.

II. Übertragungsfaktor und Übertragungsmaß bei komplexen Frequenzen.

1. Übertragungsfaktor.

Trägt man den Übertragungsfaktor $w(p)$ in die komplexe Frequenzebene als komplexe Funktion einer komplexen Frequenz ein (s. Abb. 6), so gilt auch für ihn die durch Gl. (13) ausgedrückte Beziehung, denn er muß für zwei konjugiert komplexe Frequenzen — die stets gleichzeitig auftreten, damit die Summe reell ist — zwei konjugiert komplexe Übertragungsfaktoren besitzen. Nur dann tritt am Ausgang wieder die Summe zweier konjugiert komplexer Größen, also etwas Reelles auf.

Im Gegensatz zu ungedämpften Schwingungen ist es technisch schwierig, eine länger ausgehaltene gedämpfte Schwingung zu erzeugen, da die Augenblickswerte mehr oder minder schnell den Bereich zwischen dem technisch darstellbaren Höchstwert und dem praktisch beobachtbaren Mindestwert durchwandern. Der praktische Unterschied liegt darin, daß man bei ungedämpften Schwingungen die durch das Einschalten hervorgerufene Störung stets durch genügend langes Warten beseitigen kann. Bei stark gedämpften Schwingungen könnte man das nicht.

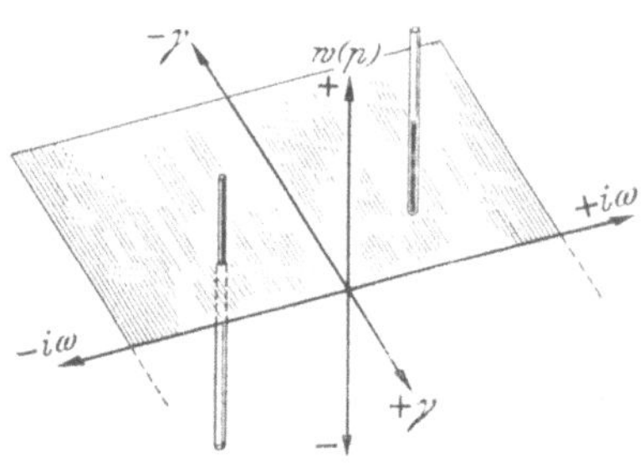

Abb. 6. Modell einer komplexen Eigenschwingung, dargestellt auf der komplexen Frequenzebene. (Die reelle Komponente ist dunkel und die imaginäre Komponente der Amplitude hell gezeichnet.)

Diese Schwierigkeit bedeutet jedoch kein Unglück. Es wird sich später (Abschn. D) herausstellen, daß eine Messung mit gedämpften Schwingungen keine neuen physikalischen Tatsachen zutage fördern würde. Es genügt daher, sich an dieser Stelle derartige Messungen mit geeigneten Generatoren und Meßinstrumenten nur vorzustellen. Grundsätzlich ist eine derartige Messung physikalisch denkbar: Da das System linear ist, darf man theoretisch eine beliebige Zeit warten, auch wenn die Augenblickswerte nicht mehr praktisch möglich sind.

Wenn man e^{pt} statt $e^{i\omega t}$ nach der Zeit differenziert, integriert oder mit einem konstanten Faktor multipliziert, so geschieht nichts, außer daß im Ergebnis an die Stelle von $i\omega$ überall p tritt. Man braucht also den Übertragungsfaktor $z(\omega)$ nur nach $i\omega$ zu entwickeln und bekommt auf diese Weise

$$w(i\omega) = z(\omega). \tag{15}$$

Ersetzt man jetzt $i\omega$ durch p, so bekommt man $w(p)$ als *komplexe Funktion der komplexen Frequenz.*

Beispiel. Das Übertragungssystem sei ein Spannungsteiler, bestehend aus einer Reihenschaltung eines Widerstandes R, einer Induktivität L und einer Kapazität C mit der Spannungsquelle am Eingang. Die Ausgangsspannung wird im Leerlauf parallel zu dem aus Widerstand und Kapazität bestehenden Zweig abgenommen. Dann ist der Übertragungsfaktor $z(\omega) = (R + i\omega L) : (R + i\omega L + 1/i\omega C)$. Statt dessen wird in Zukunft meistens geschrieben werden: $w(p) = (R + pL) : (R + pL + 1/pC)$.

2. Übertragungsmaß.

Die Antwort in dem letzten Beispiel läßt sich in eine etwas andere Form bringen. Man kann schreiben:

$$w(p) = \frac{R + pL}{R + pL + \frac{1}{pC}} = K \cdot \frac{(p - q_1)(p - q_2)}{(p - p_1)(p - p_2)},$$

wenn man

$$K = 1, \qquad q_1 = 0, \qquad q_2 = -\frac{R}{L},$$

$$p_1 = -\frac{R}{2L} + i\sqrt{\frac{1}{LC} - \frac{R^2}{4L^2}}, \qquad p_2 = -\frac{R}{2L} - i\sqrt{\frac{1}{LC} - \frac{R^2}{4L^2}}$$

setzt.

Diese Möglichkeit ist kein Sonderfall des gewählten Beispiels, sondern besteht allgemein, wie im zweiten Kapitel gezeigt wird. Ein Übertragungsfaktor kann daher in die Form

$$w(p) = K \cdot \frac{(p - q_1)(p - q_2) \ldots (p - q_m)}{(p - p_1)(p - p_2) \ldots (p - p_n)} \tag{16}$$

gebracht werden.

Damit die durch Gl. (13) ausgedrückte Bedingung erfüllt wird, muß folgendes gelten:

1. Die Konstante K ist reell.
2. Die Nullstellen q_m liegen entweder einzeln auf der reellen Achse oder in konjugiert komplexen Paaren symmetrisch zur reellen Achse.
3. Die Pole p_n liegen entweder auf der reellen Achse oder in konjugiert komplexen Paaren symmetrisch zur reellen Achse.

Das Übertragungsmaß kann nunmehr geschrieben werden:

$$\begin{aligned} \ln w(p) &= \ln K \\ &+ \ln(p - q_1) + \ln(p - q_2) + \cdots + \ln(p - q_m) \\ &- (\ln(p - p_1) + \ln(p - p_2) + \cdots + \ln(p - p_n)) \end{aligned} \tag{17}$$

oder in Komponenten zerlegt:

$$\begin{aligned} V = \ln|w(p)| &= \ln K \\ &+ \ln|p - q_1| + \ln|p - q_2| + \cdots + \ln|p - q_m| \\ &- (\ln|p - p_1| + \ln|p - p_2| + \cdots + \ln|p - p_n|), \end{aligned} \tag{18}$$

$$\begin{aligned} \varphi = \arg(w(p)) = &\arg(p - q_1) + \arg(p - q_2) + \cdots + \arg(p - q_m) \\ &- (\arg(p - p_1) + \arg(p - p_2) + \cdots + \arg(p - p_n)). \end{aligned} \tag{19}$$

Wegen dieser Entwicklung ist folgende Konstruktion des reellen Anteiles V und des imaginären Anteiles φ des komplexen Übertragungsmaßes $\ln w(p)$ möglich:

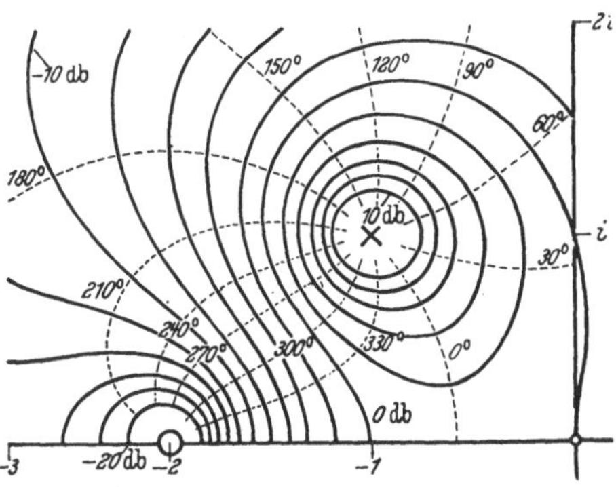

Abb. 7. Kurven konstanten Betrages und konstanter Phase eines Zweipolwiderstandes in der komplexen Frequenzebene. Der Betrag ist in db aufgetragen. Der nicht gezeichnete linke untere Quadrant der p-Ebene enthält einen spiegelbildlichen Pol. Die reelle Achse ist ebenfalls eine Ortskurve für den Phasenwinkel 0°.

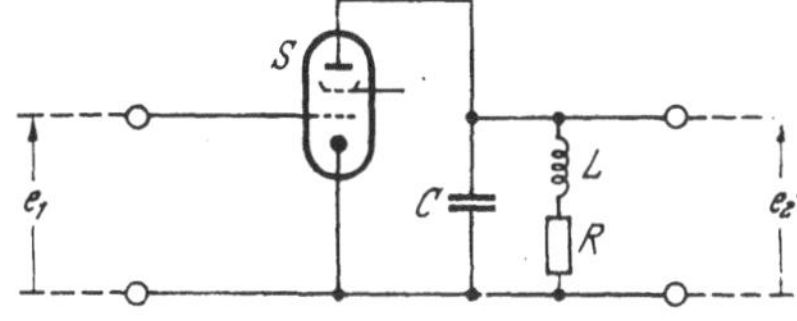

Abb. 8. Übertragungssystem mit den Nullstellen und Polen der Abb. 7.
Nullstelle: $q_1 = -2$
Pole $p_{1,2} = -1 \pm i$
Übertragungsfaktor:

$$w(p) = K \frac{p + 2}{(p + 1 + i)(p + 1 - i)} = K\left(p + \frac{1}{0{,}5\,p + 1}\right)$$

Werte der Schaltelemente (normalisiert): $C = 1$, $L = 0{,}5$, $R = 1$.

Die Nullstellen und Pole werden maßstäblich richtig in die komplexe Ebene eingetragen. Mißt man mit einem *logarithmisch unterteilten* Maßstab die Abstände der Nullstellen und der Pole von einem bestimmten Aufpunkt p, so erhält man die reelle Komponente, wenn man die Summe der Logarithmen der Entfernungen der Nullstellen um die Summe der Logarithmen der Entfernungen der Pole vermindert; die imaginäre Komponente (Phase) bestimmt man durch Messen der Winkel, den die Richtungen von den Nullstellen und Polen zum Aufpunkt mit der positiv reellen Richtung einschließen. Die gesuchte Phase ist die Summe der Nullstellenwinkel, vermindert um die Summe der Polwinkel.

Eine solche Konstruktion von Betrag und Phase zeigt Abb. 7, eine entsprechende Schaltung Abb. 8.

III. Freie Schwingungen.

Komplexe Frequenzen können auftreten, ohne daß die Ursache dieselbe Frequenz enthält, ja, auch ohne daß überhaupt noch eine Ursache vorhanden ist. Wenn das System noch in seinen Speichern über einen Energievorrat verfügt, der sich „frei" entladen kann, so tritt ebenfalls ein meßbarer Vorgang am Ausgang auf, obwohl der Eingang zwangsweise stillgelegt ist.

Zu einer bestimmten Wirkung e^{pt} kann, formal gesprochen, dann die Ursache 0 gehören, wenn

$$\frac{e^{pt}}{w(p)} = 0. \tag{20}$$

Das ist für alle diejenigen Frequenzen möglich, die Pole des komplexen Übertragungsfaktors sind. Man kann daher auch umgekehrt sagen:

Die Pole des Übertragungsfaktors sind die Eigenfrequenzen des Übertragungssystems.

Diese Feststellung hat sofort noch eine weitere Konsequenz: Alle Eigenfrequenzen von praktisch brauchbaren Systemen müssen gedämpft sein, d. h. $\gamma < 0$, da sich sonst Eigenschwingungen bis zu sehr großen Amplituden aufschaukeln könnten. Solche fehlerhaften Übertragungssysteme nennt man auch instabile Systeme. Sie entstehen durch eine Rückkopplung; Systeme ohne Rückkopplung und passive Systeme sind stets stabil. Daher kann man sofort eine weitere allgemeine Aussage über die Lage der Pole in praktisch brauchbaren Systemen machen:

Die Pole von stabilen Übertragungssystemen können nicht in der rechten p-Halbebene liegen.

IV. Allpaßfreie Systeme und Allpässe.

1. Allpaßfreie Systeme und Allpässe im Nullstellen-Pol-Diagramm.

Unter den verbliebenen restlichen Systemen sollen in Zukunft zwei Gruppen unterschieden werden, solche, bei denen die rechte p-Halbebene auch keine Nullstellen enthält, und andere mit Nullstellen in der rechten p-Halbebene.

Ein normales System mit Nullstellen in der rechten p-Halbebene zeigt Abb. 9 bei (a). Bringt man seine rechten Nullstellen in die symmetrische Lage in bezug auf die imaginäre Achse, so entsteht das System (b). Beide Systeme besitzen nach Gl. (18) denselben Betrag für alle rein imaginären Frequenzen, d. h. bei ungedämpften Schwingungen. Es ändert sich aber nach Gl. (19) der Phasengang in Abhängigkeit von der Frequenz. Dieses „Herumklappen der Nullstellen" von links nach rechts kann man sich technisch dadurch entstanden denken, daß in Reihe zum System (b) das System (c) geschaltet ist. Das zusätzliche System (c) besitzt links Pole und rechts Nullstellen, und zwar liegen die Pole spiegelbildlich zu den Nullstellen in bezug auf die imaginäre Achse. Wie Gl. (18) lehrt, heben sich bei diesem System die Beiträge der Nullstellen und Pole zum Betrag auf, es unterstützen sich aber nach Gl. (19) die Beiträge zur Phase. Man nennt das System (c) daher einen Allpaß, ein Laufzeitglied oder auch ein phasendrehendes System.

Das System (b) erreicht eine bestimmte vorgegebene Abhängigkeit des Betrages von ungedämpften Frequenzen mit dem geringst möglichen Aufwand an Phase; es heißt infolgedessen ein Mindestphasensystem oder ein allpaßfreies System, s. S. 24 u. 26—29.

Etwas allgemeiner kann man folgendermaßen formulieren:

Besteht ein Übertragungsfaktor aus dem Produkt zweier Übertragungsfaktoren, sind also die dazugehörigen beiden Übertragungssysteme kopplungsfrei oder reflexionsfrei hintereinandergeschaltet, so ist das Nullstellen-Pol-Diagramm

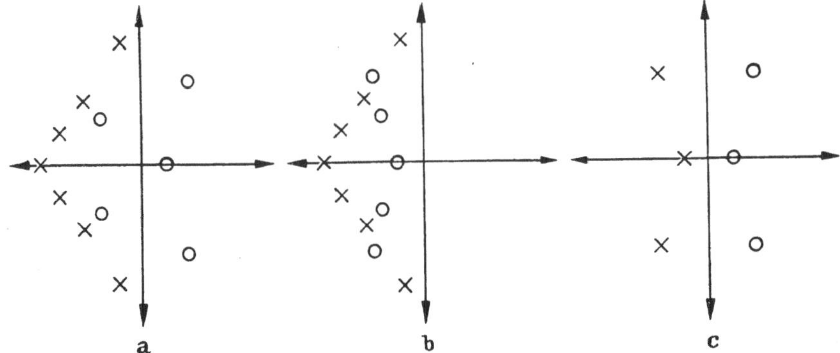

Abb. 9. Zerlegung eines beliebigen Systems (a) in ein allpaßfreies System (b) und einen Allpaß (c).

gleich der Summe der einzelnen beiden Diagramme. Fällt dabei eine Nullstelle mit einem Pol gleicher Ordnung zusammen, so heben sich beide gegenseitig auf.

Man kann jedes beliebige Übertragungssystem, dessen Übertragungsfaktor eine gebrochen rationale Funktion ist, durch die Hintereinanderschaltung eines allpaßfreien Systems mit einem Allpaß ersetzen.

Der Übertragungsfaktor eines Allpasses kann in die Form

$$w_a(p) = \frac{p + p_1}{p - p_1} \cdot \frac{p + p_2}{p - p_2} \cdots \frac{p + p_n}{p - p_n} \tag{21}$$

gebracht werden, ein Allpaß also in die Hintereinanderschaltung einer Reihe einzelner Allpässe zerlegt werden. Da aber die Pole und Nullstellen auch die Symmetrie zur reellen Achse nach Gl. (4) erfüllen müssen, sind die technisch einzeln realisierbaren Elemente eines Allpasses:

a) bei einem Pol und einer Nullstelle auf der reellen Achse:

$$w_a(p) = \frac{p + \gamma_1}{p - \gamma_1}, \quad \text{wobei } \gamma_1 \text{ negativ}, \tag{22a}$$

b) bei einem konjugiert komplexen Polpaar und dem dazu symmetrischen Nullstellenpaar:

$$w_a(p) = \frac{(p + p_1)(p + p_1^*)}{(p - p_1)(p - p_1^*)}. \tag{22b}$$

2. Die physikalische Ursache der Allpaßeigenschaften.

Es ist eine Tatsache von tieferer Bedeutung, daß man die Allpaßübertragungsfaktoren stets in eine *Summe* von Übertragungsfaktoren allpaßfreier Systeme

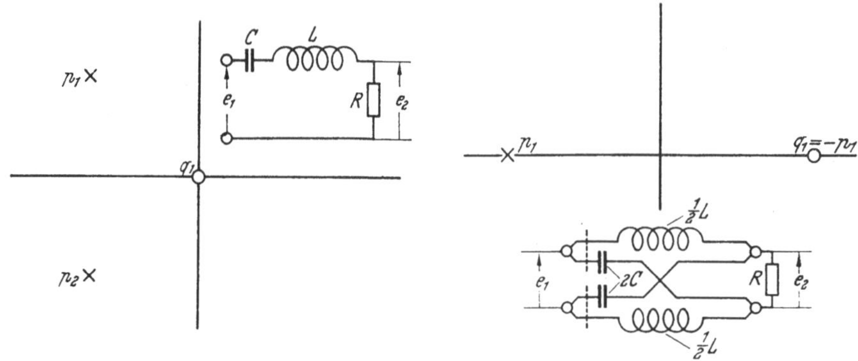

Abb. 10. Nullstellen und Pole eines allpaßfreien Systems. Abb. 11. Nullstellen und Pole eines Allpasses.

zerlegen kann. Dies sei kurz an den beiden elementaren Systemen nach Gln. (22a, b) gezeigt:

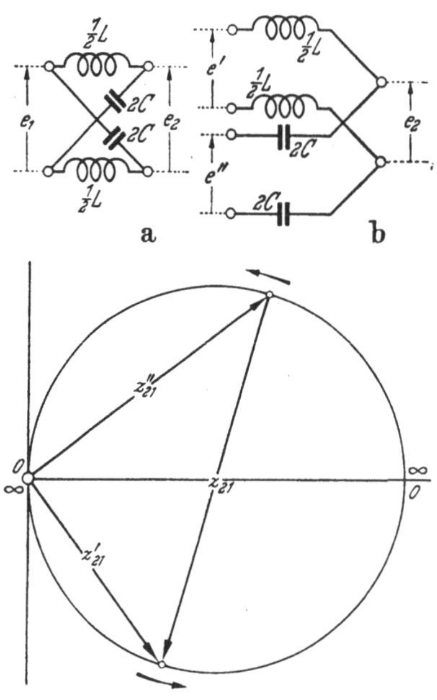

Abb. 12. Entstehung des Übertragungsfaktors eines Allpasses. Die Übertragung kommt durch das Zusammenwirken zweier Übertragungswege zustande, welche beide, je für sich, allpaßfrei sind. Der Übertragungsfaktor z_{21} beider Wege zusammen ist die Differenz der einzelnen Übertragungsfaktoren z'_{21} und z''_{21}.

Es ist:

$$\text{a)}\quad w_a(p) = \frac{p+\gamma_1}{p-\gamma_1} = 1 + \frac{2\gamma_1}{p-\gamma_1}, \tag{23a}$$

$$\text{b)}\quad w_a(p) = \frac{(p+p_1)(p+p_1^*)}{(p-p_1)(p-p_1^*)} = 1 + \frac{4\gamma_1 p}{(p-p_1)(p-p_1^*)}. \tag{23b}$$

Physikalisch ist also ein Allpaß ein System, in dem mehrere Übertragungswege nebeneinander bestehen. Daher kann man eine Schaltung äußerlich bereits danach beurteilen, ob sie allpaßverdächtig ist oder nicht. Beispielsweise ist die Schaltung nach Abb. 10 allpaßfrei, die Schaltung nach Abb. 11 dagegen allpaßhaltig. Ein reiner Allpaß entsteht, wenn $R = \frac{1}{2}\sqrt{L/C}$.

Man erkennt dies schon unmittelbar daran, daß zwar die tiefen Frequenzen über die Induktivitäten direkt durchgeschaltet, aber die hohen Frequenzen über die Kapazitäten in umgekehrter Polung übertragen werden. Von den tiefen bis zu den hohen Frequenzen tritt also eine Phasendrehung um 180° auf. Statt die Schaltung (a) in Abb. 12 unmittelbar zu betrachten, sei durch eine Auftrennung der Verzweigung am Eingang ein einfacher Sechspol (b) gewonnen, dessen beiden Eingänge nunmehr mit den Spannungen e_1' und e_1'' beschaltet sind, von denen jede allein an dem Belastungswiderstand R die Spannungen e_2' bzw. e_2'' hervorrufen möge. Jede dieser Spannungen werde von einem Generator mit dem inneren Widerstand 0 geliefert. Die Ausgangsspannung ergibt sich als die Summe der beiden Anteile, welche von der Eingangsspannung hervorgerufen werden, wenn diese an das erste bzw. zweite Klemmenpaar angeschaltet wird und wenn dabei das jeweils andere Klemmenpaar am Eingang kurzgeschlossen ist. Bezeichnet man die einzelnen Übertragungsfaktoren mit z'_{21} bzw. z''_{21}, so erhält man:

$$e_2 = z'_{21} e'_1 + z''_{21} e''_1 . \tag{24}$$

Die Schaltung (b) ist offenbar dann mit der ursprünglichen Schaltung (a) identisch, wenn:

$$\begin{aligned} e'_1 &= e_1, \\ e''_1 &= -e_1. \end{aligned} \tag{25}$$

Es ist daher nach Einsetzen von Gl. (25) in Gl. (24):

$$e_2 = (z'_{21} - z''_{21}) \cdot e_1, \tag{26}$$

wobei man den Übertragungsfaktor der Schaltung (a) zu

$$z_{21} = z'_{21} - z''_{21} \tag{27}$$

erhält.

Betrachtet man die Ortskurve der Übertragungsfaktoren, so sind die Ortskurven von z'_{21} und z''_{21} die untere bzw. die obere Hälfte eines Kreises. Die Spitze von z''_{21} läuft mit wachsender Frequenz aus der maximalen Stellung links herum zum Nullpunkt; die Spitze von z'_{21} läuft ebenfalls links herum vom Nullpunkt zur maximalen Stellung. Die Differenz z_{21} beider Speere z'_{21} und z''_{21} bildet eine Sekante im Ortskreis, welche dann für alle Frequenzen in einen Durchmesser übergeht, wenn $R = \frac{1}{2}\sqrt{L/C}$.

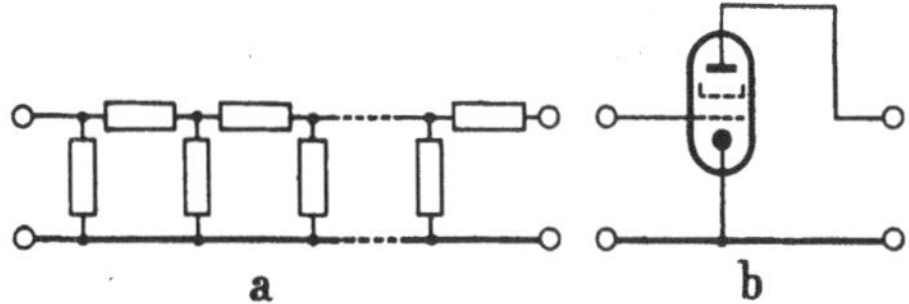

Abb. 13. Beispiele allpaßfreier Netzwerke. Die Schaltung (a) sowie die rückwirkungsfreie Röhre (b) sind allpaßfrei. Beliebige Kettenschaltungen solcher Schaltungen sind ebenfalls allpaßfrei.

Dieses Beispiel bestätigt, daß ein phasendrehender Allpaß durch Mehrfachübertragung und der damit verbundenen Addition von Übertragungsfaktoren zustande kommt.

Dagegen braucht bei mehrfachen Wegen nicht immer eine zusätzliche Phasendrehung aufzutreten, denn es könnte der resultierende Übertragungsfaktor ja auch mit einem einfachen Übertragungsweg zu erreichen sein. Das ist in einem trivialen Fall dann erfüllt, wenn die einander parallelgeschalteten Übertragungswege identische Eigenschaften besitzen.

Zusammenfassend ergeben sich daraus folgende Regeln:

a) Alle Vierpole, welche aus einer Kettenschaltung von beliebigen Π- oder T-Gliedern (einschließlich den erdsymmetrischen Gliedern) bestehen, sind allpaßfrei, s. Abb. 13, sofern sich jedes einzelne der darin enthaltenen Zweipolelemente als physikalischer Widerstand realisieren läßt und sofern nicht zusätzliche Kopplungen (z. B. durch Streukapazitäten) zusätzliche Übertragungswege bilden, welche die vorhandenen umgehen.

b) Kettenschaltungen von allpaßfreien Vierpolen sind allpaßfrei.

c) Verstärker aus Kopplungszweipolen und rückwirkungsfreien Röhren sind allpaßfrei.

d) Verstärker aus allpaßfreien Kopplungsvierpolen und rückwirkungsfreien Röhren sind ebenfalls allpaßfrei.

Beispiel: Eine gewöhnliche Spulenleitung, bei der unter den Spulen keine induktive Kopplung besteht, ist allpaßfrei. Wenngleich diese Schaltung eine starke Phasendrehung besitzt, ist diese nicht größer, als es dem Phasenflächen-Satz S. 24 entspricht.

Gegenbeispiele:

a) Das *Ersatz*schaltbild (a) nach Abb. 14 ist trotz seiner scheinbar allpaßfreien Struktur ein Allpaß, denn der Querwiderstand ist nicht als physikalischer Zweipol realisierbar, vgl. das wirkliche Schaltbild (b).

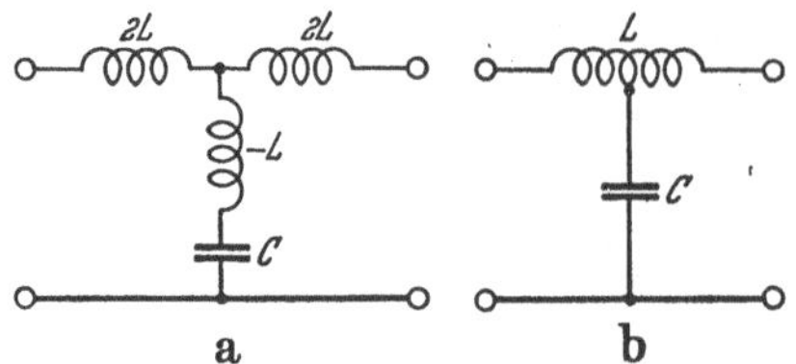

Abb. 14. Eine nur scheinbar allpaßfreie Schaltung. Der Querwiderstand in (a) enthält eine negative Induktivität und ist daher nicht selbständig realisierbar. Die wirkliche Schaltung (b), für die (a) nur ein Ersatzschaltbild ist, stellt bekanntlich einen reinen Allpaß dar.

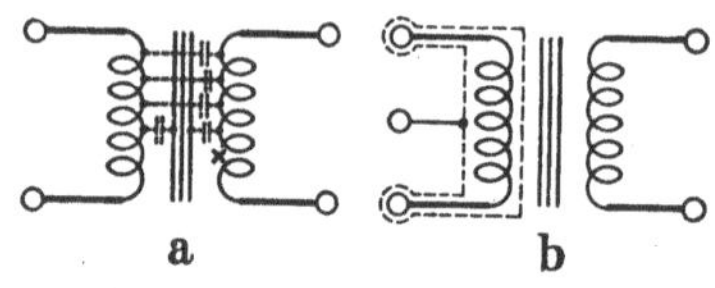

Abb. 15. Ein Transformator mit darin enthaltenem Allpaß durch schädliche Wicklungskapazitäten. a fehlerhafter Vierpol; b Beseitigung des Fehlers.

b) Ein Übertrager mit Kapazität zwischen den Wicklungen, s. Abb. 15, enthält einen Allpaß. Unterbricht man nämlich eine der Wicklungen in der Spule, so findet trotzdem eine kapazitive Übertragung der hohen Frequenzen statt. (Abhilfe: vollständige statische Trennung der Wicklungen voneinander.)

c) Eine Phasenvertauschung braucht nicht immer durch Überkreuzen von Leitungen zu erfolgen, sondern kann auch mit Hilfe einer Röhre geschehen, s. Abb. 16. Daher ist eine Röhrenschaltung, bei der außerdem noch ein zweiter Übertragungsweg über die Röhre hinweg besteht, stets mit Allpaßeigenschaften behaftet. Ein gegengekoppelter Verstärker ist daher im strengen Sinne nicht allpaßfrei; trotzdem kann aber der darin enthaltene geschlossene Verstärkungskreis allpaßfrei sein.

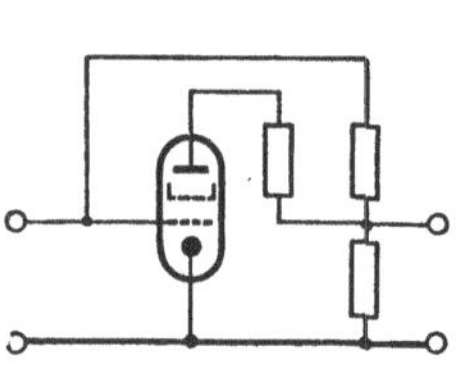

Abb. 16. Röhrenschaltung mit darin enthaltenem Allpaß. (Zwei Wege, von denen der eine über die Röhre führt.)

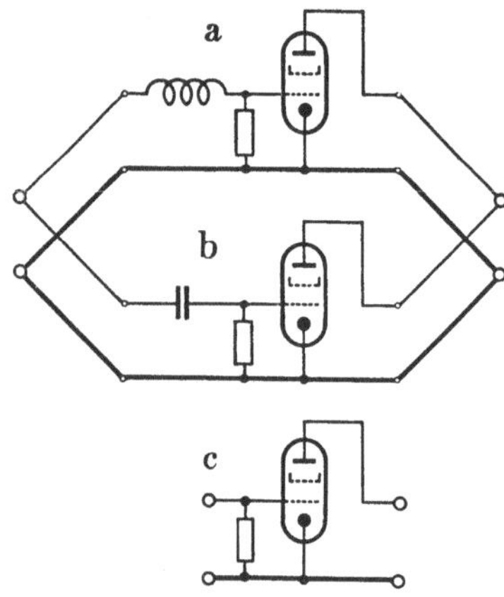

Abb. 17. Schaltung, welche scheinbar einen Allpaß enthält, (a) + (b), aber unter gewissen Voraussetzungen einem einfachen Übertragungsweg (c) äquivalent ist.

d) Es kann auch Röhrenschaltungen mit Mehrfachübertragung geben, welche Schaltungen mit Einfachübertragung äquivalent sind. Das kann in der Schaltung nach Abb. 17 auch in dem Frequenzgebiet der Fall sein, wo die Röhrenkapazitäten noch keinen Einfluß haben.

V. Gewinnung neuer Übertragungssysteme durch Frequenztransformation.

Eine Methode, Schlüsse von einem Übertragungsfaktor $w(p)$ auf einen anderen Übertragungsfaktor zu verallgemeinern, besteht darin, in $w(p)$ für p eine ungerade Funktion von p einzusetzen. Dieses Verfahren soll hier benutzt werden, um die folgenden Ausführungen auf den sogenannten Tiefpaß beschränken zu können, d. h. auf ein System, welches für Frequenzen[1] (im technischen Sinne) von 0 bis zu einer oberen Grenzfrequenz durchlässig ist, und höhere Frequenzen praktisch nicht übertragen.

Bei dem hier eingeführten Frequenzbegriff braucht man nur die Kreisfrequenz $\omega = 2\pi f$ zu betrachten und durch die entsprechenden negativen Frequenzen zu ergänzen.

Für den praktischen Anwendungsfall sind Systeme außerordentlich wichtig, welche zwischen einer unteren und einer oberen technischen Frequenz durchlassen und praktisch alle anderen Frequenzen sperren. Die Verwendung der Frequenztransformation soll sich darauf beschränken, den Bandpaß in den folgenden Ausführungen automatisch mit einzuschließen.

1. Der Schluß von Tiefpaß- auf Bandpaß-Eigenschaften.

In einem Übertragungsfaktor $w(p')$ werde

$$p' = p + \frac{c^2}{p} \tag{28a}$$

eingesetzt. Der neue Übertragungsfaktor geht aus dem alten durch konforme Abbildung in der p-Ebene über. Löst man Gl. (28a) nach der neuen Frequenz auf, so erhält man für jede der ursprünglichen Frequenzen zwei transformierte Frequenzen, für die der Übertragungsfaktor dieselben Eigenschaften hat:

$$p = \frac{p'}{2} \pm \sqrt{\frac{p'^2}{4} - c^2}\,. \tag{28b}$$

Ferner muß gelten

$$p^* = \frac{p'^*}{2} \pm \sqrt{\frac{p'^{*2}}{4} - c^2}\,. \tag{28c}$$

Daher muß c eine reelle Zahl sein.

Es ist zulässig, den Vergleich der Anschaulichkeit halber nunmehr auf die imaginäre Achse zu beschränken. Beschränkt man sich auf technische Frequenzen (positiv imaginäre Halbachse), so entsprechen einem ω' die beiden Frequenzen

$$\omega_1 = \sqrt{\frac{\omega'^2}{4} + c^2} - \frac{\omega'}{2}, \tag{29a}$$

$$\omega_2 = \sqrt{\frac{\omega'^2}{4} + c^2} + \frac{\omega'}{2}. \tag{29b}$$

Wenn ω' eine Grenzfrequenz des Tiefpasses ist, so hat der Bandpaß die durch Gln. (29a, b) gegebenen beiden Grenzfrequenzen. Der Unterschied zwischen beiden, also die übertragende Bandbreite, ist

$$\omega_2 - \omega_1 = \omega'\,. \tag{30}$$

Bei dieser Transformation bleibt also die lineare Bandbreite, (nicht die in Oktaven gemessene) erhalten.

[1] Mit dem Ausdruck Frequenz (im technischen Sinn) ist die Periodenzahl/Sekunde bezeichnet.

Man muß unbedingt die negativen Frequenzen hinzunehmen, um die Abbildung recht verstehen zu können. Es ist nämlich nicht so, daß sich das Durchlaßband einfach parallel verschiebt, sondern das Stück der imaginären Achse von $-\omega'$ bis $+\omega'$ bildet sich zweimal ab, einmal von $+\omega_1$ bis $+\omega_2$ und ein zweites Mal von $-\omega_1$ bis $-\omega_2$. Die in der Mitte des alten Bandes belegene Frequenz 0 bildet sich ebenfalls zweimal ab, aber nicht als Mitte der neuen Teilbänder, sondern bei

$$\omega_0 = \pm\sqrt{\omega_1 \cdot \omega_2}\,. \tag{31}$$

Daher hat der neue Übertragungsfaktor bei ω_2 dieselben Eigenschaften wie der alte bei ω', bei $+\omega_0$ dieselben wie der alte bei 0 und bei ω_1 dieselben wie der alte bei $-\omega'$. Insbesondere ist also

$$w(i\,\omega_1) = w^*(i\,\omega_2) \tag{32}$$

und es ist $w(i\,\omega_0)$ reell.

Trägt man den komplexen Übertragungsfaktor eines durch Frequenztransformation gewonnenen Bandpasses auf einer *logarithmisch* unterteilten Achse auf, so sind die Übertragungsfaktoren in gleichen Abständen von ω_0 zueinander konjugiert komplex.

2. Umwandlung eines Tiefpasses in einen Bandpaß.

Wandelt man alle Elemente einer Schaltung einzeln um, so ist damit auch die ganze Schaltung umgewandelt. Ein Ohmscher Widerstand bleibt unverändert, da er frequenzunabhängig ist.

Eine Kapazität der alten Schaltung mit dem Leitwert $p'C$ geht über in

$$\left(p + \frac{c^2}{p}\right)C = p\,C + \frac{1}{p\,L}, \tag{33a}$$

wobei

$$L = \frac{1}{c^2 \cdot C}; \tag{33b}$$

eine Induktivität der alten Schaltung mit dem Widerstand $p'L$ geht über in

$$\left(p + \frac{c^2}{p}\right)L = p\,L + \frac{1}{p\,C}, \tag{33c}$$

wobei

$$C = \frac{1}{c^2 \cdot L}\,. \tag{33d}$$

Für die Umwandlung einer Schaltung von einem Tiefpaß in einen Bandpaß auf Grund einer Frequenztransformation entsteht daher folgende Umbauvorschrift:

a) Ohmsche Widerstände werden nicht geändert.

b) Jeder Kapazität C_1 (auch Schaltkapazitäten, Röhrenkapazitäten u. dgl.) wird eine Induktivität

$$L_1 = \frac{1}{\omega_0^2\,C_1}$$

*parallel*geschaltet.

c) Zu jeder Induktivität L_2 wird eine Kapazität

$$C_2 = \frac{1}{\omega_0^2 \cdot L_2}$$

in Reihe geschaltet.

C. Funktionentheoretische Zusammenhänge.

I. Analytische Funktionen.

Die Funktionentheorie befaßt sich mit komplexen Funktionen von komplexen Veränderlichen. Sie liefert dann einfache Zusammenhänge, wenn die Funktion überall analytisch, d. h. differenzierbar ist (mit Ausnahme von endlich vielen Punkten).

Eine komplexe Funktion ist differenzierbar, wenn ein eindeutiger Grenzwert $\frac{df}{dp} = f'$ besteht, unabhängig davon, in welcher Richtung der Grenzwert gebildet wird. Im Punkte p_1, wo der Grenzwert gebildet werden soll, sei $f = u + iv$. Dann muß, wenn man den Grenzwert einmal in reeller und ein anderes Mal in imaginärer Richtung bildet,

$$\frac{\partial f}{\partial \gamma} = \frac{\partial f}{i\,\partial \omega}$$

sein, oder, in Komponenten zerlegt:

$$\frac{\partial u + i\,\partial v}{\partial \gamma} = \frac{\partial u + i\,\partial v}{i\,\partial \omega}.$$

Diese Gleichung kann man in das Gleichungspaar

$$\frac{\partial u}{\partial \gamma} = \frac{\partial v}{\partial \omega}; \qquad \frac{\partial v}{\partial \gamma} = -\frac{\partial u}{\partial \omega} \tag{34}$$

zerlegen. Dies sind die sogenannten *Cauchy-Riemannschen Differentialgleichungen*. Sie bilden das Kriterium dafür, ob eine Funktion in einem bestimmten Punkt analytisch ist oder nicht.

Eine solche analytische Funktion ist der Übertragungsfaktor $w(p)$. Sie ist für alle komplexen Frequenzen differenzierbar außer in den Polen.

II. Sätze der Funktionentheorie.

1. Der Cauchysche Integralsatz.

Eine innerhalb des umschlossenen Bereiches analytische Funktion $w(p)$ werde in der komplexen Ebene über einen geschlossenen Weg C integriert. Dann ist das Integral $= 0$, also:

$$\oint_{(C)} w(p)\,dp = 0. \tag{35}$$

Der Beweis kann durch Zerlegen der innerhalb der Kurve gelegenen Fläche in kleine Elementarflächen geliefert werden, s. Abb. 18. Ein rechteckiger Integrationsweg von differentiell kleinen Abmessungen verlaufe zwischen den Punkten in der Reihenfolge p_1, $p_1 + \Delta\gamma$, $p_1 + \Delta\gamma + \Delta i\omega$, $p_1 + \Delta i\omega$, p_1. In p_1 betrage der Differentialquotient $\left.\frac{dw}{dp}\right|_{(p_1)} = w'(p_1)$. Dann setzt sich das Integral aus den vier Abschnitten $\frac{1}{2}\,\Delta\gamma \cdot w'(p_1) + {} + \frac{1}{2}\,\Delta i\omega \cdot w'(p_1) - \frac{1}{2}\,\Delta\gamma\, w'(p_1) - \frac{1}{2}\,\Delta i\omega\, w'(p_1)$ zusammen. Diese ergeben die Summe 0. Man kann zwei elementare Flächenstücke ohne weiteres vereinigen. Da die Trennungslinie entgegengesetzt durchlaufen wird, entfällt das Teilintegral längs dieses Weges. Es ist also das Integral auf dem

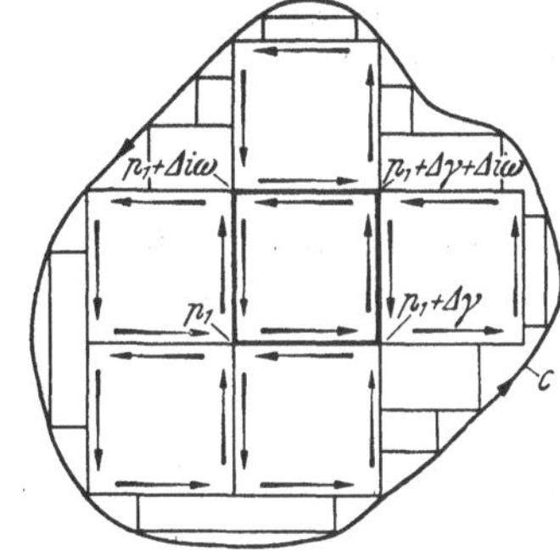

Abb. 18. Zum Cauchyschen Integralsatz. Die Funktion $w(p)$ sei in dem von C umschlossenen Gebiet analytisch. Dann hat das Linienintegral über C den Wert Null.

beide Flächen gemeinsam umfassenden Weg auch gleich 0. Auf diese Weise kann man durch fortgesetztes Aneinanderreihen zu beliebigen Integrationswegen übergehen.

Identisch mit dem CAUCHYschen Satz ist die folgende Fassung:

Das Linien-Integral über einen Weg von einem Punkt zum anderen ist vom Verlauf des Weges unabhängig, sofern die Funktion auf den miteinander zu vergleichenden Wegen und in dem zwischen den Wegen eingeschlossenen Bereich analytisch ist.

2. Die CAUCHYsche Integralformel.

Eine Funktion sei analytisch, abgesehen von einem einfachen Pol im Punkte $p = p_1$. Sie kann daher auf die Form

$$w(p) = \frac{m(p)}{p - p_1} \tag{36}$$

gebracht werden.

Das Integral auf einem beliebigen Wege um den Pol p_1 herum ist auf Grund des CAUCHYschen Integralsatzes gleich dem Integral auf einem Kreis um p_1,

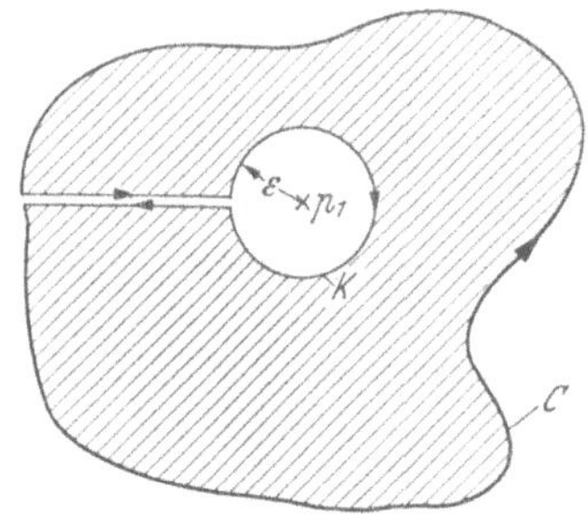

Abb. 19. Zur CAUCHYschen Integralformel. Die Funktion $w(p)$ hat einen Pol in p_1, ist aber in dem schraffierten Gebiet analytisch. Dann kann man den Integrationsweg C durch den Integrationsweg K ersetzen und erhält als Linienintegral das $2\pi i$-fache des Residuums.

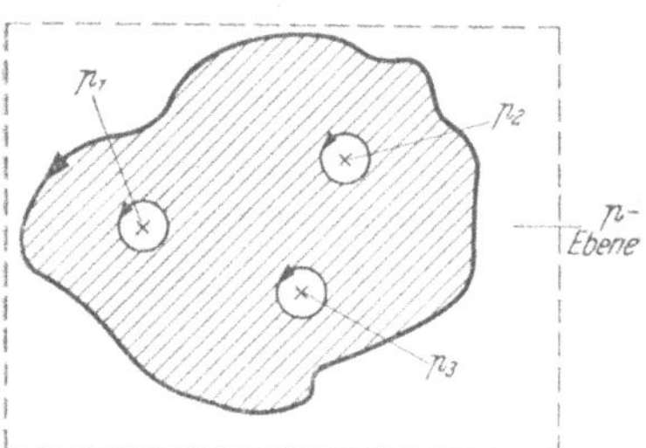

Abb. 20. Integrationsweg um mehrere Pole (CAUCHYscher Residuensatz).

s. Abb. 19. Man kann daher den Integrationsweg als Kreis mit dem Radius ε um p_1 durch die Substitution

$$p = p_1 + \varepsilon \cdot e^{i\varphi}, \tag{37a}$$

$$dp = i\varepsilon \cdot e^{i\varphi}\, d\varphi \tag{37b}$$

beschreiben und erhält

$$\oint_{(p_1)} w(p)\, dp = \int_0^{2\pi} \frac{m(p_1)}{\varepsilon \cdot e^{i\varphi}} \cdot i\varepsilon \cdot e^{i\varphi}\, d\varphi = 2\pi i \cdot m(p_1). \tag{38}$$

Man nennt $m(p_1)$ das Residuum von $w(p)$ im Pol p_1. Mit dieser Bezeichnung kann man folgende Sätze aussprechen:

Das Integral über einen im positiven Sinne durchlaufenen Weg um einen Pol ist gleich dem $(2\pi i)$-fachen des Residuums der Funktion in diesem Punkt.

Für einen *Kreis* um einen Pol mit dem Pol als Mittelpunkt gilt: Ein Teil des gesamten Weges trägt nur mit dem entsprechenden Anteil zum Integralwert bei, z. B. ein Halbkreis mit der Hälfte.

Liegen innerhalb des Weges mehrere Residuen, so erhält man als Integral das $(2\pi i)$-fache der Summe der Residuen (CAUCHYscher Residuensatz, s. Abb. 20).

Ein vergleichbarer physikalischer Fall liegt vor, wenn Spannung in einem geschlossenen Leiter innerhalb eines wirbelfreien elektrischen Feldes induziert wird. Sie ist im wirbelfreien Feld Null und im Wirbelfeld proportional der Summe der die umschlossene Fläche durchsetzenden Stromfäden. Die Ähnlichkeit mit dem Integralsatz und der Integralformel beruht auf den Beziehungen zwischen den CAUCHY-RIEMANNschen Differentialgleichungen und den Potentialgleichungen. Differenziert man die beiden Gln. (34) nach γ und addiert sie, so erhält man

$$\frac{\partial^2 u}{\partial \gamma^2} + \frac{\partial^2 v}{\partial \gamma^2} = 0. \tag{39}$$

Durch Differenzieren nach ω und anschließendem Subtrahieren erhält man ebenso:

$$\frac{\partial^2 u}{\partial \omega^2} + \frac{\partial^2 v}{\partial \omega^2} = 0. \tag{40}$$

Dies sind die für die Elektrodynamik wichtigen Potentialgleichungen.

III. Der Übertragungsfaktor im Lichte der Funktionentheorie.

1. Analogiebetrachtungen.

Analoge Funktionen in der Form der Gl. (34) oder der Gl. (39) und Gl. (40) treten bei allen stationären Strömungsaufgaben in der Ebene auf. Auch eine eingespannte elastische Membran (Seifenhaut, Gummimembran) hat bei gegebenen Randbedingungen eine Auslenkung aus der Ebene, die durch eine analytische Funktion beschrieben wird.

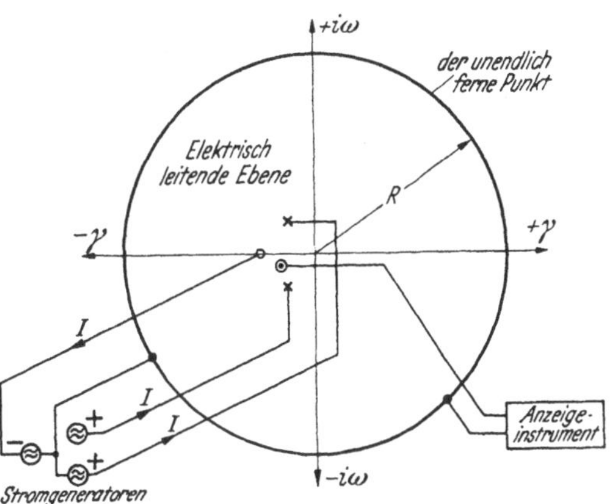

Abb. 21. Analogie zum Übertragungsfaktor durch eine ebene elektrische Strömung. × = Quellen (Pole), ○ = Senken (Nullstellen), ⊙ = Suchelektrode.

Es sei eine elektrisch leitende homogene Platte von unendlicher Ausdehnung angenommen. Ein Punkt auf der Ebene sei durch die komplexe Zahl $z = x + iy$ bezeichnet. In dieser Ebene sei eine Punktquelle, etwa im Punkte z_1, vorhanden, welche einen Strom I in die Ebene hineinliefert. Er fließt zum unendlich fernen Punkt, welcher technisch durch einen leitenden Ring mit dem (sehr großen) Radius R realisiert sein möge, s. Abb. 21. Die Stromdichte beträgt im Abstand r von der Quelle $d = I/2\pi r$. Die Richtung des Stromflusses in einem Punkt z ist die Richtung des Radius von z_1 nach z.

Die gleiche Betrachtung gilt auch bei einer Senke, in die der Strom abfließt, der aus dem Unendlichen kommt. Die Senke ist nichts weiter als eine negative Quelle.

Der von außen aufgezwungene Strom erzeugt in der Ebene ein elektrisches Feld, welches bei entsprechender Normierung der Leitfähigkeit der Platte dem Betrage nach zu

$$E = I/r \tag{41}$$

gemacht worden sei, wobei $r = |z - z_1|$.

Unterscheidet man im Punkt z die beiden Komponenten der Feldstärke, so ist

$$E = E_x + i\,E_y = \frac{I}{z - z_1}. \tag{42}$$

Mit der Substitution $z = z_1 + r \cdot e^{i\varphi}$ erhält man für die beiden Komponenten:

$$E_x = \frac{I}{r} \cdot \cos\varphi, \tag{43a}$$

$$E_y = -\frac{I}{r} \cdot \sin\varphi. \tag{43b}$$

Wenn die Feldstärke ausgerechnet werden soll, die beim Vorhandensein mehrerer Quellen und Senken auftritt, so ist die Kraftwirkung auf die Einheitsladung ausgeübte Kraft (= Feldstärke laut Definition) nicht einfach eine Superposition der Felder, welche die einzelnen Quellen und Senken allein erzeugen würden. Die Quellen und Senken beeinflussen sich nämlich gegenseitig, da zwischen ihnen auch elektrische Ströme fließen.

Die Superpositionsaufgabe kann erst durch Einführen des Potentialbegriffes einwandfrei gelöst werden. Als Potential bezeichnet man die Arbeit, welche beim Heranführen der Einheitsladung vom Punkt ∞ zum Punkt z geleistet werden muß, also:

$$P_1 = \int_{\infty}^{z} E\,dz = I \int_{\infty}^{z} \frac{d\xi}{\xi - z_1} = I \cdot \ln(z - z_1). \tag{44}$$

Diese Arbeit addiert sich bei mehreren Quellen und Senken aus den einzelnen Anteilen, nur daß den Beiträgen der Senken ein negatives Vorzeichen zukommt.

Auch in Gl. (44) ist wieder eine komplexe Zahl zu logarithmieren. Man erhält also eine „komplexe“ Arbeit. Überträgt man die bei Gl. (9) bis Gl. (11) angestellten Überlegungen auf diesen Fall, so stellt man folgendes fest:

Der Realteil des Potentials nach Gl. (44) *ist das Potential in physikalischer Bedeutung; die imaginäre Komponente ist die Richtung der Elektrizitätsströmung.*

Durch die zulässige lineare Superposition gilt ferner:

Das gesamte Potential ist gleich der Summe der Einzelpotentiale; die gesamte Strömungsrichtung ist gleich der Summe der Richtungen der Einzelströmungen.

Das Gleichungspaar (18), (19) zeigt:

1. Abgesehen von einem konstanten Faktor sind Betrag und Phase nur abhängig von der *Lage* der Pole und Nullstellen. Es tragen alle Pole und alle Nullstellen mit demselben Gewicht zur Gesamtverstärkung und zur Gesamtphase bei. Dabei werden Mehrfach-Pole und Mehrfach-Nullstellen mit dem entsprechenden Vielfachen ihres einfachen Beitrages eingesetzt.

2. Pole und Nullstellen wirken sich entgegen. Eine Nullstelle hebt einen Pol auf und umgekehrt. Das ist zwar mathematisch eine Trivialität, die jedoch praktische Anwendungsmöglichkeiten besitzt (Entzerrer).

3. Pole und Nullstellen einer komplexen Funktion bestimmen Betrag und Phase; man kann also Betrag und Phase nicht unabhängig voneinander festlegen.

Ferner dürfen die Pole aus Stabilitätsgründen nicht in der rechten p-Halbebene liegen. Dieser Beschränkung sind die Nullstellen nicht unterworfen. Die Zahl der Pole ist um mindestens 1 größer als die Zahl der Nullstellen, nur in Ausnahmefällen (Allpässen) gleich groß. Bei Verstärkern ist der Polüberschuß mindestens gleich der Zahl der Stufen.

a) Entsprechungen zwischen Größen in der Frequenzebene und in der Strömungsebene. Übertragungsprobleme und Strömungsprobleme stehen in Analogie zueinander, da der Übertragungsfaktor genau in demselben Sinne eine analytische Funktion der Frequenz ist, wie das Potential in der Ebene nach Betrag und Richtung eine komplexe Funktion des Ortes ist. Betrachtet man zwei Größen ohne Rücksicht auf ihre physikalische Bedeutung dann als analog, wenn sie in übereinstimmenden mathematischen Beziehungen den gleichen Platz einnehmen, so entsteht folgende Übersicht:

Tabelle 1.

Strömungsebene	Frequenzebene
Ort $z = x + iy$	Frequenz $p = \gamma + i\omega$
Feldstärke $E = E_x + iE_y$	Übertragungsfaktor $w(p) = w_r(p) + iw_i(p)$
Potential u } komplexes	Verstärkung (in Nepern) V } komplexe
$+ i \cdot$ Flußrichtung v } Potential	$+ i \cdot$ Phase (in Bogenmaß) φ } Verstärkung
Quelle	Pol p_ν
Senke	Nullstelle q_μ
Mehrfach-Einströmung	Mehrfacher Pol
Mehrfach-Ausströmung	Mehrfache Nullstelle
Potential in einer Quelle (nach vorheriger Abtrennung)	Residuum in einem Pol

b) Der elektrolytische Trog. Diesen Entsprechungen liegt folgendes Modell eines Übertragungssystems zugrunde: In einem elektrolytischen Trog oder auf einer Platte aus schlecht leitendem homogenen Material werden die Pole als Stromzuflüsse (Quellen) und die Nullstellen als Stromabflüsse (Senken) mit Hilfe von verschiebbaren Elektroden nachgebildet. Allen *P*olen wird ein *p*ositiver und allen *N*ullstellen ein *n*egativer Strom zugeführt. Alle Ströme sind dem Betrag nach einander gleich, mehrfache Pole und mehrfache Nullstellen führen das entsprechend Mehrfache der Grundeinheit. Bei einem Überschuß der Quellen wird die Differenz von einer unendlich fernen Nullstelle (leitender Ring) aufgenommen.

Mit Hilfe eines elektrolytischen Troges kann man unmittelbar messen, mit welchem Betrag die einzelnen komplexen Frequenzen, soweit sie nicht mit einem Pol oder einer Nullstelle zusammenfallen, durch das System übertragen werden. Der Betrag wird bestimmt durch das Potential. Die Phase kann entweder durch Einzeichnen einer orthogonalen Kurvenschar bestimmt werden oder, indem mit Hilfe eines kleinen Dipols die Richtung der Potentiallinie ausgepeilt wird. Durch Bewegen des Dipols in der Senkrechten dazu wird eine Linie gleicher Phase beschrieben.

Das Residuum in den System-Polen kann man ebenfalls durch eine ganz entsprechende Messung bestimmen: Eine Streichung eines Linearfaktors $(p - p_\nu)^{\alpha_\nu}$ im Nenner des Übertragungsfaktors entspricht einer Abtrennung der Elektrode im Punkt p_ν von der Stromquelle. Der Betrag und die Phase des Residuums wird mit Hilfe der abgetrennten Elektrode p_ν auf die beim Übertragungsfaktor angegebenen Weise bestimmt.

Mit dem elektrolytischen Trog kann man die Eigenschaften eines bekannten Übertragungssystems bestimmen. Es ist jedoch auch möglich, die statischen Eigenschaften eines noch nicht ausgeführten Systems im Modell zu studieren. Natürlich müssen bei der Verteilung der Nullstellen und Pole die hierfür geltenden einengenden Vorschriften beachtet werden.

Die Realisierung eines Systems mit bekannten Nullstellen und Polen[1] ist eine daran anschließende Aufgabe.

2. Integration in der komplexen Frequenzebene.

Bei der Integration in der komplexen Ebene ergeben alle diejenigen geschlossenen Integrationswege den Integralwert 0, die dabei einen polfreien Bereich umschließen.

Wie groß der Kreis ist, der etwaige Pole umgibt, ist gleichgültig. Es gibt dabei in Abb. 22 das Integral mit dem Radius r dasselbe wie das mit dem Radius r'.

[1] Die Lösung dieser Aufgabe ist noch nicht abgeschlossen und wird daher in diesem Buch nicht behandelt.

Dasselbe gilt in bezug auf die Radien R und R' für Abb. 23. Bei positivem Umlauf (entgegen dem Uhrzeigersinn) werde allgemein die im Innern liegende Fläche als umschlossen angesehen, bei negativem Umlauf die außenliegende Fläche.

In Abb. 24 ist dies die weiße, nicht schraffierte Fläche. Tatsächlich handelt es sich hierbei immer nur um eine Verabredung, da auf Grund eines funktionentheoretischen Satzes die Summe aller Residuen in der ganzen Ebene einschließlich des Punktes ∞ den Wert Null ergibt. Zieht man eine beliebige geschlossene Trennungslinie in der Ebene und wählt sie als Integrationsweg, so ändert sich das Ergebnis beim Wechsel der Umlaufrichtung nur um den Faktor -1.

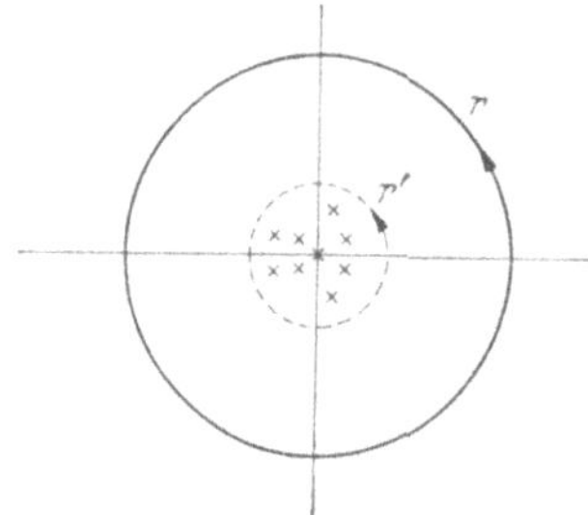

Abb. 22. Integration über einen Kreis, dessen Radius r groß ist gegen den Radius r' des Kreises, der sämtliche Pole umschließt.

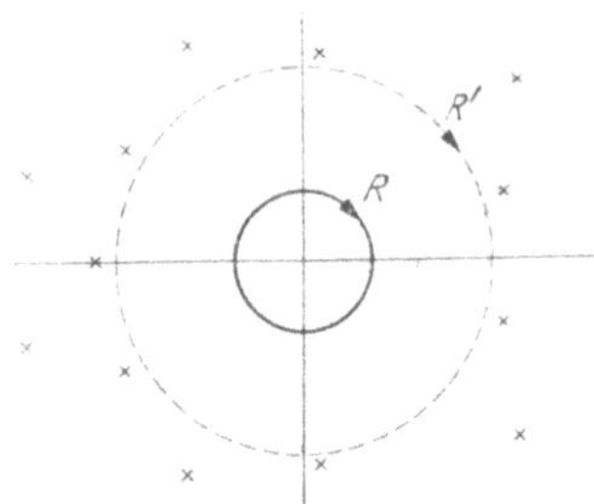

Abb. 23. Integration über einen Kreis, dessen Radius R klein ist gegen den Radius R' des Kreises, der keine Pole umschließt.

Bei stabilen Netzwerken ist ein beliebter Integrationsweg der Umlauf um die rechte Halbebene, wobei der Weg aus der imaginären Achse von $-iR$ bis $+iR$ und dem Halbkreis in der rechten Halbebene von $+iR$ über $+R$ nach $-iR$ gebildet wird. Wenn keine Pole auf der imaginären Achse liegen, kann man daraus den Schluß ziehen, daß das Integral über dem Halbkreis von $-iR$ bis $+iR$ dasselbe liefert wie ein Integrationsweg entlang der imaginären Achse. Liegen aber Pole auf der imaginären Achse, so werden diese mit einem Halbkreis rechts umgangen, z. B. liegt in Abb. 25 ein Pol im Nullpunkt. Wie groß dieser Umgehungsradius gewählt wird, ist auch gleichgültig, solange der Integrationsweg dabei keinen Pol überschreitet. In Abb. 26 kann man daher r bis r' erhöhen und R bis R' verkleinern, ohne daß sich das Ergebnis der Integration entlang der gesamten geschlossenen Kurve ändert. Wählt man andererseits einen Integrationsweg um Pole herum, so ist das Integral gleich der Summe der Residuen, s. Abb. 27.

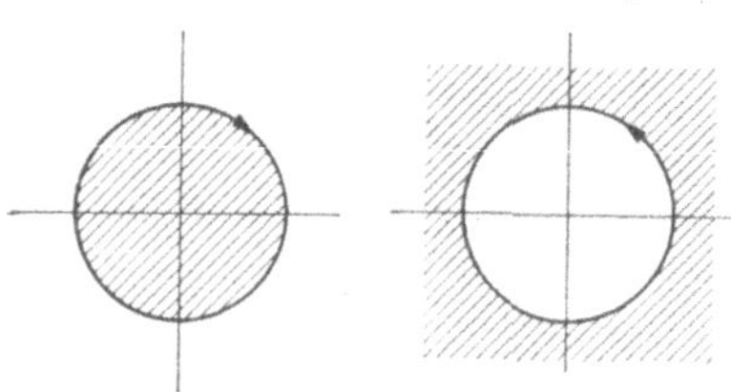

Abb. 24. Umlaufrichtung und umschlossene Fläche.

Durch geschickte Integration in der komplexen Frequenzebene kann man neue Formulierungen des gesetzmäßigen Zusammenhanges zwischen den Komponenten einer analytischen Funktion entdecken.

Es kommt „nur" darauf an, geeignete Integranden auszuwählen und die Integrationswege passend vorzuschreiben. Man kann daher eine große Zahl derartiger Beziehungen auf Vorrat ausrechnen, aber es ist nicht von vornherein zu übersehen, wie man eine interessierende Größe in Verbindung zu einer anderen Größe bringen kann. Dabei braucht der Integrand keineswegs nur ein Übertragungsfaktor zu sein, sondern man kann unter dem Integral diesen Übertragungsfaktor in beliebiger Weise verändern, vorausgesetzt, daß dabei die etwa dadurch neu entstehenden Pole zwischen den beabsichtigten Integrationswegen beachtet werden.

Man kann auch Pole absichtlich herstellen, um das an dieser Stelle entstehende Residuum mit einer anderen Größe in Zusammenhang bringen zu können. Wenn man für einen bestimmten Punkt p_1 einen festen Wert braucht, so braucht man den Integranden nur durch $p - p_1$ zu dividieren. Damit der Integrand konjugiert komplex bleibt, muß man auch noch eine Division durch $p - p_1^*$ ausführen. Man könnte nun glauben, daß es nur einem bestimmten glücklichen Einfall zuzuschreiben sei, ob man den für die gesuchte Beziehung notwendigen Integranden und den Integrationsweg findet oder nicht. Das ist nicht ganz richtig. Zunächst muß man dafür sorgen, daß die Größe, welche man als Fläche über der Frequenzachse angeben will, eine gerade Funktion der Frequenz ist. Solche geraden Funktionen sind z. B. die reellen Komponenten von komplexen Amplitudendichten oder von komplexen Übertragungsfaktoren sowie der Betrag von komplexen Funktionen. Will man eine ungerade Funktion unter das Integral bringen, so

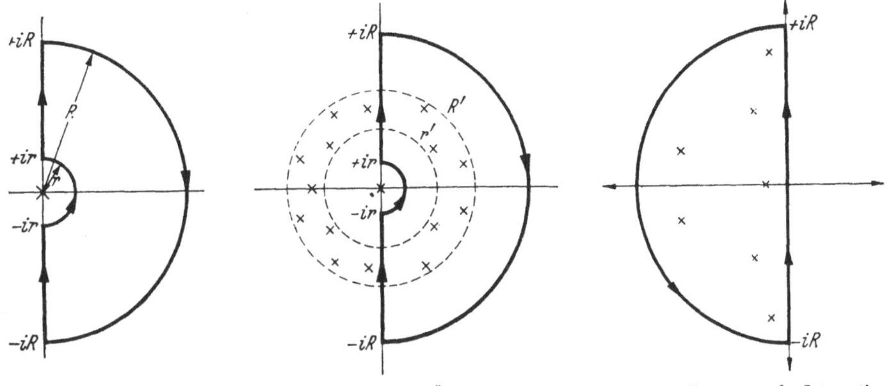

Abb. 25. Integrationsweg, welcher die Pole in der Nähe der Punkte Null und Unendlich ausschließt.

Abb. 26. Zulässige Änderungen des großen und des kleinen Radius.

Abb. 27. Ergänzung des Integrationsweges durch einen Halbkreis.

muß man sie gerade machen, also z. B. mit p multiplizieren, durch p dividieren oder nach p differenzieren. Integriert man solch eine Funktion über die $i\omega$-Achse, so hebt sich die imaginäre Komponente heraus und es bleibt nur ein Integral über die reelle Komponente übrig.

Der Integrationsweg enthält immer dieses gerade Stück entlang der $i\omega$-Achse. Er wird durch Halbkreise und Kreise so zu einem geschlossenen Weg ergänzt, daß die umschlossene Fläche keine Pole enthält. Die Halbkreise bzw. Kreise liefern nur dann einen Beitrag zum gesamten Integral, wenn sie einen Pol umschließen.

Die folgenden Ableitungen für einige Flächensätze mögen Beispiele für die Methode darstellen.

a) Der Widerstands-Flächen-Satz. Als Integrand wird ein komplexer Widerstand $w(p)$ gewählt, den man auch als Übertragungsfaktor zwischen Spannung und Strom auffassen kann, nur daß Ursache und Wirkung am gleichen Punkt auftreten. Als Integrationsweg wird einmal die imaginäre Achse zwischen dem Punkt $-iR$ bis $+iR$ gewählt, ein zweites Mal der Halbkreis in der rechten p-Halbebene von $-iR$ bis $+iR$. Anschließend wählt man bei beiden Integralen die Grenzwerte für $R \to \infty$ und setzt diese einander gleich, also

$$\lim_{R\to\infty} \int_{-iR}^{+iR} w(p)\,dp = \lim_{R\to\infty} \oint_{(R)} w(p)\,dp. \tag{45}$$

Das System mit dem Übertragungsfaktor (in diesem Falle: Eingangswiderstand) $w(p)$ möge aus einer Parallelschaltung eines beliebigen komplexen Widerstandes und einer Kapazität C bestehen. Dann liefert die linke Seite von Gl. (45) die Fläche unter der reellen Komponente des resultierenden Widerstandes, während die rechte Seite im Grenzfall nur von der Kapazität abhängt, denn es ist $\lim_{p\to\infty} w(p) = \frac{1}{pC}$. Das Integral auf der rechten Seite strebt beim Übergang zum Grenzwert einer Konstanten zu, da der Integrand in demselben Maße abnimmt, wie der Integrationsweg zunimmt. Setzt man $p = R \cdot e^{i\varphi}$; $dp = iR \cdot e^{i\varphi}$, so ergibt das rechte Integral von Gl. (45):

$$\lim_{R\to\infty} \frac{i}{C} \int_{-\pi/2}^{+\pi/2} d\varphi = i \cdot \frac{\pi}{C}. \tag{46}$$

Mithin erhält man, da

$$\lim_{R\to\infty} \int_{-iR}^{+iR} w(p)\, dp = 2i \int_0^\infty w_r(i\omega)\, d\omega, \tag{47}$$

wobei $w_r(i\omega)$ = reelle Komponente von $w(i\omega)$, die gesuchte Beziehung:

$$\int_0^\infty w_r(i\omega)\, d\omega = 2\pi \int_0^\infty R(f)\, df = \frac{\pi}{2C} \tag{48a}$$

oder, in praktischen Einheiten:

$$\int_0^\infty R(f)\, df = \frac{1}{4C}. \tag{48b}$$

Das Ergebnis läßt sich durch folgenden Satz ausdrücken:

Schaltet man zu einem beliebigen komplexen Widerstand eine Kapazität parallel und trägt die Ohmsche Komponente des entstehenden resultierenden komplexen Widerstandes über einer linearen Frequenzachse auf, so ist die Fläche zwischen dieser Kurve und der Abszissenachse höchstens gleich einem Viertel des Kehrwertes der parallelgeschalteten Kapazität.

Beispiel, s. Abb. 28. Ein Klemmenpaar wird mit 0,25 μF kapazitiv kurzgeschlossen. Dann ist die Widerstandsfläche der reellen Komponente $\frac{1}{4} \cdot \frac{1}{0,25} \cdot 10^6$ Ohm · Hz. Wenn es durch eine besondere Schaltung gelingt, die reelle Komponente des Ausgangswiderstandes auf den konstanten Wert von 1000 Ohm zu bringen, so kann dieser Wert im theoretischen Grenzfall nur über eine Bandbreite von 1000 Hz aufrechterhalten werden. (Es ist dabei wiederum gleichgültig, in welchem Frequenzbereich diese 1000 Hz liegen.)

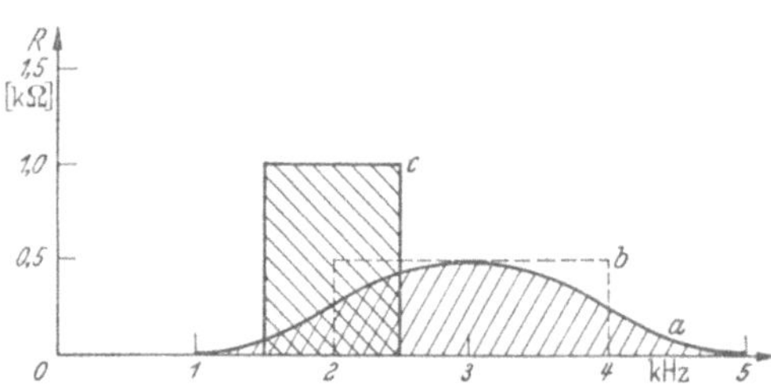

Abb. 28. Das Flächengesetz der Ohmschen Komponente. Eine innerhalb einer vorgeschriebenen Bandbreite konstante Ohmsche Komponente kann eine durch dieses Flächengesetz vorgeschriebene Größe (schraffierte Fläche) nicht überschreiten.

Die Fläche wird kleiner, als auf Grund dieses Satzes im Maximum zu erwarten ist, wenn das kapazitiv belastete Netzwerk schon eine nicht mitgerechnete Parallelkapazität enthält.

Anwendungen. *1. Thermisches Rauschen.* Aus diesem Satz ergibt sich auf Grund der thermischen Rauschformel folgende physikalische Folgerung: Das thermische Rauschen eines mit einer Parallelkapazität beschalteten komplexen Widerstandes ist nur von dem Wert dieser Kapazität abhängig, wenn das Meßinstrument alle Frequenzen gleich bewertet. Die Schaltung des der Kapazität parallelgeschalteten komplexen Widerstandes ist ohne Einfluß, denn sie bestimmt nur die Verteilung des Rauschens über das gesamte Frequenzband.

Die effektive thermische Rauschspannung über alle Frequenzen ist

$$e_r = \sqrt{4kT\int_0^\infty R\,df} = \sqrt{\frac{kT}{C}}.$$

(k = Boltzmannsche Konstante, T = absolute Temperatur.)

2. *Optimale Anpassung eines Widerstandes an eine Verstärkerröhre.* Ein Generator mit der Leerlaufspannung e_1 kann im Höchstfall die Leistung $e_1^2/4\,R_1$ abgeben, und zwar dann, wenn er mit dem konjugiert komplexen Wert seines Generatorwiderstandes belastet wird. R_1 möge die Ohmsche Komponente desselben sein. Bei bestmöglicher Anpassung kann die von einem Zwischennetzwerk abgegebene Leistung dieser angebotenen Leistung gleich sein. Ein Verbraucher, dessen komplexer Widerstand die reelle Komponente R_2 hat, ist nur dann richtig angepaßt, wenn das Netzwerk bei Belastung seines Einganges mit dem Generatorwiderstand einen zum Verbraucher konjugiert komplexen Ausgangswiderstand hat. Wenn das Anpassungsnetzwerk verlustfrei ist, liefert es unter diesen Bedingungen die vom Generator angebotene Leistung voll in den Verbraucher hinein. Dann gilt also:

$$\frac{e_2^2}{4\,R_2} = \frac{e_1^2}{4\,R_1},$$

und daher

$$e_2 = e_1 \cdot \sqrt{\frac{R_2}{R_1}},$$

wobei e_1 die Leerlaufspannung des Generators und e_2 die Leerlaufspannung des mit dem Generator verbundenen Anpassungsnetzwerkes ist. Wenn das Netzwerk innerhalb einer Bandbreite Δf angepaßt sein soll, kann sein Eingangswiderstand auf Grund der Gl. (48b) innerhalb dieses Bandes nur eine mittlere Ohmsche Komponente von maximal

$$R_{2\,\max} = \frac{1}{4\,C} \cdot \frac{1}{\Delta f}$$

besitzen. Daher ist die maximale konstante Übersetzung:

$$\ddot{u}_{\max} = \sqrt{\frac{1}{4\,\Delta f \cdot C} \cdot \frac{1}{R_1}}.$$

Dieses Übersetzungsverhältnis ist um $\sqrt{\frac{\pi}{2}}$ höher als die Übersetzung, welche erforderlich ist, um einen frequenzunabhängigen Ohmschen Verbraucher *dem Betrage nach auf eine Kapazität bei der ungünstigsten Frequenz,* also bei der Grenzfrequenz $\omega_{gr} = 2\pi\Delta f$, anzupassen.

Dieselbe Beziehung gilt auch für die Anpassung einer Endröhre an einen Ohmschen Verbraucher, wenn die Anpassung nur im Hinblick auf eine möglichst hohe Spannungsübersetzung vorgenommen werden soll. In Wirklichkeit können allerdings wegen unvermeidlicher sonstiger Kapazitäten und Fehler die errechneten Grenzwerte auch nicht annähernd realisiert werden.

b) Der Phasen-Flächen-Satz. Als Integrand wird nicht $w(p)$, sondern nach einer heuristischen Annahme $\frac{\ln w(p)}{p}$ gewählt. Diese Funktion hat also einen Pol bei $p = 0$, der durch einen Halbkreis in der rechten p-Halbebene umgangen wird. Physikalisch sei der Integrand ein komplexer Übertragungsfaktor, welcher außerhalb der Grenzen des übertragenen Frequenzbereiches einem eindeutigen Verhalten zustrebt, z. B. Konstanz des Betrages bei tiefen Frequenzen, Abfall proportional ω^{-1} bei hohen Frequenzen.

Der Integrationsweg führt auf der imaginären Achse von $-iR$ bis $-ir$, umgeht dann wegen des künstlich geschaffenen Poles den Nullpunkt mit einem kleinen Halbkreis rechts, führt dann auf der imaginären Achse weiter von $+ir$ bis $+iR$, um dann auf einem großen Halbkreis auf der rechten p-Halbebene bis zum Ausgangspunkt zurückzuführen.

Auf den beiden geraden Abschnitten hebt sich der gerade Teil heraus, es kann also der Integrand auf dieser Teilstrecke zu

$$\frac{Im(\ln w(p))}{p} = \frac{\varphi(p)}{p} \tag{49}$$

vereinfacht werden.

Die beiden imaginären Halbachsen liefern daher

$$I_1 = 2 \lim_{\substack{r\to 0\\ R\to\infty}} \int_{ir}^{iR} \frac{\varphi(p)}{p} dp = 2i \int_{-\infty}^{+\infty} \varphi(\omega)\, d\ln\omega\,, \tag{50a}$$

der kleine Halbkreis ergibt mit $p = r e^{i\varphi}$; $\quad dp = i r \cdot e^{i\varphi} d\varphi$:

$$I_2 = \lim_{r\to 0} \oint_{(r)} \frac{\ln w(p)}{p} dp = i \cdot \ln w(0) \cdot \int_{-\pi/2}^{+\pi/2} d\varphi = \pi i \cdot w(0) \tag{50b}$$

und der große Halbkreis mit den entsprechenden Substitutionen

$$p = R \cdot e^{i\varphi}; \qquad dp = i R \cdot e^{i\varphi} d\varphi:$$

$$\begin{aligned} I_3 &= -\lim_{R\to\infty} \oint_{(R)} \frac{\ln w(p)}{p} dp = -i \cdot \ln w(\infty) \cdot \int_{-\pi/2}^{+\pi/2} d\varphi \\ &= -\pi i \cdot \ln w(\infty). \end{aligned} \tag{50c}$$

Die Summe dieser drei Integrale verschwindet in diesem Fall nur dann, wenn $w(p)$ in der rechten Halbebene nicht nur keine Pole, sondern auch keine Nullstellen besitzt, also der Übertragungsfaktor eines allpaßfreien Systems ist, da nicht $w(p)$, sondern $\ln w(p)$ im Integranden steht. Der Logarithmus einer Nullstelle ergibt nämlich einen Pol unendlich hoher Ordnung. Daher ist für *allpaßfreie Systeme*:

$$\int_{-\infty}^{+\infty} \varphi(\omega)\, d\ln\omega = -\frac{\pi}{2} \cdot \ln \frac{w(\infty)}{w(0)}. \tag{51}$$

Betrachtet man, wie in der Technik üblich, die Phasen*rück*drehung als die normale positive Größe, so verschwindet in Gl. (51) das Minuszeichen.

Damit gilt folgender Satz:

Trägt man den Phasenwinkel über der logarithmischen Frequenzachse auf, so ist die Fläche zwischen der Phasenkurve und der Abszissenachse gleich dem $\frac{\pi}{2}$-fachen der Differenz zwischen den beiden (logarithmischen) Verstärkungen.

Bemerkungen: a) Bei diesem Satz ist es wichtig, daß in beiden Achsenrichtungen mit gleichen logarithmischen Maßstäben gemessen wird. Es entspricht 6 db Verstärkungsunterschied einer Oktave auf der Frequenzachse.

b) Man darf diesen Satz nicht zwischen beliebigen Frequenzen anwenden, sondern nur zwischen solchen Frequenzen, in deren Umgebung die Frequenzkurve praktisch ein konstantes Gefälle hat.

Beispiel, s. Abb. 29. In einem Frequenzbereich von 1 : 10 sei der Verstärkungsfaktor um 1 : 1000 gefallen. Das ist ein Frequenzbereich von $3^1/_3$ Oktaven. Die Verstärkung ist um 60 db gefallen. Verwendet man für die Phasenfläche die Einheit: Grad · Oktave, so entspricht einer Phasenfläche von 90 Grad · Oktaven eine Dämpfung von 6 db. Mit den Zahlen dieses Beispieles ist die Dämpfung 60 db. Die Phasenfläche muß daher 900 Grad · Oktaven betragen. Sie ist $3^1/_3$ Oktaven breit und muß daher eine *mittlere* Höhe von 270 Grad erhalten. Im Mittel beträgt also der erforderliche Phasenwinkel 270°. Will man denselben Abfall der Verstärkung erreichen, aber aus einem bestimmten Grunde innerhalb einer Oktave von den $3^1/_3$ Oktaven nur einen Phasenwinkel von maximal 180° zulassen, so wird diese Einsparung zum Ausgleich in den restlichen $2^1/_3$ Oktaven einen mittleren Phasenwinkel von fast 310° verlangen.

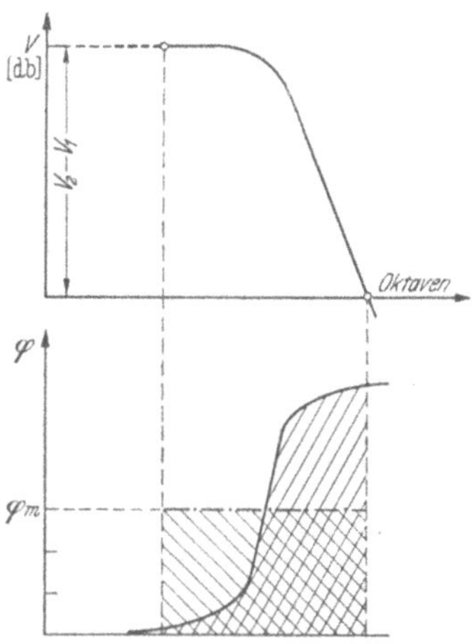

Abb. 29. Das Flächengesetz der Phase. Einer Phasenfläche von 90° × Oktaven entspricht eine Mindestdämpfung von 6 db.

Es gibt also keine Möglichkeit, einen Verstärkungsabfall ohne eine entsprechende Phasenfläche zu bewirken. Kann man nur einen bestimmten maximalen Phasenwinkel zulassen, so muß man notgedrungen den Verstärkungsabfall über einen größeren Frequenzbereich verteilen und dabei dafür sorgen, daß die Phase in diesem Bereich möglichst konstant ist, weil ein Nichtausnutzen der Grenze in Teilabschnitten mit ihrem Überschreiten in anderen Teilabschnitten ausgeglichen werden muß.

c) Der Satz von der Fläche unter dem Betrag. In vielen Fällen besteht die Aufgabe darin, nicht die *reelle* Komponente, sondern den *Betrag* über einen möglichst großen Frequenzbereich so groß wie möglich zu machen. Es interessiert daher ein entsprechender Flächensatz. Dabei strebe $w(p)$ oberhalb des Übertragungsbereiches dem Grenzwert

$$\lim_{p\to\infty} w(p) = \frac{m(\infty)}{p} \tag{52}$$

zu. Der Integrand sei $\ln w(p) - \ln \frac{m(\infty)}{|p|}$. Er verschwindet also für $p \to \infty$, so daß der große Halbkreis keinen Beitrag zum Integral liefert. Es besitze $w(p)$ weder Pole noch Nullstellen in der rechten p-Halbebene. Dann hat der Integrand einen Pol bei $|p| = 0$, welcher mit einem kleinen Halbkreis auszuschließen ist. Zerlegt man den Integranden in mehrere Summanden, enthält nur der Anteil $\ln |p|$ die wesentlich singuläre Stelle. Damit liefert der kleine Halbkreis

$$I_2 = \oint_{(r)} \ln |p| \, dp\,. \tag{53}$$

Mit $p = r \cdot e^{i\varphi}$, $dp = i r \cdot e^{i\varphi} d\varphi$ entsteht

$$I_2 = 2 i r \ln r \int_0^{\pi/2} e^{i\varphi} d\varphi = 2 r \cdot \ln r. \tag{54}$$

Es ist offensichtlich

$$\lim_{r \to 0} I_2 = -\infty.$$

Beschränkt man sich darauf, den Halbkreis um den Nullpunkt nicht mit dem Grenzwert $r \to 0$, sondern mit einem endlichen r durchzuführen, so erhält man für das Integral auf den beiden Achsenabschnitten:

$$I_1 = \lim_{R \to \infty} \int_{ir}^{iR} \left(\ln w(p) - \ln \frac{m(\infty)}{|p|}\right) dp = -2 r \ln r. \tag{55}$$

Der Integrand ist aber die Fläche zwischen dem Betrag und der Asymptote für $p \to \infty$. Damit entsteht folgender Satz:

Ein Übertragungsfaktor strebe für hohe Frequenzen einem Abfall proportional ω^{-1} zu. Trägt man seinen Betrag und seine Asymptote für $\omega \to \infty$ im *logarithmischen* Maßstab über der *linearen* Frequenzachse auf, so ist die Fläche zwischen beiden Kurven, gerechnet von einer sehr kleinen, aber endlichen unteren Frequenz ab, eine *Konstante*, deren Größe von der Wahl der unteren Frequenz abhängt.

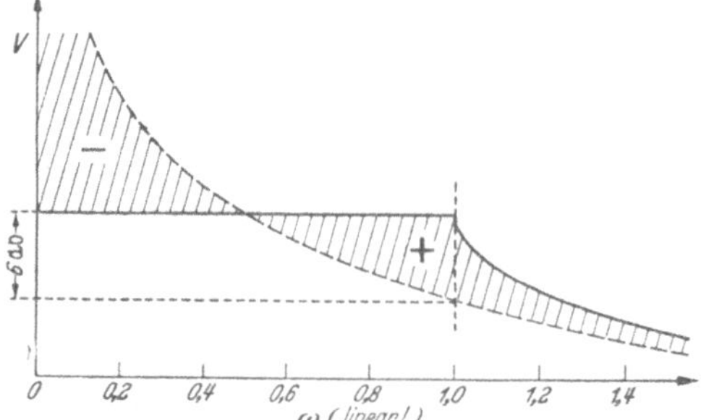

Abb. 30. Das Flächengesetz des absoluten Betrages. Trägt man die Verstärkung logarithmisch über der linearen (!) Frequenzachse auf, so kann bei einem Zweipol die Verstärkung im Mittel niemals höher werden als die mittlere Verstärkung bei Belastung der Röhre mit der Kapazität allein. Die (+)-Fläche ist stets größer als die (—)-Fläche.

Abb. 30 zeigt die Anwendung dieses Satzes auf den in der Theorie der Verstärker vorkommenden sogenannten optimalen Kopplungszweipol.

d) Beziehungen zwischen Betrag und Phase. Daß Beziehungen zwischen Betrag und Phase bestehen, ergibt sich schon aus dem Phasen-Flächen-Satz. Man könnte daran denken, den Phasen-Flächen-Satz auf differentiell kleine Abschnitte der beiden Kurven anzuwenden. Das ist aber ausdrücklich verboten, da der Phasen-Flächen-Satz durch die Grenzübergänge unter Voraussetzungen gewonnen wurde, die bei kleinen Abschnitten nicht mehr erfüllt sind.

Da eine Aussage über den Betrag angestrebt wird, muß der Integrand den Logarithmus des Übertragungsfaktors enthalten; es muß ein Pol bei einer bestimmten als Parameter gewählten Frequenz $i\omega_s$ (*Such*frequenz) entstehen, trotzdem soll der Integrand eine gerade Funktion in p bleiben. So entsteht der Integrand $\frac{\ln w(p)}{(p - i\omega_s)(p + i\omega_s)}$. Es ist zweckmäßig, im Zähler die Konstante $\ln w(i\omega_s) = V_s$ abzuziehen. Es darf p in der rechten p-Halbebene weder Nullstellen noch Pole enthalten. Die zu erwartende Beziehung gilt also nur für allpaßfreie Systeme.

Der Integrationsweg auf der imaginären Achse ist durch zwei kleine Halbkreise unterbrochen und wird auf dem großen Halbkreis zum Ausgangspunkt zurückgeführt.

Der Anteil auf der $i\omega$-Achse ist

$$I_1 = \int_{-i\infty}^{+i\infty} \frac{\ln w(p) - V_s}{(p - i\omega_s)(p + i\omega_s)} = 2i \int_0^{\infty} \frac{V - V_s}{\omega_s^2 - \omega^2} d\omega . \tag{56a}$$

Der eine Halbkreis liefert nach der Residuenformel

$$I_{2a} = \frac{1}{2} \cdot 2\pi i \cdot \frac{\ln w(i\omega_s) - V_s}{2i\omega_s}$$

und der andere

$$I_{2b} = \frac{1}{2} \cdot 2\pi i \cdot \frac{\ln w(-i\omega_s) - V_s}{-2i\omega_s},$$

beide zusammen also

$$I_2 = I_{2a} + I_{2b} = \pi i \cdot \frac{i\varphi(\omega_s)}{i\omega_s} = i\frac{\pi}{\omega_s} \cdot \varphi(\omega_s) . \tag{56b}$$

Das Integral auf dem großen Halbkreis verschwindet, also ist

$$\int_0^{\infty} \frac{V - V_s}{\omega_s^2 - \omega^2} d\omega = -\frac{\pi}{2\omega_s} \cdot \varphi(\omega_s)$$

oder

$$\varphi_s = -\frac{2}{\pi} \cdot \omega_s \int_0^{\infty} \frac{V - V_s}{\omega_s^2 - \omega^2} d\omega . \tag{57}$$

Hierbei spielt ω_s nur die Rolle eines Bezugspunktes. Seine Wahl ist beliebig, da das Integral

$$\int_0^{\infty} \frac{1}{\omega_s^2 - \omega^2} d\omega = 0$$

ist.

Gl. (57) liefert die gesuchte Abhängigkeit: die Phase ist eine Funktion des Betrages. Man trage also den Betrag in *logarithmischen* Einheiten über der *linearen* Abszisse auf und multipliziere jeden Wert mit der Bewertungsfunktion $\frac{1}{\omega_s^2 - \omega^2}$. Diese Funktion bewertet ganz ersichtlich die Beträge um so stärker, je näher sie an ω_s heranrücken. Außerdem ist der Phasenwinkel noch proportional der Frequenz ω_s. (Man könnte natürlich auch die Phasenlaufzeit als abhängige Veränderliche wählen.)

Für viele Zwecke ist es angenehmer, auch eine Abszissenachse mit logarithmischer Unterteilung verwenden zu können. Führt man eine neue Maßeinheit für die Frequenz:

$$u = \ln \omega/\omega_0, \qquad u_s = \ln \omega_s/\omega_0 \tag{58}$$

ein, wobei ω_0 eine beliebige und nicht mit dem Parameter ω_s zusammenhängende Bezugsfrequenz sei, so entsteht aus Gl. (57):

$$\varphi_s = -\frac{2}{\pi} \cdot \int_0^{\infty} \frac{V - V_s}{\frac{\omega_s}{\omega} - \frac{\omega}{\omega_s}} \cdot \frac{d\omega}{\omega} = -\frac{2}{\pi} \int_0^{\infty} \frac{V - V_s}{e^{u_s - u} - e^{-(u_s - u)}} du$$

$$= -\frac{1}{\pi} \int_{-\infty}^{+\infty} \frac{V - V_s}{\mathfrak{Sin}(u_s - u)} du .$$

Durch partielle Integration kann man dieses Ergebnis noch umformen und erhält mit Benutzung der Formel

$$\int \frac{dx}{\mathfrak{Sin}\, x} = C - \ln \mathfrak{Cotg} \frac{1}{2} x$$

die gesuchte Beziehung

$$\varphi_s = -\frac{1}{\pi} \int_{-\infty}^{+\infty} \frac{dV}{du} \cdot \ln \mathfrak{Cotg} \frac{u_s - u}{2} \, du \,. \tag{59}$$

In dieser Formel kann man das Integral auf der rechten Seite auch als Faltungsintegral auffassen und kann daher Gl. (59) auch in der Form

$$\varphi_s = -\frac{1}{\pi} \cdot \left(\frac{dV}{du}\right)_s \mathop{*}_{-\infty}^{+\infty} \ln \mathfrak{Cotg} \left(\frac{1}{2} u_s\right) \tag{60}$$

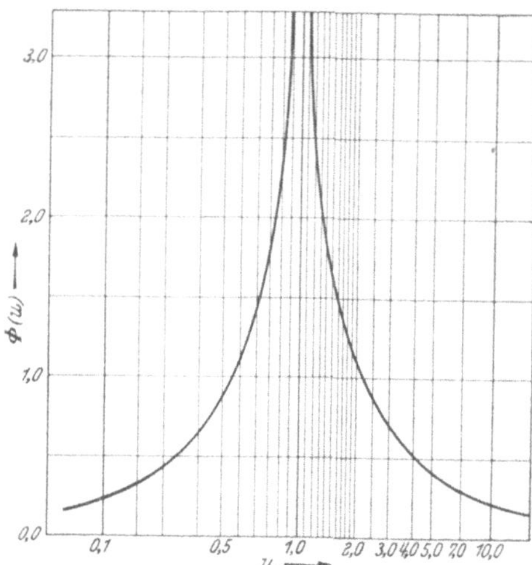

Abb. 31. Bewertungsfunktion $\Phi(u)$ für die einzelnen Beiträge zur gesamten Phasendrehung.

schreiben, wobei u_s die feste Abszisse und u die Integrationsvariable ist. Der Phasenwinkel ist in erster Linie proportional dem Differentialquotienten bei der Frequenz ω_s. Es tritt jedoch noch die Bewertungsfunktion nach Abb. 31

$$\Phi(u) = \ln \mathfrak{Cotg} \left(\frac{1}{2} u\right) \tag{61}$$

hinzu, welches das Gewicht bestimmt, mit dem die Steilheiten entlang der Abszissenachse zur Gesamtphase beitragen.

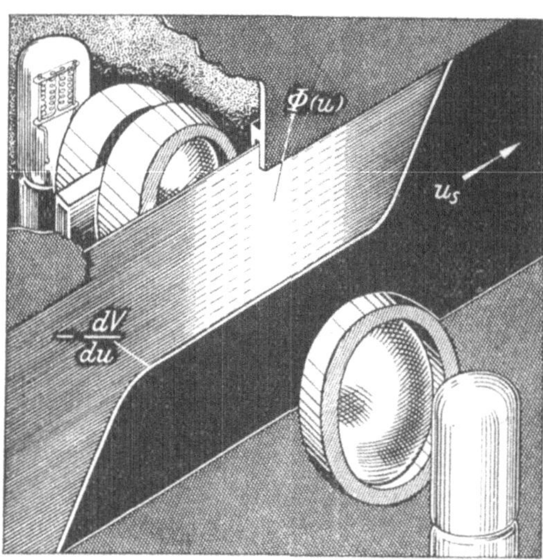

Abb. 32. Einrichtung zur direkten Anzeige des Phasenwinkels zu einer gegebenen Amplitudenkurve. Die Bewertungsfunktion $\Phi(u)$ wird optisch als Helligkeitsverteilung dargestellt. Eine ausgeschnittene und verschiebbare Schablone gibt die negative differenzierte Amplitudenkurve und stellt bereits in ganz grober Annäherung die Phasenkurve dar. Die Integration mit Hilfe einer Photozelle liefert für jede Verschiebung u_s den gesuchten Phasenwinkel.

Ein solches Faltungsintegral kann man sich auch optisch ausgewertet denken (s. Abb. 32), wobei die Bewertungsfunktion als Helligkeitsverteilung auf einem Band und die differenzierte Frequenzkurve als verschiebbare Abdeckmaske realisiert zu denken ist. Die Integration erfolgt durch eine Photozelle. Diese Einrichtung kann durch Abdeckmasken mit horizontaler Grenzlinie, welche Amplitudenkurven mit konstantem Gefälle entsprechen, geeicht werden.

Die Ausrechnung der Phasenkurve aus einer gegebenen Amplitudenkurve ist mit Hilfe der Transformation (60) ein mühsames Verfahren. Genügt eine ungefähre Vorstellung über den Verlauf der Phasenkurve, so kann man die Differentialkurve schon als die erste Annäherung ansehen, welche durch den optischen Anzeigeapparat noch eine entsprechende Verschleifung der Übergänge erfährt.

Man kann z. B. so vorgehen, daß man die wirkliche Amplitudenkurve durch einen Streckenzug mit diskontinuierlich wechselnder Steilheit ersetzt. Die Differentialkurve ist dementsprechend eine Stufenkurve.

Eine andere Methode besteht darin, sich einen Satz korrespondierender Kurven zuzulegen und die gegebene Amplitudenkurve möglichst gut mit Hilfe dieses Satzes an Amplitudenkurven anzunähern. Die entsprechende Zusammensetzung der korrespondierenden Phasenkurven liefert den gewünschten Phasengang.

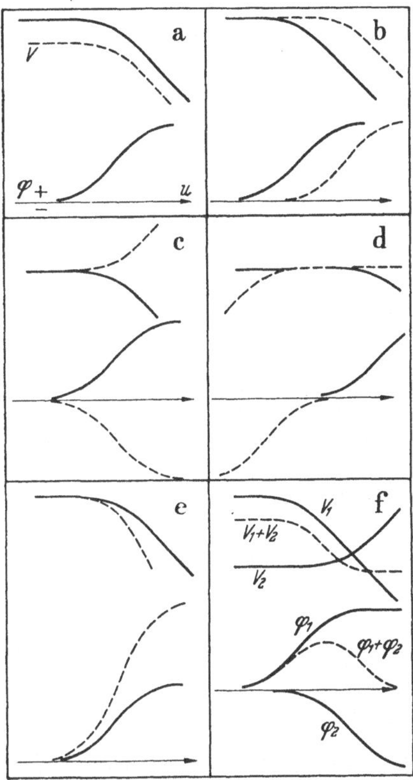

Abb. 33. Erlaubte graphische Transformationen zu einem gegebenen korrespondierenden Kurvenpaar $V(u)$ und $\varphi(u)$.
a Verschiebung senkrecht, b Verschiebung waagerecht, c Spiegelung an einer waagerechten Achse, d Spiegelung an einer senkrechten Achse (Frequenztransformation). Zu beachten ist der Vorzeichenwechsel bei der Phase. e Multiplikation von Verstärkung und Phase mit demselben Faktor. f Addition zweier korrespondierender Kurvenpaare.

Einander zugeordnete Kurvenpaare $V(u)$ und $\varphi(u)$ können z. B. entweder durch Messung oder durch Berechnung von Amplitudenkurve und Phasengang an einem physikalisch realen und allpaßfreien Übertragungsweg gewonnen werden. Man kann aber auch die Transformation (60) auf *gedachte* Amplitudenkurven anwenden, wobei es unerheblich ist, ob man in der Lage ist, ein Netzwerk anzugeben, welches diese Amplitudenkurve und die daraus berechnete Phasenkurve genau liefert. Wenn man sich jedoch bemüht, den Amplitudengang mit einem allpaßfreien Netzwerk nachzubilden, so wird im Grenzfall zwangsläufig auch die Phasenkurve um so genauer erreicht, je besser die Annäherung an die dazugehörige Amplitudenkurve verwirklicht ist. Aus zusammengehörigen Kurvenpaaren $V(u)$ und $\varphi(u)$ kann man weitere Kurvenpaare entsprechend folgenden Korrespondenzen ableiten, s. Abb. 33:

a)	$V(u) + V_0$	$\ldots\varphi(u)$,
b)	$V(u+u_0)$	$\ldots\varphi(u+u_0)$,
c)	$-V(u)$	$\ldots-\varphi(u)$,
d)	$V(u_0-u)$	$\ldots\varphi(u_0-u)$,
e)	$n\cdot V(u)$	$\ldots n\cdot\varphi(u)$,
f)	$V_1(u)+V_2(u)$	$\ldots\varphi_1(u)+\varphi_1(u)$.

e) Der Ortskurvensatz. Eine recht eigenartige Beziehung entsteht dann, wenn man wieder als Integrationswege die $i\omega$-Achse und den Halbkreis in der rechten p-Halbebene und als Integranden $\frac{d\ln w(p)}{dp}$ wählt. Das ist jedoch in dieser Form nur dann zulässig, wenn $w(p)$ im Nullpunkt weder Nullstellen noch Pole besitzt. Durch Differenzieren von Gl. (17) entsteht

$$\frac{d\ln w(p)}{dp} = \frac{1}{p-q_1} - \frac{1}{p-p_1} + \frac{1}{p-q_2} - \frac{1}{p-p_2} + - \cdots. \tag{62}$$

Das Integral über die $i\omega$-Achse mit der linken Seite von Gl. (62) als Integranden ergibt andererseits auch

$$\lim_{R\to\infty} \int_{-iR}^{+iR} \frac{d \ln w(p)}{dp} d\,i\omega = \int_{-\infty}^{+\infty} \left(\frac{dV}{d\omega} + i\frac{d\varphi}{d\omega}\right) d\omega = 2\,i \int_0^{\infty} \frac{d\varphi}{d\omega} d\omega = 2\,i\,\varphi\Big|_0^{\infty}, \tag{63}$$

da durch das Differenzieren die gerade Funktion V ungerade und die ungerade Funktion φ gerade wird.

Das zweite Integral kann man nach dem Residuensatz berechnen und erhält für jede Nullstelle den Wert $+1$ und für jeden Pol in der ursprünglichen Funktion $w(p)$ den Wert -1, insgesamt also $2\pi i(N-P)$, wobei N die *Anzahl* der Nullstellen von $w(p)$ in der rechten p-Halbebene und P die entsprechende *Anzahl* der Pole angibt.

Die Summe beider Integrale ergibt Null, also ist

$$\varphi\Big|_0^{\infty} = \pi\cdot(P-N), \tag{64}$$

oder in Worten:

Die Summe aller Winkeländerungen, welche ein Speer, der eine frequenzabhängige Netzwerkgröße darstellt, in positiver Richtung ausführt, wenn alle Frequenzen von Null bis Unendlich durchlaufen werden, beträgt so viel halbe Umläufe, wie die Zahl der Pole, vermindert um die Zahl der Nullstellen in der rechten p-Halbebene beträgt.

Folgerung:

Eine Ortskurve in einem stabilen Netzwerk ($P = 0$) kann niemals Umläufe um den Nullpunkt entgegen dem Uhrzeigersinn (positiv) ausführen.

Bei der Ableitung des Ortskurvensatzes sind keine Voraussetzungen über die Verteilung der Pole und Nullstellen gemacht worden, er gilt daher allgemein.

D. Dynamische Eigenschaften.

I. Fourier-Transformation.

1. Periodische Vorgänge.

Ein Vorgang $F(t)$ sei eine periodische Funktion mit der Periodendauer T. Er kann daher in eine komplexe Fourier-Reihe

$$F(t) = \sum_{n=-\infty}^{+\infty} a_n\cdot e^{i2\pi n\frac{t}{T}} \tag{65}$$

entwickelt werden, wenn $F(t)$ gewisse sehr allgemeine Bedingungen einhält, die jedoch in der Technik fast ausnahmslos erfüllt werden. Da $F(t)$ eine reelle Funktion ist, gilt wieder

$$a_{-n} = a_n^*. \tag{66}$$

Die Gl. (65) kann als die Rücktransformation von der Frequenzachse auf die Zeitachse angesehen werden. Die komplexen Größen a_n bilden zusammengenommen eine Funktion der Frequenz ω, welche nur an diskreten Punkten der Frequenzachse, nämlich bei $\omega = n\cdot\Delta\omega$ existiert, wobei

$$\Delta\omega = \frac{2\pi}{T} \tag{67a}$$

und daher

$$\omega = n\cdot\frac{2\pi}{T}. \tag{67b}$$

Man kann sich $F(t)$, wenn es die Voraussetzungen erfüllt, als die Summe von umlaufenden Speeren vorstellen, die je zur Zeit $t = 0$ die komplexe Amplitude a_n besitzen und im übrigen mit der (positiven und negativen) Winkelgeschwindigkeit ω rotieren. Betrachtet man umgekehrt $F(t)$ als gegeben und die Werte a_n als gesucht, so kann man die Frequenz eines bestimmten Speeres mit der Frequenz $n \cdot \Delta\omega$ dadurch ändern, daß man die ganze Ebene zusätzlich mit der Frequenz $m \cdot \Delta\omega$ rotieren läßt (s. Abb. 34). In dem Spezialfall, daß $m = -n$, steht der ausgewählte Speer still. Man muß also $F(t)$ mit $e^{-in2\pi\frac{t}{T}}$ multiplizieren. Integriert man dieses Produkt über die Dauer einer Periode, etwa von $-T/2$ bis $+T/2$, so erhält man $a_n \cdot T$, weil alle anderen Speere in dieser Zeit je eine ganze Anzahl an Umläufen ausführen. Dadurch hebt sich ihr Beitrag zum Integral heraus. Daher ist

$$a_n = \frac{1}{T} \cdot \int_{-T/2}^{+T/2} F(t)\, e^{-i2\pi n\frac{t}{T}}\, dt\,. \tag{68}$$

Dies ist die gesuchte Transformationsgleichung für die Hintransformation.

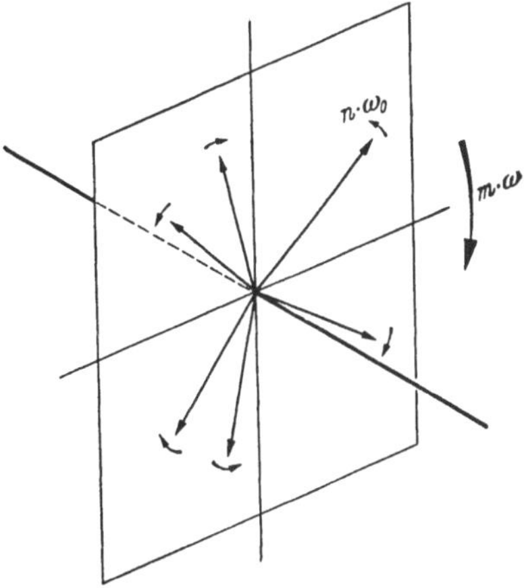

Abb. 34. Bestimmung der komplexen Amplitude einer einzelnen Schwingung (aus einem Linienspektrum).

Beispiel:

$$F(t) = \begin{cases} -1 & \text{für} \quad -T/2 < t < 0 \\ +1 & \text{für} \quad 0 < t < +T/2\,, \end{cases}$$

$$a_n = -\frac{1}{T} \int_{-T/2}^{0} e^{-i2\pi n\frac{t}{T}}\, dt + \frac{1}{T} \cdot \int_{0}^{T/2} e^{-i2\pi n\frac{t}{T}}\, dt = \frac{1}{i\pi n}\,(1 - \cos\pi n)\,.$$

2. Nichtperiodische Vorgänge.

Wenn man nichtperiodische Vorgänge in eine Reihe von Sinusschwingungen zerlegen will, so kann man sich physikalisch eine periodische Wiederholung desselben Vorganges vorstellen, wobei die einzelnen Ereignisse durch so lange Pausen getrennt werden, wie es für das zu betrachtende Übertragungssystem zur Vermeidung des Überlappens von technisch wahrnehmbaren Wirkungen erforderlich ist. Praktisch genügt daher ein Auseinanderrücken um durchaus endliche Zwischenräume. Da man aber eine obere endliche Grenze nicht angeben kann, bezeichnet der Mathematiker in diesem Fall die Grenze mit ∞.

In diesem Sinne kann man bei Gl. (68) zur Grenze übergehen:

$$\lim_{T\to\infty} (a_n \cdot T) = \lim_{T\to\infty} \int_{-T/2}^{+T/2} F(t)\, e^{-i\omega t}\, dt\,. \tag{69}$$

Für die linke Seite erhält man

$$\lim_{T\to\infty} (a_n \cdot T) = \lim_{\Delta\omega\to 0} \left(\frac{a_n}{\frac{1}{2\pi}\Delta\omega}\right) = \lim_{\Delta f\to 0} \left(\frac{a_n}{\Delta f}\right) = a(\omega)\,. \tag{70}$$

Dieser Grenzwert ist also die Amplituden*dichte* auf der Frequenzachse $f = \omega/2\pi$. Führt man rechts den Grenzübergang ebenfalls durch, so erhält man

$$a(\omega) = \int_{-\infty}^{+\infty} F(t)\, e^{-i\omega t}\, dt. \tag{71}$$

Beispiel.

$$F(t) = \begin{cases} -1 & \text{für} \quad -\infty < t < 0 \\ +1 & \text{für} \quad 0 < t < \infty, \end{cases}$$

$$a(\omega) = -\int_{-\infty}^{0} e^{-i\omega t}\, dt + \int_{0}^{+\infty} e^{-i\omega t}\, dt.$$

Im allgemeinen setzt man bei der Ausrechnung dieses Integrales bedenkenlos $\lim\limits_{t \downarrow \infty} e^{-i\omega t} = 0$, so daß man auf diese Weise das *mathematisch* nicht einwandfreie Ergebnis

$$a(\omega) = \frac{2}{i\,\omega}$$

bekommt. Dem berechtigten Protest der Mathematiker kann man entweder dadurch entgehen, daß man die Aufgabe etwas anders stellt, etwa so:

$$F(t) = \begin{cases} -\lim\limits_{\alpha \to 0} e^{\alpha t} & \text{für} \quad -\infty < t < 0 \\ +\lim\limits_{\alpha \to 0} e^{-\alpha t} & \text{für} \quad 0 < t < +\infty, \end{cases}$$

oder dadurch (was dasselbe ist), daß man nicht genau auf der $i\omega$-Achse integriert, sondern auf einer in Richtung nach $+\gamma$ verschobenen Parallelen dazu.

Bei der Rücktransformation kann man von Gl. (65) ausgehen, nachdem man vorher schreibt

$$F(t) = \sum_{n=-\infty}^{+\infty} \frac{a_n}{\Delta\omega} \cdot e^{i n 2\pi \Delta\omega t}\, \Delta\omega.$$

Hieraus entsteht nach dem Grenzübergang

$$F(t) = \frac{1}{2\pi} \int_{-\infty}^{+\infty} a(\omega)\, e^{i\omega t}\, d\omega. \tag{72}$$

II. Laplace-Transformation.

1. Das Rechenverfahren.

Die Laplace-Transformation ist eine auf komplexe Frequenzen erweiterte Fourier-Transformation. Mit Verwendung des Formelzeichens p für komplexe Frequenzen gem. Gl. (12) erhält man aus Gln. (71) und (72) die beiden Transformationsgleichungen:

$$f(p) = \int_{-\infty}^{+\infty} F(t)\, e^{-pt}\, dt, \tag{73}$$

$$F(t) = \frac{1}{2\pi i} \int_{c-i\infty}^{c+i\infty} f(p)\, e^{pt}\, dp. \tag{74}$$

In Gl. (73) kann man die Integration auf den Bereich 0 bis $+\infty$ beschränken, wenn $F(t) = 0$ für $t < 0$. Man unterscheidet daher die zweiseitige $\mathfrak{L}$-Transformation von der einseitigen LAPLACE-Transformation, welche wegen der meist zutreffenden Voraussetzungen vorzugsweise bei Einschaltaufgaben verwendet wird.

Zur Abkürzung sei für die Transformation nach DOETSCH geschrieben:

1. zweiseitige $\mathfrak{L}$-Transformation ($-\infty$ bis $+\infty$):

$$f(p) = \mathfrak{L}_{II}\{F(t)\}, \tag{75}$$

2. einseitige $\mathfrak{L}$-Transformation (0 bis $+\infty$):

$$f(p) = \mathfrak{L}\{F(t)\}. \tag{76}$$

Die Rücktransformation weist in beiden Fällen keine formalen Unterschiede auf und kann durch

$$F(t) = \mathfrak{L}^{-1}\{f(p)\} \tag{77}$$

bezeichnet werden. Natürlich kann man hierbei auch den Zeiger II anfügen, wenn angedeutet werden soll, daß die Transformierte ursprünglich durch eine $\mathfrak{L}_{II}$-Transformation gewonnen wurde.

2. Die $\mathfrak{L}$-Transformationen in physikalischer Betrachtung.

Physikalisch kann man sich die FOURIER-Transformation ($\mathfrak{F}$-Transformation) und die $\mathfrak{L}$-Transformation als die Zerlegung eines Vorganges in eine Summe von ungedämpften, gedämpften oder anschwingenden Sinusschwingungen veranschaulichen, wobei die Amplituden in Betrag und Phase so gewählt sind, daß sich alle Schwingungen bis zum Zeitpunkt des Einschaltens gerade gegenseitig aufheben. Jede dieser Schwingungen existiert ohne Änderung von Amplitude und Frequenz von der Zeit $-\infty$ bis zur Zeit $+\infty$. Daher hat jede Schwingung an einem Netzwerk mit Sicherheit den eingeschwungenen Zustand bereits hergestellt. Um es ganz zugespitzt zu sagen: Auch bei einem Einschaltvorgang herrscht im Übertragungssystem schon lange vor dem Zeitpunkt des Einschaltens der eingeschwungene Zustand für jede der im Vorgang enthaltenen Frequenzen. Daher braucht man nur die Änderung von Amplitude und Phase jeder einzelnen der in der Ursache enthaltenen Frequenzen durch das System zu berücksichtigen und hat dann das Frequenzspektrum der Wirkung. Es braucht nur durch eine Rücktransformation in den Zeitbereich übertragen zu werden. Daher ist

$$f_2(p) = f_1(p) \cdot w(p), \tag{78}$$

wobei von jetzt ab der Zeiger *1* die Zeitfunktion oder die Transformierte der Ursache und der Zeiger *2* die entsprechenden Größen der Wirkung bezeichnen.

Eine andere damit zusammenhängende Frage zielt sehr tief: Wie kommt es, daß man diese Anteile in einem Frequenzgemisch, wenn ihnen eine derartige Realität zugemessen wird, nicht schon vor dem Zeitpunkt des Einschaltens durch eine Messung nachweisen kann?

Physikalisch ist die Antwort sehr einfach: Das Kausalitätsgesetz verbietet eine solche Möglichkeit. Aber auch rechnerisch kommt dieses Ergebnis zustande, wenn man das Ausfiltern einzelner Frequenzen mit Hilfe eines physikalisch realisierbaren Übertragungsfaktors vornimmt, der einem Filter entspricht. Es ist dagegen nicht statthaft, etwa die Transformierte nur über einen endlichen Frequenzbereich zu integrieren. *Das Kausalitätsgesetz steckt nämlich in den Beziehungen zwischen Betrag und Phase eines physikalisch möglichen Übertragungssystems.*

Bei der $\mathfrak{L}$-Transformation wird das Kausalitätsgesetz beachtet: In Gl. (78) sei $f_1(p)$ die Transformierte einer Ursache $F_1(t)$, für die gilt:

$$F_1(t) = 0 \quad \text{für} \quad t < 0 . \tag{79}$$

Da $F_2(t) = \mathfrak{L}^{-1}\{f_2(p)\} = \mathfrak{L}^{-1}\{f_1(p)\cdot w(p)\}$, kann man die Rücktransformierte von $w(p)$

$$W(t) = \mathfrak{L}^{-1}\{w(p)\} \tag{80}$$

errechnen. Diese Funktion kann als die Wirkung eines DIRAC-Stoßes auf das Übertragungssystem aufgefaßt werden. Nach einem Satz der $\mathfrak{L}$-Transformation ist die Wirkung auch

$$F_2(t) = \int_0^t F_1(\tau)\, W(t-\tau)\, d\tau . \tag{81}$$

Es ist also auch rechnerisch:

$$F_2(t) = 0 \quad \text{für} \quad t < 0 , \tag{82}$$

wenn Gl. (79) erfüllt ist, und zwar auch dann, wenn man $-\infty$ als untere Integrationsgrenze in Gl. (81) wählt (s. a. S. 46).

Das Kausalitätsgesetz ist für die Behandlung von Rückkopplungskreisen von besonderer Bedeutung. Wird es nicht beachtet, so werden bestimmte Maßnahmen, z. B. die Einschaltung von nur phasendrehenden Netzwerken in den Rückkopplungsweg, unrichtig beurteilt. Das Kausalitätsgesetz kennt nur phasendrehende Glieder mit positiver Laufzeit. Eine Phasenrückdrehung gibt es nur in einem Frequenzbereich, in dem die Verstärkung mit wachsender Frequenz steigt.

3. Funktionentheoretische Zusammenhänge.

Die $\mathfrak{L}$-Transformierten der Ursache $f_1(p)$ und der Wirkung $f_2(p)$ sowie der komplexe Übertragungsfaktor $w(p)$ sind komplexe Funktionen einer komplexen Frequenz. Sie sind außerdem auf der rechten p-Halbebene analytisch, weil sonst die Vorgänge mit $t \to \infty$ über alle Grenzen wachsen würden bzw. das zum Übertragungsfaktor gehörende System instabil sein müßte. Auch ein noch hinzutretender Faktor e^{pt} bringt keine Pole oder singulären Stellen in die rechte p-Halbebene. Es ist daher zulässig, anstatt des in Gl. (74) vorgeschriebenen Integrationsweges von $c - i\infty$ bis $c + i\infty$ einen großen Halbkreis in der rechten p-Halbebene als Integrationsweg zu wählen. Man kann aber auch den Integrationsweg rechts von der $i\,\infty$-Achse durch einen Halbkreis über die *linke* p-Halbebene schließen. Vorausgesetzt ist dabei, daß die Zahl der Pole mindestens um 2 größer ist als die Zahl der Nullstellen [s. Gl. (88)].

a) Einfache Pole. Der Einfachheit halber sei zunächst als Sonderfall angenommen, daß die Transformierte der Ursache $f_1(p) = 1$. Der Übertragungsfaktor $w(p)$ habe nur einfache Pole, sei also durch

$$w(p) = \frac{m(p)}{(p-p_1)(p-p_2)\dots(p-p_n)} \tag{83}$$

darstellbar, wobei $m(p)$ eine *überall* analytische Funktion ist.

Es werden noch die Bezeichnungen

$$\begin{aligned} m_1(p) &= (p-p_1)\cdot w(p) , \\ m_2(p) &= (p-p_2)\cdot w(p) \\ &\dots\dots\dots\dots \end{aligned} \tag{84}$$

usw. eingeführt, wobei der rechts hinzutretende Linearfaktor natürlich gegen denselben Linearfaktor im Nenner von $w(p)$ fortgekürzt wird.

Man nennt den Wert, den die Funktion $m_\nu(p)$ im Pol p_ν besitzt, das Residuum von $w(p)$ im Pol p_ν. Entsprechend sei das Residuum von $w(p) \cdot e^{pt}$ im Pol p_ν mit

$$R_\nu(t) = m_\nu(p_\nu) \cdot e^{p_\nu t} \tag{85}$$

bezeichnet. Nach dem Residuensatz ist das Integral auf einem geschlossenen Wege um eine Funktion mit einfachen Polen gleich dem $2\pi i$-fachen der Summe aller umschlossenen Residuen, also ist

$$\oint w(p) \cdot e^{pt} dp = 2\pi i \cdot \sum_{\nu=1}^{n} R_\nu(t)\,. \tag{86}$$

Wenn der Beitrag verschwindet, den der Halbkreis zum Umlaufintegral liefert, so erhält man

$$F_2(t) = \sum_{\nu=1}^{n} R_\nu(t)\,, \quad \text{wenn} \quad f_1(p) = 1\,. \tag{87}$$

Das Integral über den Halbkreis verschwindet dann, wenn

$$\lim_{p \to \infty} w(p) \to k \cdot p^{\alpha}, \quad \text{wobei} \quad \alpha < -1\,. \tag{88}$$

Das gleiche Verfahren ist auch dann anwendbar, wenn $f_1(p)$ einfache Pole besitzt; in diesem Fall wird nur vor Anwendung der Gl. (77) die Funktion $w(p)$ durch $f_1(p) \cdot w(p)$ ersetzt.

Beispiel.

$$F_1(t) = \begin{cases} 0 & \text{für} \quad t < 0 \\ \sin \omega_0 t & \text{für} \quad t > 0\,, \end{cases}$$

$$w(p) = \frac{p}{(p - p_1)(p - p_1^*)}\,,$$

$$\mathfrak{L}\{F_1(t)\} = \mathfrak{L}\left\{\frac{1}{2i}(e^{i\omega_0 t} - e^{-i\omega_0 t})\right\} = \frac{\omega_0}{(p + i\omega_0)(p - i\omega_0)}\,.$$

Die Wirkung ist daher

$$F_2(t) = \frac{1}{2\pi i} \int_{c-i\infty}^{c+i\infty} \frac{\omega_0}{(p + i\omega_0)(p - i\omega_0)} \cdot \frac{p}{(p - p_1)(p - p_1^*)} e^{pt} dp\,.$$

Mit Hilfe der Gln. (86) und (87) entsteht hieraus, da die Voraussetzung nach Gl. (88) erfüllt ist:

$$F_2(t) = \frac{\omega_0}{2\pi i} \left\{ \begin{aligned} & \frac{1}{2(-i\omega_0 - p_1)(-i\omega_0 - p_1^*)} \cdot e^{-i\omega_0 t} + \\ & + \frac{1}{2(i\omega_0 - p_1)(i\omega_0 - p_1^*)} \cdot e^{i\omega_0 t} + \\ & + \frac{p_1}{(p_1 + i\omega_0)(p_1 - i\omega_0)(p_1 - p_1^*)} \cdot e^{p_1 t} + \\ & + \frac{p_1^*}{(p_1^* + i\omega_0)(p_1^* - i\omega_0)(p_1^* - p_1)} \cdot e^{p_1^* t}\,. \end{aligned} \right\}$$

Die Wirkung kann noch, wenn man will, in einen reellen Ausdruck umgeformt werden. Man kann jedoch auch den komplexen Ausdruck so lesen, wie er sich beim ersten Hinschreiben ergibt: Es setzt sich $F_2(t)$ aus zwei Anteilen zusammen, der erzwungenen Schwingung mit der Frequenz ω_0 und einer überlagerten gedämpften Schwingung. Die erzwungene Schwingung ist identisch mit der Schwingung, die sich auf Grund der statischen Rechnung ergeben würde, allerdings setzt sie, wie die Ursache, erst zur Zeit $t = 0$ ein. Der überlagerte Einschwingvorgang besteht nur aus gedämpften Schwingungen, verschwindet also mit $t \to \infty$. Der flüchtige Vorgang kann sich nur aus komplexen Eigenschwingungen des Systems zusammensetzen.

b) Mehrfache Pole. Der Residuensatz kann in der Form nach Gl. (84) nicht verwendet werden, wenn mehrere Pole zusammenfallen, wenn also

$$w(p) = \frac{m(p)}{(p - p_1)^{\alpha_1} \cdot (p - p_2)^{\alpha_2} \ldots (p - p_n)^{\alpha_n}}, \tag{89}$$

wobei der Spezialfall $\alpha_\nu = 1$ auf einfache Pole zurückführt.

Um vom einfacheren Fall ausgehen zu können, sei angenommen, daß die mehrfachen Pole dadurch entstanden seien, daß mehrere einfache Pole sich anfangs um die Abstände $\Delta_1 p$, $\Delta_2 p$ usw. unterschieden haben, dann aber durch die Grenzübergänge $\Delta_\nu p \to 0$ zusammengefallen sind.

Es enthalte $w(p)$ je einen einfachen Pol an den Stellen p_1 und p_2, kann also

$$w(p) = \frac{m(p)}{(p - p_1)(p - p_2)} \tag{90}$$

geschrieben werden. Auf Grund des Residuensatzes liefert ein Randintegral, welches p_1 und p_2 umschließt,

$$\oint_{(p_1, p_2)} w(p) e^{pt} dp = \oint_{(p_1, p_2)} \frac{m(p)}{(p - p_1)(p - p_2)} e^{pt} dp = \frac{m(p_1)}{p_1 - p_2} \cdot e^{p_1 t} + \frac{m(p_2)}{p_2 - p_1} \cdot e^{p_2 t}. \tag{91}$$

Es sei $p_2 = p_1 + \Delta p$ und wandere in p_1 durch den Grenzübergang $\Delta p \to 0$ hinein. Dadurch entsteht

$$\lim_{\Delta p \to 0} \oint_{(p_1, p_1 + \Delta p)} w(p) e^{pt} dp = \left[\frac{d\,(m(p) \cdot e^{pt})}{dp}\right]_{(p_1)}; \quad {}_{(2)}R_1(t) = (m'(p_1) + t \cdot m(p_1)) \cdot e^{p_1 t}, \tag{92}$$

wobei mit $m'(p_1)$ der Differentialquotient von $m(p)$ nach p an der Stelle p_1 bezeichnet ist.

Grundsätzlich kann man in dieser Weise fortfahren: Man wählt ein $w(p)$ mit einem zweifachen und einem einfachen Pol und läßt den einfachen Pol in den zweifachen Pol hineinwandern usw. Dieses Verfahren wird aber schnell mühsam und unübersichtlich.

Eine elegantere Methode geht aus von einer Integralformel der Funktionentheorie:

$$\frac{1}{2\pi i} \oint \frac{g(p)}{(p - p_1)^k} dp = \frac{1}{(k-1)!} \cdot g^{(k-1)}(p_1). \tag{93}$$

Für den vorliegenden Fall hätte man zweckmäßigerweise statt den Abkürzungen in Gl. (84) etwas allgemeiner einzuführen:

$${}_{(\alpha_\nu)}m_\nu(p) = (p - p_\nu)^{\alpha_\nu} \cdot w(p), \tag{94}$$

wobei durch den Faktor $(p - p_\nu)^{\alpha_\nu}$ nur angedeutet werden soll, daß dadurch derselbe Faktor im Nenner fortgekürzt wird. Der vorangestellte Zeiger (α_ν) gibt einen Hinweis auf die Ordnung des Poles. Um den Integralsatz anwenden zu können, muß man

$$g(p) = {}_{(\alpha_\nu)}m_\nu(p) \cdot e^{pt} \tag{95}$$

setzen. Das α_ν-fache Residuum im Punkte p_ν ist mit Gl. (93):

$${}_{(\alpha_\nu)}R_\nu(t) = \frac{1}{(\alpha_\nu - 1)!} \left[\frac{d^{(\alpha_\nu - 1)}[m_\nu(p) \cdot e^{pt}]}{dp^{(\alpha_\nu - 1)}}\right]_{(p_\nu)}. \tag{96}$$

Beispiel (s. Abb. 35).

$F_1(t)$ besteht aus einer Spannung 1, die zur Zeit $t = 0$ auf das Gitter eines Verstärkereinganges geschaltet wird. Der innere Widerstand der Stromquelle soll so gering sein, daß die Aufladezeit des ersten Gitters vernachlässigt werden kann. Der Verstärker ist dreistufig. Die Röhren haben die Steilheiten S_1, S_2 und S_3. Die Kopplungsnetzwerke sind untereinander gleich und bestehen je aus einem Widerstand R und einer Kapazität C. Die Röhrenwiderstände und Kapazitäten sind darin enthalten. Die Ausgangsspannung wird belastungsfrei am letzten Kopplungsglied abgenommen. Welchen Verlauf hat $F_2(t)$?

Der Übertragungsfaktor ist

$$w(p) = -\frac{S_1 S_2 S_3}{C^3} \cdot \frac{1}{(p-p_1)^3}$$

und die Transformierte der Ursache

$$f_1(p) = \frac{1}{p}.$$

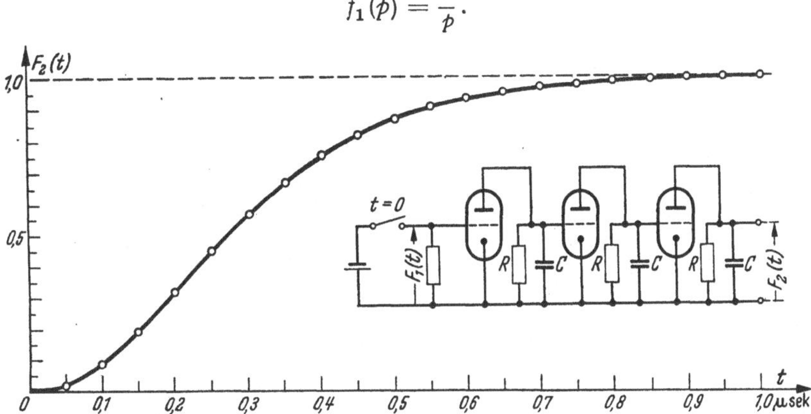

Abb. 35. Einschwingvorgang eines Verstärkers mit Widerstandskopplung bei drei gleichen Stufen. Zeitkonstante $RC = 10^{-7}$ sec.

Sieht man vom konstanten Faktor ab, so ist

$$F_2(t) = \frac{1}{2\pi i} \oint \frac{1}{p} \cdot \frac{1}{(p-p_1)^3} \cdot e^{pt} dp.$$

Es befindet sich ein einfacher Pol bei $p = 0$ und ein dreifacher Pol bei $p = p_1 = -\frac{1}{RC}$.

Das Residuum des einfachen Poles ist

$$_{(1)}R_0(t) = \frac{1}{(-p_1)^3} \cdot e^{0 \cdot t},$$

also der Einschaltvorgang eines Gleichstromes zur Zeit $t = 0$ (Daueranteil).

Das Residuum des dreifachen Poles beträgt

$$_{(3)}R_1(t) = \frac{1}{2} \cdot \left[\frac{d^2\left(\frac{1}{p} \cdot e^{pt}\right)}{dp^2} \right]_{(p_1)} = \left(\frac{1}{p_1^3} - \frac{t}{p_1^2} + \frac{t^2}{2\,p_1} \right) \cdot e^{p_1 t}.$$

Dies ist der überlagerte flüchtige Vorgang.

Zahlenbeispiel.

Es seien $S_1 = S_2 = S_3 = 10\,\text{mA/V}$,

$R = 2000\,\text{Ohm}$,

$C = 50\,\text{pF}$.

Der dreifache Pol liegt bei $p_1 = -10^7$.

$$F_2(t) = -8000 \cdot \left[1 - \left(1 + 10^7 t + \frac{1}{2}(10^7 t)^2\right) \cdot e^{-10^7 t}\right].$$

III. Darstellung von Vorgängen durch Nullstellen und Pole.

1. Einschalten.

Der einfachste Vorgang ist der Einheitssprung, definiert durch

$$F_1(t) = \begin{cases} 1 & \text{für} \quad t > 0 \\ 0 & \text{für} \quad t < 0. \end{cases} \tag{97}$$

Damit dieser Vorgang für $t \to \infty$ verschwindet, wie es aus Konvergenzgründen notwendig ist, ersetzt man diese Funktion zweckmäßigerweise durch

$$F_1(t) = \lim_{\varepsilon \to 0} \begin{cases} e^{-\varepsilon t} & \text{für} \quad t > 0 \\ 0 & \text{für} \quad t < 0. \end{cases} \tag{98}$$

Die Transformierte ist vor dem Grenzübergang

$$f_1(p) = \int_0^\infty e^{-\varepsilon t} \cdot e^{-pt}\, dt = \left[\frac{e^{-(p+\varepsilon)t}}{-(p+\varepsilon)}\right]_0^\infty = \frac{1}{p+\varepsilon} \tag{99}$$

und nach dem Grenzübergang

$$f_1(p) = \frac{1}{p}. \tag{100}$$

Ebenso kann man die Einschaltung einer Kosinus- bzw. Sinusschwingung behandeln. Wegen der Gl. (1a, b) genügt es, Integrale der Form

$$\lim_{\varepsilon \to 0} \int_0^\infty e^{(-\varepsilon \pm i\omega_0)t} \cdot e^{-pt}\, dt$$

zu lösen. Man erhält hieraus:

$$\lim_{\varepsilon \to 0} \frac{1}{p + \varepsilon \mp i\omega_0} = \frac{1}{p \mp i\omega_0}.$$

Beim Einschalten einer Sinusschwingung entstehen je ein Pol bei $p = \pm i\omega_0$, also genau auf der imaginären Achse, wenn keine Dämpfung vorhanden ist. Beim Einschalten einer anwachsenden Schwingung $e^{\gamma t} \sin\omega_0 t$ bzw. $e^{\gamma t} \cdot \cos\omega_0 t$ wandern diese Pole um γ nach rechts. Schaltet man eine konstante Größe (Gleichspannung) ein, so entsteht ein Pol im Nullpunkt (da die Frequenz $\omega_0 = 0$).

Für die Lage der Pole in der p-Ebene ist der Zeitpunkt des Einschaltens nicht entscheidend, z. B. haben eine Sinus- und eine Kosinusschwingung dieselben Pole, wenn Dämpfung und Frequenz (= komplexe Frequenz) übereinstimmen. (Bei diesem Beispiel wird auch die Einschaltphase geändert, dadurch ändert sich die *Nullstelle*.) Auch wenn die Einschaltung zu einem früheren oder späteren Zeitpunkt $\mp\tau$ erfolgt, so äußert sich die zeitliche Verschiebung nur durch das Hinzutreten eines polfreien Laufzeitfaktors $e^{\pm p\tau}$ zum Übertragungsfaktor $w(p)$.

Auch bei einer Einschaltung vor einer sehr langen Zeit, die gar nicht mehr genau bekannt ist, bleiben die Amplituden $|f(p)|$ unverändert erhalten, also auch die Nullstellen und Pole. Unsicher ist nur die Phasenverteilung.

2. Ein- und Ausschalten.

Wenn ein Vorgang, der zur Zeit $-\frac{\tau}{2}$ eingeschaltet wurde, zur Zeit $t = +\frac{\tau}{2}$ wieder eingeschaltet wird, so tritt ein Faktor $e^{p\frac{\tau}{2}} - e^{-p\frac{\tau}{2}}$ zur Transformierten des Vorganges hinzu. Es bleiben auch jetzt die Pole ungeändert. Nur treten Nullstellen überall dort auf, wo $e^{p\frac{\tau}{2}} = e^{-p\frac{\tau}{2}}$, also bei $p\tau = k \cdot 2\pi i$ ($k =$ alle ganzen Zahlen einschließlich 0).

Die Nullstellen sind bei

$$q_k = 2\pi i k \cdot \frac{1}{\tau} \tag{101}$$

genau auf der imaginären Achse.

Allerdings bleiben die Pole nur dann erhalten, wenn zwischen Einschalten und Ausschalten eine *endliche* Zeit vergeht. Ein Wiederausschalten nach einer differentiell kleinen Zeit schafft eine Nullstelle im Nullpunkt, welcher einen Pol an dieser Stelle aufhebt.

Periodisches Ein- und Ausschalten, beginnend mit dem ersten Einschalten zur Zeit $t = 0$ kann ebenfalls durch einen Zusatzfaktor zur Transformierten des nicht geschalteten Vorganges berücksichtigt werden: Es möge bei $0, 2\tau, 4\tau$ usw. ein- und bei $\tau, 3\tau, 5\tau$ usw. wieder ausgeschaltet werden. Dieses Schalten wird durch den Faktor

$$s(p) = 1 - e^{-p\tau} + e^{-2p\tau} - e^{-3p\tau} + - \cdots = \frac{1}{1 + e^{-p\tau}} \tag{102}$$

dargestellt. Es entstehen neue Pole bei den Lösungen von $e^{p\tau} = -1$, also bei

$$p_k = i(2k + 1)\pi \cdot \frac{1}{\tau}. \tag{103}$$

Selbstverständlich kann man diese verschiedensten Maßnahmen auch miteinander kombinieren, man kann z. B. einen bestimmten Vorgang periodisch ein- und ausschalten und das Ganze durch einen nochmals in Reihe liegenden Schalter zu einer bestimmten Zeit ein- und zu einer anderen bestimmten Zeit wieder ausschalten.

3. Der zusammengesetzte Vorgang.

Ein Vorgang möge aus einer Summe solcher elementarer Ein- und Ausschaltvorgänge für Schwingungen mit den verschiedensten Frequenzen und Dämpfungen bestehen, wobei alle Frequenzen unabhängig voneinander geschaltet werden können.

Durch die Addition der $\mathfrak{L}$-Transformierten der Elementarvorgänge bleiben die Pole erhalten. Daher sind über die ganze komplexe Ebene Pole verteilt, welche die komplexen Eigenfrequenzen bezeichnen, die zu irgendeinem Zeitpunkt der Vergangenheit einmal aufgetreten waren oder in Zukunft einmal auftreten werden.

In jedem solchen Pol besteht ein Residuum $R(p, t)$. Es ist eine Funktion der Frequenz und der Zeit in der Form $f(p) \cdot e^{pt}$. Es setzt sich $f(p)$ aus der komplexen Summe der Amplituden aller vergangenen und zukünftigen Elementarvorgänge *der gleichen Frequenz* zusammen. Die mit $f(p)$ besetzte p-Ebene ist ein vollständiges Bild des zeitlichen Ablaufes eines Ereignisses von $t = -\infty$

bis $t = +\infty$, also auch der Zukunft. Eigenartigerweise sind also auch zukünftige Ereignisse auf der Ebene verzeichnet, können aber wegen des CAUCHYschen Integralsatzes auf keine Art und Weise ermittelt werden, solange der entsprechende Zeitpunkt nicht erreicht ist.

Die Darstellung eines Vorganges durch Nullstellen und Pole bringt die $\mathfrak{L}$-Transformierte dieses Vorganges auf dieselbe Form wie einen Übertragungsfaktor. Man kann so weit gehen und die $\mathfrak{L}$-Transformierte der Ursache, $f_1(p)$ in der Form $1 \cdot f_1(p)$ schreiben, d. h. man kann sie physikalisch als ein Übertragungssystem ansehen, welches durch einen DIRAC-Stoß erregt wird. Technisch ist es durchaus denkbar, ein derartiges lineares Übertragungssystem zu schaffen, etwa durch ein gestaffeltes System von Laufzeitketten, sofern nicht der Aufwand eine baldige Grenze setzt.

4. Übertragung beliebiger Vorgänge.

Die Übertragung eines beliebigen Vorganges kann auch durch die Gleichung

$$f_2(p) = 1 \cdot f_1(p) \cdot w(p) \tag{104}$$

beschrieben werden, d. h. zum Ersatzübertragungssystem $f_1(p)$ kommt noch das technische Übertragungssystem $w(p)$ hinzu. Bei der Rücktransformation kann man daher den Residuensatz auf $f_1(p) \cdot w(p) \cdot e^{pt}$ anwenden.

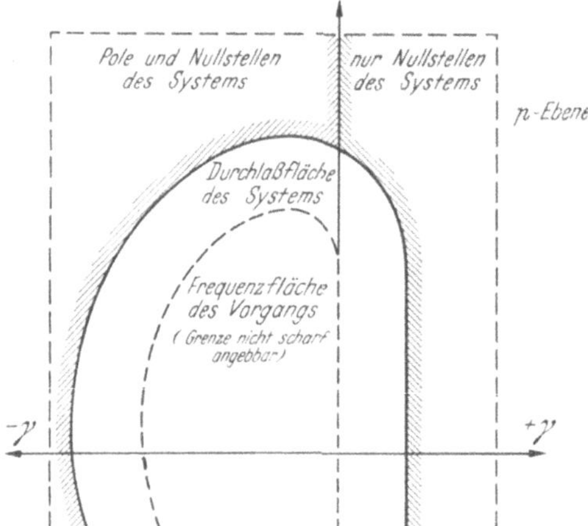

Abb. 36. Verallgemeinerung des Durchlaßbereiches eines Systems auf eine Durchlaßfläche in der p-Ebene.

Abweichungen der Wirkung $F_2(t)$ von der Ursache $F_1(t)$ (Verzerrungen) entstehen bei der Übertragung auf folgende beiden Weisen:

1. Der Faktor $w(p)$ ändert die Residuen in den Polen von $f_1(p)$.

2. Durch die Pole des Übertragungsfaktors treten Schwingungen hinzu, wobei die Residuen in diesen Polen wieder von $f_1(p)$ abhängen.

Der erste Einfluß zeigt die Änderung des von der Ursache herrührenden Anteiles, der zweite Einfluß das zusätzliche Auftreten eines vom System abhängigen Vorganges. Bestand die Ursache aus ungedämpften Schwingungen, so bleibt nach Ablauf einer hinreichenden Zeit nur der Dauervorgang übrig, während der zweite Anteil abklingt. Die Wechselwirkungen zwischen den System-Polen und den Ursachen-Polen kann man an der elektrischen Analogie studieren.

Ein naheliegender Weg zur Verminderung der beiden Verzerrungen besteht darin, ein Übertragungssystem so zu bemessen, daß der Bereich, der von den System-Polen und den System-Nullstellen eingenommen wird, außerhalb der von den Ursachen-Polen und den Ursachen-Nullstellen besetzten Frequenzfläche liegt. Je nach dem Grad der verlangten Verzerrungsfreiheit müssen beide Bereiche noch durch ein mehr oder minder breites Niemandsland voneinander getrennt sein (s. Abb. 36).

In zweiter Hinsicht kann die Verzerrung auch durch die Lage der System-Nullstellen relativ zu den System-Polen verringert werden. Eine in die Nähe eines Poles gebrachte Nullstelle setzt den Einfluß des Poles herab und hebt ihn beim Zusammenfall ganz auf. Hinsichtlich der Verteilung der System-Nullstellen auf die ganze Ebene besteht wegen der Zulässigkeit von Nullstellen auch in der rechten p-Halbebene eine größere Freiheit als bei den System-Polen.

IV. Kennzeichnung eines Übertragungssystems durch seine dynamischen Eigenschaften.

1. Einzelnes Übertragungssystem.

Die Eigenschaften eines Übertragungssystems können außer durch den Übertragungsfaktor $w(p)$ auch durch die $\mathfrak{L}^{-1}$-Transformierte $W(t)$ dieses Übertragungsfaktors gleichwertig gekennzeichnet werden. Dieser Vorgang $W(t)$ kann als die Wirkung angesehen werden, deren Ursache der Dirac-Stoß $D(t)$ mit der Transformierten $d(p) = 1$ ist.

Technisch ist es natürlich nicht möglich, einen Generator herzustellen, der den Dirac-Stoß mit den Eigenschaften

$$D(t) = \begin{cases} \infty & \text{für} \quad t = 0 \\ 0 & \text{für} \quad t \neq 0 \end{cases} \tag{105}$$

$$\int_{-\infty}^{+\infty} D(t)\,dt = 1 \tag{106}$$

realisieren kann. Man kann ihn jedoch mit einem Rechteckstoß

$$\lim_{\tau \to 0} R(t, \tau) = \begin{cases} 1/\tau & \text{für} \quad 0 < t < +\tau \\ 0 & \text{für alle anderen } t \end{cases} \tag{107}$$

annähern und erhält dessen Transformierte

$$r(p) = \frac{1}{\tau}\int_0^{\tau} e^{-pt}\,dp = \frac{1}{p\tau}(1 - e^{-p\tau}) = 1 - \frac{p\tau}{2!} + \frac{(p\tau)^2}{3!} - \frac{(p\tau)^3}{4!} + - . \tag{108}$$

Da $d(p) = \lim\limits_{\tau \to 0} r(p, \tau)$, erhält man, wie vorhin angegeben, $d(p) = 1$.

Aber auch für endliche τ stimmt $r(p, \tau)$ innerhalb eines Kreises in der p-Ebene mit dem Radius $|p| < \frac{1}{\tau}$ hinreichend gut mit $d(p)$ überein.

Statt der Bezugnahme auf *kurze* Rechteckstöße kann man ein Übertragungssystem auch durch die Wirkung beschreiben, welche zu einem *schnellen* Sprung von 0 auf 1 als Ursache gehört. Die Ursache ist also

$$S(t) = \begin{cases} 1 & \text{für} \quad t > 0 \\ 0 & \text{für} \quad t < 0 \end{cases} \tag{109}$$

mit der Transformierten

$$s(p) = \int_0^{\infty} e^{-pt}\,dt = \frac{1}{p}. \tag{110}$$

Da $s(p) \cdot w(p) = \frac{1}{p} \cdot d(p) \cdot w(p)$, ist die Sprungwirkung

$$\mathfrak{L}^{-1}\{s(p) \cdot w(p)\} = \int_0^t W(\tau)\,d\tau. \tag{111}$$

Statt des Sprunggenerators gibt es technisch nur Generatoren, welche eine endliche Steilheit des Anstieges haben. Der von einem solchen Generator gelieferte Schritt kann durch $\int_0^t R(\tau)\,d\tau$ ausgedrückt werden. Seine Transformierte ist $\frac{1}{p} \cdot r(p)$. *Hinsichtlich der Höchstlänge des Schrittes für die Übereinstimmung mit dem Einheitssprung gilt dieselbe Bedingung wie beim Rechteckstoß-Generator.*

Der Rechteckstoß und der Rechtecksprung haben Nullstellen auf der $i\omega$-Achse überall dort, wo $e^{-p\tau} = 1$ ist, jedoch mit Ausnahme von $\omega = 0$, weil sich an dieser Stelle eine Nullstelle mit einem Pol ausgleicht.

Die Nullstellen sind also bei

$$q_\mu = i \cdot \frac{2\pi n}{\tau},$$

wobei n alle positiven und negativen Zahlen mit Ausnahme von $n = 0$ annehmen kann.

Es sollte τ so klein gemacht werden, daß die ersten Nullstellen q_1 und q_{-1} außerhalb des Kreises liegen, welcher die für die zu vergleichenden Systeme charakteristischen Nullstellen und Pole umschließt.

2. Hintereinanderschaltung von Übertragungssystemen.

Wenn mehrere Übertragungssysteme angepaßt hintereinandergeschaltet sind, so daß die Wirkung des vorhergehenden Systems immer die Ursache des nächstfolgenden Systems ist, kann man den Übertragungsfaktor des gesamten Systems als das Produkt der einzelnen Übertragungsfaktoren berechnen. Es ist

$$w(p) = w_1(p) \cdot w_2(p) \cdots w_k(p). \tag{112}$$

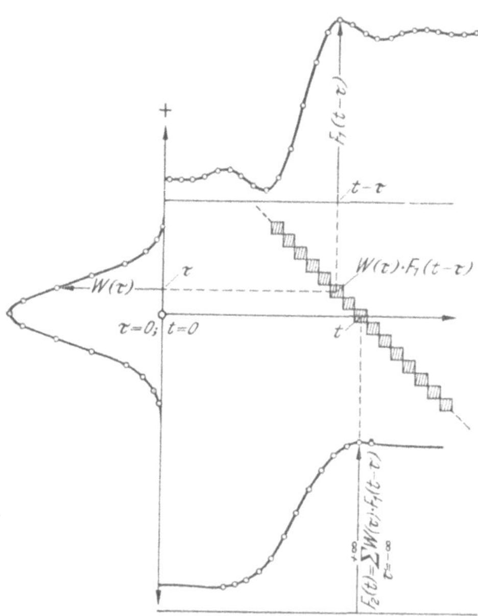

Abb. 37. Der Einschwingvorgang zweier hintereinandergeschalteter Systeme als Faltungsprodukt.

Dienen nicht die einzelnen Übertragungsfaktoren, sondern deren $\mathfrak{L}$-Transformierten $W_1(t)$, $W_2(t)$ ... $W_k(t)$ zur Kennzeichnung der System-Eigenschaften, so entsteht das Bedürfnis, die $\mathfrak{L}$-Transformierte des gesamten Übertragungsfaktors $W(t)$ zu berechnen. Dies ist bekanntlich die Wirkung eines hinreichend kurzen Rechteckstoßes, im Grenzfall des Dirac-Stoßes, oder aber auch die nach der Zeit differenzierte Wirkung beim Einheitssprung.

Physikalisch kann man sich eine Ursache, die von der Bezugsursache abweicht, in eine aneinanderschließende Reihe von Rechteckstößen zerlegen, welche, wenn sie kurz genug sind, je wie ein Dirac-Stoß wirken, wobei die Amplitude der Wirkung proportional dem Flächeninhalt des Rechtecks ist. Addiert man die Wirkungen unter Berücksichtigung der zeitlichen Verschiebung, so entsteht ein Faltungsprodukt. Eine beliebige Ursache $F_1(t)$ erzeugt an einem System, welches durch die DIRAC-Wirkung $W(t)$ gekennzeichnet ist, die Wirkung (s. Abb. 37).

$$F_2(t) = F_1(t) \ast W(t). \tag{113}$$

Zwei aufeinanderfolgende Übertragungssysteme haben daher auf den DIRAC-Stoß die Wirkung $W(t) = W_1(t) \ast W_2(t)$, oder allgemein, bei mehreren Systemen:

$$W(t) = W_1(t) \ast W_2(t) \ast \cdots \ast W_k(t). \tag{114}$$

3. Ausgewählte Übertragungssysteme.

Es seien zwei in ihren Eigenschaften typische Übertragungsfaktoren herausgegriffen: das ideale System und das Fehlerkurvensystem.

Beide Systeme sind nicht realisierbar. Trotzdem sind sie wegen der mit ihrer Einführung verbundenen Vereinfachung recht nützlich und erfüllen dann ihren Zweck, wenn es nur auf das Grundsätzliche ankommt. Die Einschaltung solcher Systeme in einen Gegenkopplungskreis würde allerdings wegen der damit verbundenen Vernachlässigung der Laufzeit zu Fehlschlüssen führen.

Das ideale System überträgt alle Frequenzen von $-i\omega_0$ bis $+i\omega_0$ mit derselben Phasenlaufzeit und ungeänderter Amplitude, ist also für den in diesem Bereich liegenden Anteil am gesamten Frequenzspektrum verzerrungsfrei und unterdrückt alle anderen Frequenzen.

Als gedachter Grenzfall beschreibt die Theorie des idealen Übertragungssystems recht gut das dynamische Verhalten der mit endlichem Aufwand bemessenen Systeme von diesem Typus. Ein solches System hat beim DIRAC-Stoß die Wirkung:

$$\frac{1}{2\pi} \int_{-\omega_0}^{+\omega_0} e^{i\omega t}\, d\omega = \frac{1}{\pi t} \sin \omega_0 t \tag{115}$$

und beim Einheitssprung:

$$\frac{1}{\pi} \int_0^t \frac{\sin \omega_0 \tau}{\tau}\, d\tau = \frac{\omega_0}{\pi} \cdot Si(\omega_0 t). \tag{116}$$

Mehrere ideale Systeme hintereinandergeschaltet bilden ebenfalls ein ideales System.

Das Fehlerkurvensystem ist ebenfalls nicht mit einem endlichen Aufwand realisierbar. Es hat einen Übertragungsfaktor

$$w(i\omega) = e^{-\left(\frac{\omega}{\omega_0}\right)^2}. \tag{117}$$

Merkwürdigerweise ist es nicht zulässig,

$$w(p) = e^{\left(\frac{p}{\omega_0}\right)^2}$$

zu schreiben, um daraus den Phasengang zu $\varphi(\omega) = Im \ln w(p)$ zu berechnen. Es würde dabei die Phase 0 für sämtliche Frequenzen herauskommen, was für die praktisch mögliche Approximation nicht zutrifft.

Den Grund für die Diskrepanz kann man in folgender Weise verständlich machen:

Um die Übertragungsfunktion $p = e^{a p^2}$ zu realisieren, kann man versuchsweise von der Formel

$$e^{a p^2} = \lim_{n \to \infty} \left(1 + \frac{a p^2}{n}\right)^n$$

ausgehen, wobei man nur n bis zu einem hinreichend großen Wert wachsen läßt. Es entstehen n-fache Nullstellen bei

$$q_{1,2} = \pm i \sqrt{\frac{n}{a}}.$$

Ein solches Netzwerk ist nicht realisierbar, da es sowohl Nullstellen als auch Pole besetzen muß, wobei die Zahl der Pole höher sein muß als die Zahl der Nullstellen. Man kann daher einen zweiten Versuch mit

$$\frac{e^{a p^2}}{e^{-b p^2}} = \lim_{\substack{n \to \infty \\ m \to \infty}} \frac{\left(1 + \frac{a p^2}{n}\right)^n}{\left(1 - \frac{b p^2}{m}\right)^m}$$

unternehmen und erhält n-fache Nullstellen bei

$$q_{1,2} = \pm i \sqrt{\frac{n}{a}}$$

und m-fache Pole bei

$$p_{1,2} = \pm \sqrt{\frac{m}{b}}.$$

Von diesen Polen müssen jedoch die Pole in der rechten p-Halbebene nach links hinübergeklappt werden, da sie das System sonst instabil machen. Dabei muß gleichzeitig $m \geqq n$ sein. Durch das Hinüberklappen der Pole um die imaginäre Achse bleibt der Amplitudengang erhalten; es wird aber ein zusätzlicher Phasengang eingeführt. Physikalisch bedeutet dieses Polumklappen das Hinzuschalten eines Allpasses.

Die Fourier-Rücktransformation ergibt *ohne Berücksichtigung dieses Phasenganges*:

$$W(t) = \frac{1}{2\pi} \int_{-\infty}^{+\infty} e^{-\left(\frac{\omega}{\omega_0}\right)^2} \cdot e^{i\omega t} d\omega = \frac{\omega_0}{2\pi} \int_{-\infty}^{+\infty} e^{-\left(\frac{\omega}{\omega_0}\right)^2} \cdot e^{i\left(\frac{\omega}{\omega_0}\right)\cdot\omega_0 t} d\left(\frac{\omega}{\omega_0}\right). \tag{118}$$

Setzt man $\omega_0 \cdot t = t'$, $\frac{\omega_0}{\omega} = \omega'$, so entsteht

$$\left.\begin{aligned} W(t) &= \frac{\omega_0}{2\pi} \int_{-\infty}^{+\infty} e^{-\omega'^2} \cdot e^{i\omega' t'} d\omega' = \frac{\omega_0}{2\pi} \cdot e^{-\left(\frac{t'}{2}\right)^2} \int_{-\infty}^{+\infty} e^{-\omega'^2} \cdot e^{i\omega' t'} \cdot e^{\left(\frac{t'}{2}\right)^2} \cdot d\omega' \\ &= \frac{\omega_0}{2\pi} \cdot e^{-\left(\frac{t'}{2}\right)^2} \cdot \int_{-\infty}^{+\infty} e^{\left(i\omega' + \frac{t'}{2}\right)^2} d\omega'. \end{aligned}\right\} \tag{119}$$

Das Integral ergibt den Wert $\sqrt{\pi}$, und damit ist schließlich

$$W(t) = \frac{\sqrt{\pi}}{2} \omega_0 \cdot e^{-\frac{\omega_0^2}{4} \cdot t^2}. \tag{120}$$

Wegen der Vernachlässigung der Phase ist $W(t) \neq 0$ für $t < 0$, was, wie zu erwarten, dem Kausalitätsgesetz widerspricht.

Schaltet man mehrere Übertragungssysteme

$$w_1(i\omega) = e^{-\left(\frac{\omega}{\omega_1}\right)^2}, \quad w_2(i\omega) = e^{-\left(\frac{\omega}{\omega_2}\right)^2} \quad \text{usw.}$$

hintereinander, so ist der resultierende Übertragungsfaktor:

$$w(i\omega) = e^{-\omega^2\left(\frac{1}{\omega_1^2} + \frac{1}{\omega_2^2} + \cdots + \frac{1}{\omega_k^2}\right)}. \tag{121}$$

Es ist also

$$\frac{1}{\omega_0^2} = \frac{1}{\omega_1^2} + \frac{1}{\omega_2^2} + \cdots + \frac{1}{\omega_k^2}, \tag{122}$$

bzw., wenn man eine Zeitkonstante $T_\nu = \frac{1}{\omega_\nu}$ definiert:

$$T_0 = \sqrt{T_1^2 + T_2^2 + \cdots + T_k^2}. \tag{123}$$

Die Breiten der Fehlerkurven addieren sich quadratisch. Bei n hintereinandergeschalteten gleichen Gliedern dauert der Einschwingvorgang die $\sqrt{n}$-fache Zeit.

Diese Betrachtung kann auch verwendet werden, wenn es sich um anderweitig verursachte Verbreiterungen eines Signals handelt, z. B. durch die Unschärfe der Optik und des abtastenden Elektronenstrahles einer Fernsehkamera. Es entsteht ein Signal, welches einen Bildpunkt als Fehlerkurve wiedergibt. Dabei kann man ersatzweise die Kamera durch eine ideale Kamera ersetzt denken und dafür in den elektrischen Weg ein entsprechendes Fehlerkurvensystem einschalten.

Beim Einschwingen der Reihenschaltung eines idealen Systems mit einem Fehlerkurvensystem entsteht ein kombinierter Vorgang, welcher in seinem Charakter überwiegend durch dasjenige von beiden Systemen bestimmt wird, das die geringste Bandbreite hat. Bei annähernd gleichen Bandbreiten erhöht ein Fehlerkurvensystem zwar die Einschwingzeit eines idealen Systems verringert aber das Überschwingen.

Wenn praktisch das Überschwingen eines idealen Systems stört, kann man es mit einem in Reihe dazu geschalteten Fehlerkurvenfilter verringern. Dafür muß man allerdings eine Reserve an Bandbreite zur Verfügung stellen. Beide Einflüsse des Fehlerkurven-Anteiles zeigt Abb. 37, in der die Faltung mit dem vorliegenden Fall als Beispiel durchgeführt wurde.

V. Frei wählbare Anforderungen an Übertragungssysteme.

Die Verteilung der Nullstellen und Pole ist die gemeinsame Beschreibung aller Eigenschaften eines linearen Übertragungssystems (abgesehen von einem konstanten Faktor). Sie ist sogar noch eine bessere Kennzeichnung eines Systems, als eine genaue Angabe seines Aufbaues, weil sie alle Äquivalenzen mit umfaßt. Eine solche Verteilung von Nullstellen und Polen kann man für alle an einem System denkbaren Eingangswiderstände und Übertragungsfaktoren angeben (s. Zweites Kapitel).

Nullstellen und Pole sind diejenigen Systemmerkmale, über die man wirklich einzeln oder paarweise verfügen kann, wenigstens im grundsätzlichen. Die praktische Realisierung eines Systems nach gegebenen Nullstellen und Polen tritt in diesem Zusammenhang als eine neue Aufgabe auf, deren theoretische Behandlung noch nicht zum vollständigen Abschluß gekommen ist.

Man kann jedoch in diesem Zusammenhang eine Frage zu einem Teil des Problems stellen: nämlich die, in welchen Grenzen die Eigenschaften eines Systems frei wählbar sind. Es zeigt sich, daß auch diese Frage mit einer Bezugnahme auf die Verteilung der Nullstellen und Pole am leichtesten zu beantworten ist. Daher soll noch einmal zusammenfassend gezeigt werden, in welcher Weise sich zwingend einengende Naturgesetze auf die Frequenzebene übersetzen.

Vorgänge als reelle Zeitfunktionen. Da jeder Vorgang eine reelle Funktion der Zeit ist, darf ein System aus einer reellen Ursache auch wieder nur eine reelle Wirkung machen. Damit immer dann $f_2(p^*) = f_2^*(p)$, wenn $f_1(p^*) = f_1^*(p)$, muß notwendigerweise auch sein:

$$w(p^*) = w^*(p)\,, \tag{124}$$

sofern das Übertragungssystem wirklich real und nicht nur eine niederfrequente Ersatzdarstellung für ein trägerfrequentes System ist.

Die Symmetrie der Nullstellen und Pole zur reellen Achse ist eine Folge dieser Bedingung.

Stabilität. Damit keine Selbsterregung eintritt, darf das System keine Pole in der rechten p-Halbebene besitzen. Dann ist das Integral über die imaginäre Achse gleich dem Integral von $-i\infty$ bis $+i\infty$ auf einem Halbkreis über die rechte p-Halbebene, oder, wie man es auch schreiben kann:

$$\oint_{(R)} w(p)\,dp = 0\,; \qquad \oint_{(R)} w(p)\,e^{pt}\,dp = 0\,. \tag{125}$$

Begrenzte Bandbreite. Es ist physikalisch und technisch unmöglich, Übertragungssysteme zu schaffen, welche bis zu unendlich hohen Frequenzen durchlässig sind. Hier darf man, wie in allen anderen Abschnitten auch, die Bezeichnung „unendliche hohe Frequenz" nicht wörtlich nehmen, weil es eine solche Frequenz ebenfalls nicht gibt. Man stellt dagegen bei allen technischen Übertragungssystemen bei wachsender Frequenz stets fest, daß der Betrag des Übertragungsfaktors schließlich eine fallende Tendenz bekommt. Die Steilheit des Abfalles strebt zunächst asymptotisch einem Abfall mit der n-ten Potenz zu, welcher durch die Formel

$$\lim_{p\to\infty} w(p) = \frac{m_\infty}{p^n} \tag{126}$$

gekennzeichnet wird, wobei $n \geqq 1$ ist.

Kausalitätsgesetz[1]. Die Ursache muß stets der Wirkung zeitlich voraufgehen, d. h. wenn $F_1(t) = 0$ für $t < 0$, so gilt automatisch auch $F_2(t) = 0$ für $t < 0$.

Da für $t = 0$

$$\oint f_1(p)\,w(p)\,e^{pt}\,dp = \oint f_1(p)\,w(p)\,dp\,,$$

muß stets dann

$$\oint f_1(p)\,w(p)\,dp = 0$$

sein, wenn

$$\oint f_1(p)\,dp = 0$$

Diese letzte Gleichung ist keine zusätzliche Bedingung; sie entwickelt sich vielmehr aus der Stabilitätsbedingung in Verbindung mit der begrenzten Bandbreite (bei $n > 1$), wenn $w(p)$ eine analytische Funktion der komplexen Frequenz ist.

Die gemeinsame Bedingung für die Erfüllung der genannten 4 allgemeinen Einengungen besteht also darin, daß 1. die Nullstellen und Pole symmetrisch zur reellen p-Achse liegen, 2. keine Pole in der rechten p-Halbebene liegen und 3. mehr endliche Pole als endliche Nullstellen vorhanden sind.

---

[1] Aus formalen Gründen muß diese Betrachtung eigentlich auf die Zeit $t = 0 - \varepsilon$ bezogen werden, wobei ε eine sehr kleine positive Größe ist.

E. Trägerfrequente Systeme.

Die bisher behandelten Systeme können auch modulierte Träger übertragen. Die hierfür besonders bemessenen Systeme haben ihre Nullstellen und Pole in der Nähe der Trägerfrequenz $\pm i\omega_0$ liegen.

Praktisch interessiert dabei nicht der Träger selbst, sondern seine Einhüllende, das Signal. Daher soll das T. F.-System in seinen Eigenschaften vom Eingang des Modulators bis zum Ausgang des Demodulators betrachtet werden.

Da im Übertragungsweg ein Modulator und ein Demodulator, also nichtlineare Glieder liegen, ist das System nicht mehr linear. Die Betrachtungen gelten nicht mehr für beliebige Amplituden. Außerdem kann man im Demodulator nicht mehr das Gesetz der ungestörten Superposition für die im trägerfrequenten Spektrum enthaltenen Anteile anwenden.

I. Übertragung der Einhüllenden[1] des Trägers.

Das Signal $N_1(t)$ habe die $\mathfrak{L}$-Transformierte $n_1(p)$. Dann hat der modulierte Träger am Eingang

$$F_1(t) = N_1(t)\cdot\sin\omega_0 t = N_1(t)\frac{1}{2i}\left(e^{i\omega_0 t} - e^{-i\omega_0 t}\right):$$

die $\mathfrak{L}$-Transformierte

$$f_1(p) = \frac{1}{2i}\Big(n_1(p - i\omega_0) - n_1(p + i\omega_0)\Big). \tag{127}$$

Nach Durchlaufen des T. F.-Systems mit dem Übertragungsfaktor $w(p)$ entsteht die $\mathfrak{L}$-Transformierte des modulierten Trägers am Ausgang

$$f_2(p) = \frac{1}{2i}w(p)\cdot(n_1(p - i\omega_0) - n_1(p + i\omega_0)). \tag{128}$$

Ihre Rücktransformierte ist:

$$\begin{aligned} F_2(t) = {} & \frac{1}{2i}e^{i\omega_0 t}\cdot\mathfrak{L}^{-1}\{w(p + i\omega_0)\cdot n_1(p)\} \\ & - \frac{1}{2i}\cdot e^{-i\omega_0 t}\cdot\mathfrak{L}^{-1}\cdot\{w(p - i\omega_0)\cdot n_1(p)\}. \end{aligned} \tag{129}$$

Die Ausschaltung des Trägers geschieht durch einen Kunstgriff[2]: Die rechte Seite von Gl. (129) wird auf der $i\omega$-Achse als zwei entgegengesetzt umlaufende Zeiger aufgefaßt, die mit dem komplexen Signal $N_2(t)$ bzw. $N_2^*(t)$ moduliert sind. Es ist also:

$$N_2(t) = \mathfrak{L}^{-1}\{w(p + i\omega_0)\cdot n_1(p)\}, \tag{130a}$$

$$N_2^*(t) = \mathfrak{L}^{-1}\{w(p - i\omega_0)\cdot n_1(p)\}. \tag{130b}$$

Zerlegt man das komplexe Signal in die Komponenten

$$N_2(t) = N_{2r}(t) + i\cdot N_{2i}(t), \tag{131a}$$

$$N_2^*(t) = N_{2r}(t) - i\cdot N_{2i}(t), \tag{131b}$$

so erhält man nach Einsetzen in Gl. (129):

$$F_2(t) = N_{2r}(t)\cdot\sin\omega_0 t + N_{2i}(t)\cdot\cos\omega_0 t. \tag{132}$$

[1] Die Einhüllende ist dann identisch mit dem Signal, wenn dieses durch einen Wert je Halbperiode des Trägers genügend genau definiert ist. Dabei darf das Signal nur Frequenzen enthalten, die niedriger als die Trägerfrequenz sind.

[2] Siehe Beispiel mit Polen und Nullstellen S. 48. Eine Anwendung dieses Verfahrens auf idealisierte Filter, das z. B. in Form der Nyquist-Bedingung für das Rest-Seitenband-Filter gegeben sei, kann sinngemäß entsprechend geschehen.

Die Einschaltung eines Systems mit dem Übertragungsfaktor $w(p)$ in den *trägerfrequenten* Weg wirkt also wie ein in den *niederfrequenten* Weg eingeschaltetes System mit dem Übertragungsfaktor $w(p+i\omega_0)$, wobei ω_0 die Trägerfrequenz ist.

Da das äquivalente Niederfrequenzsystem im allgemeinen nicht die durch Gl. (124) gegebene Bedingung erfüllt, ist das übertragene Signal (also die Einhüllende) eine komplexe Funktion der Zeit.

Gl. (132) zeigt, was in diesem Fall unter einem komplexen Signal zu verstehen ist:

Die reelle Komponente des komplexen Signals ist die Modulation der Komponente des Trägers, die mit dem ursprünglichen Träger (vor Einschalten von $w(p)$) in Phase ist; die imaginäre Komponente[1] *ist die Modulation auf der Komponente des Trägers, die gegenüber dem ursprünglichen Träger um 90° verschoben ist.*

Der gesamte Vorgang $F_2(t)$ ist natürlich wieder reell.

II. Modulation der Frequenz des Trägers.

Statt der Gl. (132) kann man auch

$$F_2(t) = \frac{1}{2i}\cdot e^{i\omega_0 t}\cdot |N_2(t)|\cdot e^{i\Phi(t)} - \frac{1}{2i} e^{-i\omega_0 t}\cdot |N_2(t)|\cdot e^{-i\Phi(t)} \tag{133}$$

schreiben, wobei $\Phi(t)$ den Phasenwinkel als Funktion der Zeit bedeutet. Er ist

$$\Phi(t) = \operatorname{arctg}\frac{N_{2i}(t)}{N_{2r}(t)}. \tag{134}$$

Wenn die Trägerfrequenz so groß gegenüber der Änderungsgeschwindigkeit des Phasenwinkels ist, daß die Änderung des Winkels in einer halben Periode des Trägers als differentiell klein angesehen werden kann, so kann man das Signal auch als ein Speerpaar mit der augenblicklichen Amplitude $|N_2(t)|$ und der augenblicklichen[2] Winkelgeschwindigkeit

$$\pm\,\omega(t) = \frac{d\Phi(t)}{dt} = \frac{N'_{2i}(t)\cdot N_{2r}(t) - N_{2i}(t)\cdot N'_{2r}(t)}{|N_2(t)|^2} \tag{135}$$

ansehen. Demzufolge zerfällt $F_2(t)$ gemäß Gl. (133) in ein Speerpaar mit den augenblicklichen Winkelgeschwindigkeiten bzw. Frequenzen

$$\pm\,\omega = \pm(\omega_0 + \omega(t)). \tag{136}$$

III. Demodulation.

Man kann zwei Demodulationsverfahren unterscheiden: die normale Einweg- oder Doppelweggleichrichtung und die Gleichrichtung unter Verwendung eines auf der Trägerfrequenz schwingenden Überlagerers (Homodyne-Verfahren). Es wird im folgenden nur der normale Gleichrichter beschrieben:

Ein linearer Doppelweggleichrichter liefert von einem Vorgang nach Gl. (132) die Einhüllende

$$|N_2(t)| = \sqrt{N_{2r}^2(t) + N_{2i}^2(t)}. \tag{137}$$

Wenn also ein Demodulator verwendet wird, welcher die Einhüllende liefert, so ist die Vorschrift für die Berechnung des trägerfrequenten Übertragungsvorganges gegeben durch

$$N_2(t) = |\mathfrak{L}^{-1}\{w(p - i\omega_0)\cdot n_1(p)\}|. \tag{138}$$

[1] In der Fernsehliteratur quadratische Komponente genannt.

[2] Hier ist die Winkelgeschwindigkeit also eine Funktion der Zeit.

Beispiel. Der Zwischenfrequenzverstärker eines Fernsehempfängers besitze 6 Pole und 3 Nullstellen (s. Abb. 38). Die normierten Werte sind:

$$p_1, p_1^* = -0{,}1 \pm 1{,}5\,i\,,$$
$$p_2, p_2^* = -0{,}2 \pm 1{,}3\,i\,,$$
$$p_3, p_3^* = -0{,}1 \pm 1{,}1\,i\,,$$
$$q_{1,2,3,} = 0\,.$$

Die Trägerfrequenz ist

$$\omega_0 = 1{,}0\,.$$

Welches ist der zeitliche Verlauf des Einschwingvorganges bei nicht gesteuerter Gleichrichtung, wenn als Ursache auf den Träger zur Zeit $t = 0$ ein Einheitssprung von 0 auf 1 moduliert wird?

Lösung: Der Übertragungsfaktor ist

$$w(p) = \frac{(p-q_1)(p-q_2)(p-q_3)}{(p-p_1)(p-p_1^*)(p-p_2)(p-p_2^*)(p-p_3)(p-p_3^*)}\,,$$

mit $n_1(p) = \frac{1}{p}$ entsteht

$$n_2(p) = \frac{1}{p}\cdot\frac{(p+i\omega_0)^3}{(p+i\omega_0-p_1)(p+i\omega_0-p_1^*)(p+i\omega_0-p_2)(p+i\omega_0-p_2^*)(p+i\omega_0-p_3)}$$
$$\times\frac{1}{(p+i\omega_0-p_3^*)}\,.$$

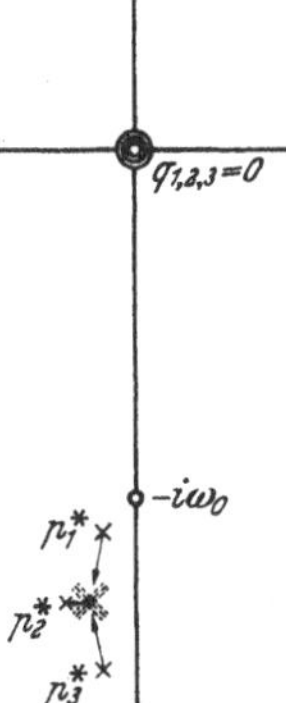

Abb. 38. Rückführung eines trägerfrequenten Systems auf ein niederfrequentes System. Die reelle Achse wird um $+ i\omega_0$ verschoben.

Diese Gleichung hat 7 Pole, von denen jedoch die Residuen dreier Pole nicht berücksichtigt zu werden brauchen, da sie hochfrequente Störanteile liefern. (Diese Störungen werden in der Praxis durch ein niederfrequentes Filter mit geeigneter Grenzfrequenz $\omega_g < \omega_0$ entfernt.) Diese Eigenfrequenzen werden durch die Pole bei $-i\omega_0 + p_1^*$, $-i\omega_0 + p_2^*$, $-i\omega_0 + p_3$ hervorgerufen.

Die Lösung ist die Summe der Residuen von $n_2(p)e^{pt}$ bei den Polen

$$0,\ -i\omega_0 + p_1,\ -i\omega_0 + p_2,\ -i\omega_0 + p_3\,.$$

Es entsteht so das komplexe Signal

$$N_2(t) = \frac{(i\omega_0)^3}{p_{01}\cdot p_{02}\cdot p_{03}} + \qquad \text{Daueranteil}$$
$$\left.\begin{aligned}&+\frac{p_1^3}{2i\omega_1(p_1-i\omega_0)\cdot p_{12}\cdot p_{13}}\cdot e^{(p_1-i\omega_0)t} +\\ &+\frac{p_2^3}{2i\omega_2(p_2-i\omega_0)\cdot p_{21}\cdot p_{23}}\cdot e^{(p_2-i\omega_0)t} +\\ &+\frac{p_3^3}{q\,i\omega_3\cdot(p_3-i\omega_0)\cdot p_{31}\cdot p_{32}}\cdot e^{(p_3-i\omega_0)t}.\end{aligned}\right\}\ \text{flüchtige Anteile}$$

Hierbei ist die Abkürzung

$$p_{ik} = (p_i - p_k)(p_i - p_k^*) = (\gamma_i - \gamma_k)^2 - (\omega_i^2 - \omega_k^2) + 2i\omega_i(\gamma_i - \gamma_k)$$

verwendet worden.

(Man könnte übrigens, wie die Abbildung erkennen läßt, statt der Pole p_1^*, p_2^*, p_3^* einen dreifachen Pol in ihrem Schwerpunkt annehmen, ohne die Lösung merklich zu ändern.)

Mit den gegebenen Zahlen errechnen sich die komplexen Amplituden von $N_2(t)$ bei $t = 0$ zu:

$$
\begin{aligned}
a_0 &= 3{,}17 \,\underline{/190^\circ\, 0'} = -3{,}12 - i \cdot 0{,}55\,,\\
a_1 &= 3{,}42 \,\underline{/118^\circ\, 40'} = -1{,}64 + i \cdot 3{,}00\,,\\
a_2 &= 7{,}20 \,\underline{/258^\circ\, 09'} = -1{,}48 - i \cdot 7{,}05\,,\\
a_3 &= 7{,}75 \,\underline{/\;36^\circ\, 24'} = +6{,}24 + i \cdot 4{,}60\,.
\end{aligned}
$$

Für $t = 0$ ist die Summe aller Amplituden Null.

Die Komponenten von $N_2(t)$ sind

$$
\begin{aligned}
Re\, N_2(t) = &-3{,}12\\
&+ e^{-0{,}1t}(-1{,}64 \cdot \cos 0{,}5t - 3{,}00 \cdot \sin 0{,}5t) +\\
&+ e^{-0{,}2t}(-1{,}48 \cdot \cos 0{,}3t + 7{,}05 \cdot \sin 0{,}3t) +\\
&+ e^{-0{,}1t}(\;\;6{,}24 \cdot \cos 0{,}1t - 4{,}60 \cdot \sin 0{,}1t)\,.\\
Im\, N_2(t) = &-0{,}55\\
&+ e^{-0{,}1t}(\;\;3{,}00 \cdot \cos 0{,}5t - 1{,}64 \cdot \sin 0{,}5t) +\\
&+ e^{-0{,}2t}(-7{,}05 \cdot \cos 0{,}3t - 1{,}48 \cdot \sin 0{,}3t) +\\
&+ e^{-0{,}1t}(\;\;4{,}60 \cdot \cos 0{,}1t + 6{,}24 \cdot \sin 0{,}1t)\,.
\end{aligned}
$$

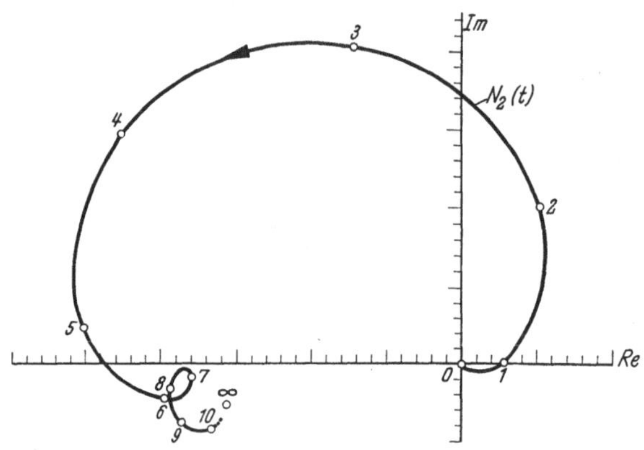

Abb. 39.
Trägerfrequenter Einschwingvorgang als komplexe Funktion der Zeit. Parameter: Zeit (genormt) in Vielfachen von π.

Daraus ergeben sich numerisch die Werte der folgenden Tabelle[1] (s. Abb. 39):

t	$Re\, N_2(t)$	$Im\, N_2(t)$	$\lvert N_2(t) \rvert$
0	0,000	0,000	0,00
π	+ 0,564	+ 0,006	0,56
2π	+ 1,044	+ 2,011	2,27
3π	— 1,427	+ 4,058	4,30
4π	— 4,522	+ 2,930	5,39
5π	— 5,005	+ 0,470	5,03
6π	— 3,951	— 0,432	3,98
7π	— 3,597	— 0,196	3,60
8π	— 3,840	— 0,335	3,86
9π	— 3,710	— 0,782	3,79
10π	— 3,316	— 0,865	3,43

[1] Dem Leser sei empfohlen, diese Werte über die t-Achse aufzutragen und diese Darstellung mit Abb. 39 zu vergleichen.

IV. Rückführung eines T. F.-Systems auf ein äquivalentes N. F.-System.

Die Rückführung auf ein äquivalentes N. F.-System ist schon geschehen. Man braucht nur die Nullstellen und Pole eines der beiden Bereiche um $\pm i\omega_0$ so zu verschieben, daß nunmehr die Frequenz $i\omega_0$ auf den 0-Punkt fällt. Dieses System erfüllt nun, von trivialen Fällen (Zweiseitenbandfilter) abgesehen, nicht mehr die Bedingung $w(p^*) = w^*(p)$. Daher entsteht ein komplexes Signal, dessen Betrag im Fall des linearen Gleichrichters das zu erwartende reelle Signal ist.

Diese Darstellung befriedigt nicht: Statt den Betrag eines komplexen Signals bilden zu müssen, wäre es erwünscht, wenn das Ersatzsystem als N. F.-System realisierbar wäre und dabei ein reelles Signal gleich dem Betrag liefern würde. Dann wäre auch bei Übertragungssystemen, welche sich aus der Hintereinanderschaltung von träger- und niederfrequenten Gliedern zusammensetzen, ein Vergleich der Einflüsse beider Glieder untereinander möglich, um die zweckmäßigste Verteilung der Nullstellen und Pole des gesamten Systems vorzunehmen.

Ein Weg dahin sei wie folgt vorgeschlagen:

Betrachtet wird das *Quadrat* des empfangenen Signals (Wirkung).

Es ist

$$|N_2(t)|^2 = N_2(t) \cdot N_2^*(t). \tag{139}$$

Nach einem Satz der $\mathfrak{L}$-Transformation erhält man dieses Produkt durch eine Faltung im Unterbereich. Also ist

$$N_2(t) \cdot N_2^*(t) = \frac{1}{2\pi i} \int\limits_{c-i\infty}^{c+i\infty} [(w(p+i\omega_0) \cdot n_1(p)) * (w(p-i\omega_0)\, n_1(p))]\, e^{pt}\, dp. \tag{140}$$

Es ist zulässig, die Diskussion der Verzerrungen auf den Einheitssprung als Ursache zu beschränken. Daher ist das Faltungsprodukt

$$\left(\frac{1}{p} \cdot w(p + i\omega_0)\right) * \left(\frac{1}{p} \cdot w(p - i\omega_0)\right) \tag{141a}$$

zu bilden.

Das Übertragungssystem besitze n-Pole, die paarweise zueinander konjugiert komplex sind. Dann ist

$$w(p) = \frac{m_1(p)}{p - p_1} = \frac{m_2(p)}{p - p_2} = \cdots = \frac{m_n(p)}{p - p_n}. \tag{142a}$$

Nimmt man der Einfachheit halber an, daß alle n Pole einfach sind (was nicht unbedingt erforderlich ist), so kann man die Partialbruchzerlegung

$$w(p) = \frac{m_1(p_1)}{p - p_1} + \frac{m_2(p_2)}{p - p_2} + \cdots + \frac{m_n(p_n)}{p - p_n} \tag{143}$$

angeben. Für die beiden Faktoren des Faltungsproduktes (141a) gilt entsprechend:

$$\frac{1}{p} \cdot w(p \pm i\omega_0) = \frac{\frac{1}{p} \cdot m_1(p \pm i\omega_0)}{p - (p_1 \mp i\omega_0)} = \cdots = \frac{\frac{1}{p} \cdot m_n(p \pm i\omega_0)}{p - (p_n \mp i\omega_0)}. \tag{141b}$$

Daraus entsteht die Partialbruchzerlegung:

$$\frac{1}{p} \cdot w(p \pm i\omega_0) = \frac{1}{p} \cdot w(\pm i\omega_0) + \sum_{\nu=1}^{n} \frac{1}{p - (p_\nu \mp i\omega_0)} \cdot \frac{1}{p_\nu \mp i\omega_0} \cdot m_\nu(p_\nu). \tag{142b}$$

Die Faltung kann gliedweise erfolgen, und jedes einzelne Teilfaltungsprodukt kann für sich in den Oberbereich transformiert werden. Alle diese elementaren Faltungsfaktoren haben die Form $\frac{A_\mu}{p - p_\mu}$. Daher ist das elementare Faltungsprodukt

$$\frac{A_\mu}{p - p_\mu} * \frac{B_\nu}{p - p_\nu}$$

und seine $\mathfrak{L}$-Transformierte

$$\mathfrak{L}\left\{\frac{A_\mu}{p - p_\mu} * \frac{B_\nu}{p - p_\nu}\right\} = A_\mu \cdot B_\nu \cdot e^{(p_\mu + p_\nu)t}. \tag{144}$$

Je ein Pol p_μ in dem einen Faltungsfaktor bildet mit je einem Pol p_ν des anderen Faltungsfaktors einen Kombinationspol $p_\mu + p_\nu$ (s. Abb. 40). Das Residuum in diesem Kombinationspol ist nach Gl. (144) gleich dem Produkt der Residuen in den beiden ursprünglichen Polen. So entsteht:

$$\left.\begin{aligned} |N_2(t)|^2 = {} & w(i\omega_0) \cdot w(-i\omega_0) + w(i\omega_0) \sum_{\nu=1}^{n} \frac{1}{p_\nu + i\omega_0} \cdot m_\nu(p_\nu) \cdot e^{(p_\nu + i\omega_0)t} + \\ & + w(-i\omega_0) \sum_{\mu=1}^{n} \frac{1}{p_\mu - i\omega_0} \cdot m_\mu(p_\mu) \cdot e^{(p_\mu - i\omega_0)t} + \\ & + \sum_{\nu=1}^{n} \sum_{\mu=1}^{n} \frac{1}{p_\nu + i\omega_0} \cdot \frac{1}{p_\mu - i\omega_0} m_\nu(p_\nu) \cdot m_\mu(p_\mu) \cdot e^{(p_\nu + p_\mu)t}. \end{aligned}\right\} \tag{145}$$

Wenn keine Verzerrungen vorhanden sind, stimmt beim Einheitssprung $|N_2(t)|^2$ mit $|N_2(t)|$ überein. Die Bezugsgröße (Ursache) ist dieselbe, da der Einheitssprung sich durch das Quadrieren nicht ändert.

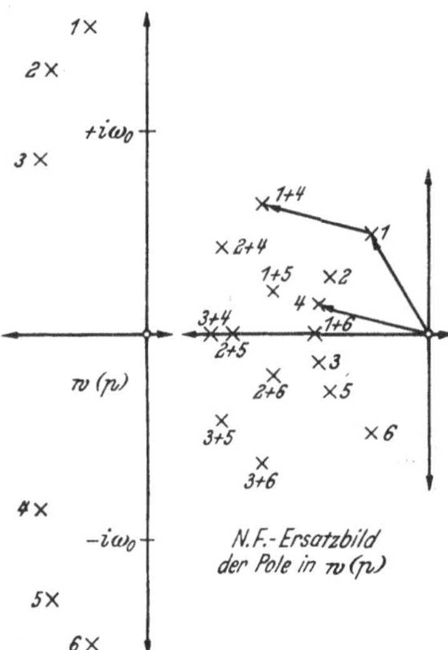

Abb. 40. Pole des T. F.-Systems (links) und die niederfrequenten Kombinationspole des Ersatzsystems (rechts). Die hochfrequenten Kombinationspole, z. B. 1 + 3, sind nicht dargestellt. Die Ersatz-Nullstellen werden entsprechend gebildet.

Die dargestellte Operation liefert zwar ein realisierbares N.F.-System als Ersatz für das T.F.-System. Gegenüber dem äquivalenten System, welches durch Verschiebung von $i\omega_0$ entsteht, bestehen folgende Unterschiede:

1. Das empfangene Signal $|N_2(t)|^2$ (Wirkung) ist in Übereinstimmung mit dem technischen Vorgang am Ausgang des Demodulators eine reelle Funktion der Zeit. Es braucht daher nicht mehr rechnerisch der Betrag gebildet zu werden.

2. Das neue Ersatzsystem liefert nicht das technisch zu erwartende Signal $|N_2(t)|$, sondern das Quadrat davon.

Man kann das neue Ersatzsystem zur Untersuchung folgender Fragen verwenden:

1. Welche der entstehenden gedämpften Frequenzen fällt in den interessierenden Bereich $0 \leqq \omega < \omega_0$?

2. Unter welchen Nebenbedingungen gibt es ein niederfrequentes Übertragungssystem, welches mit dem Einheitssprung als Ursache dieselbe Wirkung erzeugen würde?

3. Wie müssen Pole und Nullstellen im T.F.-System gewählt werden, um bei gegebener Bandbreite möglichst geringe Verzerrungen zu erzielen?

Die Frage 1 scheidet die Frequenzen aus, welche nicht mehr ausgewertet werden können. (Genaugenommen müßte an dieser Stelle auch rechnerisch ein realisierbares Filter eingefügt werden, welches sich technisch auf der niederfrequenten Seite des Gleichrichters befinden muß. Statt dessen wird der Einfachheit halber die Methode des Fortlassens höherer Frequenzen verwendet.)

Das erste Glied in Gl. (145) liefert den Gleichstromanteil. Da sich die Pole in der Nähe der Punkte $\pm i\omega_0$ befinden, ist für das zweite Glied nur die untere Hälfte der p-Ebene und für das dritte Glied nur die obere Hälfte der p-Ebene verwertbar. Auch das vierte Glied verwendet nur die Produkte der Pole in der unteren p-Halbebene mit den Polen in der oberen p-Halbebene. Konjugiert komplexe Pole ergeben Pole auf der reellen Achse. Diese Kombinationspole sind deshalb besonders interessant, weil sie zusätzlich Gleichstromanteile erzeugen, die mit einer entsprechenden Zeitkonstante einem Endwert zustreben.

Eine besondere Frage gilt den Nullstellen. Das Residuum zu jedem der neuen Pole enthält die Residuen der Pole, aus denen es entstanden ist, als Faktoren. Denkt man sich ein T.F.-Netzwerk, welches in seinen Daten bis auf einen Pol bekannt ist und läßt diesen Pol in der p-Ebene umherwandern (Suchpol), so wandert entsprechend auch ein Pol im äquivalenten N.F.-Netzwerk. Fällt dabei dieser Pol mit einer Nullstelle zusammen, so daß er verschwindet, so muß auch der Pol im äquivalenten N.F.-Netzwerk verschwinden. Dies kann wiederum nur dann geschehen, wenn in diesem Punkt bereits vorher eine Nullstelle vorhanden war, welche ebenfalls von der entsprechenden Nullstelle des T.F.-Systems erzeugt worden ist.

Die Frage 2 kann nur so beantwortet werden, daß man nur ein äquivalentes N.F.-System zu einem T.F.-System angeben kann, welches doppelt so hohe Abweichungen (in logarithmischen Einheiten) vom unverzerrten Vorgang erzeugt.

Die Frage 3 kann nunmehr auf die entsprechende Frage im N.F.-Bereich zurückgeführt werden: Das T.F.-System muß so bemessen werden, daß es einem hinreichend verzerrungsfreien N.F.-System äquivalent ist. Besondere Beachtung ist den Polen und Nullstellen auf der reellen Achse zu widmen, die ggf. im T.F.-System oder im N.F.-System durch Entzerrer aufgehoben werden können.

F. Zusammenfassung.

1. Alle Vorgänge in der Physik sind reell. Komplexe Größen sind stets eine Zusammenfassung zweier reeller Größen, wenn die physikalischen Gesetze den Rechenregeln für komplexe Größen entsprechen.

2. Durch die komplexe Darstellung gedämpfter Schwingungen wird ein physikalischer Zusammenhang zwischen den Eigenschaften eines Systems bei ungedämpften Schwingungen und seinen Eigenschwingungen hergestellt.

3. Der Übertragungsfaktor ist mathematisch zu einer komplexen Funktion einer komplexen Größe verallgemeinert und damit funktionentheoretischen Methoden zugänglich gemacht worden. Er muß (außer für endlich viele komplexe Frequenzen) eine *analytische* Funktion sein.

4. Der Übertragungsfaktor erfährt mathematische Einschränkungen dadurch, daß das zu ihm gehörige System 1. reelle Funktionen der Zeit miteinander verknüpft, 2. stabil ist und 3. einen beschränkten Durchlaßbereich hat. Dann erfüllt er auch 4. das Kausalitätsgesetz.

5. Es besteht die Möglichkeit zu Analogiebetrachtungen, da die gleichen mathematischen Gesetze z. B. auch bei der ebenen Strömung auftreten.

6. Auch nichtperiodische Vorgänge können durch die FOURIER- und die LAPLACE-Transformation in eine Summe von ungedämpften und gedämpften Schwingungen überführt werden.

7. Bezogen auf einen *definierten* Impuls als Ursache kann ein Übertragungsvorgang vollkommen gleichwertig statt durch den Übertragungsfaktor auch durch den Einschwingvorgang gekennzeichnet werden.

8. Mehrere hintereinandergeschaltete Systeme zeigen einen Einschwingvorgang, welcher aus den Einschwingvorgängen der einzelnen Systeme berechnet werden kann. Der Gang der Rechnung entspricht physikalisch einer Zerlegung eines Vorganges in einzelne Rechteckimpulse (Faltung).

9. Bei einem trägerfrequenten System können die Eigenschaften des Übertragungssystems nach zwei verschiedenen Verfahren auf die eines niederfrequenten Systems zurückgeführt werden, wenn die Eigenschaften des Modulators und des Demodulators mit in die Betrachtungen einbezogen werden. Die Eigenschaften des T.F.-Systems können durch einen komplexen Einschwingvorgang beschrieben werden.

10. Es ist möglich, Bedingungen für die günstigste Verteilung von Nullstellen und Polen bei T.F.-Systemen anzugeben, wobei die Ergebnisse der entsprechenden Aufgabe bei N.F.-Systemen auf die neue Aufgabe übertragen werden können. Das bezieht sich insbesondere auf den praktisch interessierenden Fall, daß N.F.- und T.F.-Systeme hintereinandergeschaltet sind.

Zweites Kapitel.

Übertragungsfaktoren von passiven und aktiven Systemen.

Einführung.

Das Erste Kapitel hat gezeigt, daß der Übertragungsfaktor die statischen und dynamischen Eigenschaften eines Systems gemeinsam beschreibt. Es wurde auch mitgeteilt, daß ein Übertragungsfaktor die Form einer gebrochen rationalen Funktion hat, und dabei gezeigt, daß er dabei wesentlichen Einschränkungen unterliegt, wenn das dazugehörige System physikalisch möglich sein soll.

In diesem Kapitel wird der umgekehrte Weg beschritten. Von einem gegebenen Übertragungssystem wird der Übertragungsfaktor bestimmt: Dabei wird eine einschränkende Annahme gemacht: die Elemente, aus denen sich solch ein System zusammensetzt, sollen räumlich konzentrierte Eigenschaften besitzen.

Der mathematische Ansatz kann darauf verzichten, nähere Untersuchungen darüber anzustellen, bis zu welcher Grenzfrequenz diese Annahme zutrifft. Er betrachtet diejenige Frequenz, von der ab ein asymptotisches Anstreben eines Grenzwertes erkennbar ist, als die höchste endliche Frequenz und faßt alle darüberliegenden Einflüsse zu einer Nullstelle oder einen Pol entsprechender Ordnung im Punkt ∞ zusammen.

Tatsächlich weicht also das Verhalten des physikalischen Systems bei hohen Frequenzen von dem des mathematischen Modells ab, ohne daß damit im interessierenden Bereich ein Fehler entsteht.

Das hier verwendete Verfahren verallgemeinert nur die Bestimmung des Übertragungsfaktors, welche für einfache Systeme mit elementaren Methoden möglich ist, auf umfangreichere Systeme. Die verwendete Methode läßt allgemeine Schlüsse, z. B. für die Aufstellung von Stabilitätskriterien, zu.

A. Aufstellen eines Gleichungssystems.

I. Die Knotenanalyse.

1. Das Netzwerk.

Es gibt mehrere Möglichkeiten, eine vorhandene Schaltung in ein Gleichungssystem zu übersetzen, d. h. eine Analyse der Schaltung vorzunehmen. Vergleicht man diese Verfahren miteinander, so zeigt sich bei Röhrenschaltungen die Knotenanalyse überlegen, so daß nur diese allein hier vorgeführt werden soll.

Die Knotenpunktsanalyse geht von den Knotenpunkten eines in sich abgeschlossenen Netzwerkes aus und bezeichnet sie in beliebiger Reihenfolge mit fortlaufenden Nummern (s. Abb. 41).

Einer der Knoten, der sogenannte Bezugsknoten, bekommt die Nummer 0. Welcher Knoten als Bezugsknoten gewählt wird, ist im Prinzip gleichgültig; praktisch ist es dagegen angenehm, hierfür einen Knoten zu wählen, auf den die Spannungen üblicherweise auch technisch bezogen werden, z. B. der mit dem Erdpotential verbundene Anschluß einer Schaltung oder die Kathode einer Verstärkerröhre.

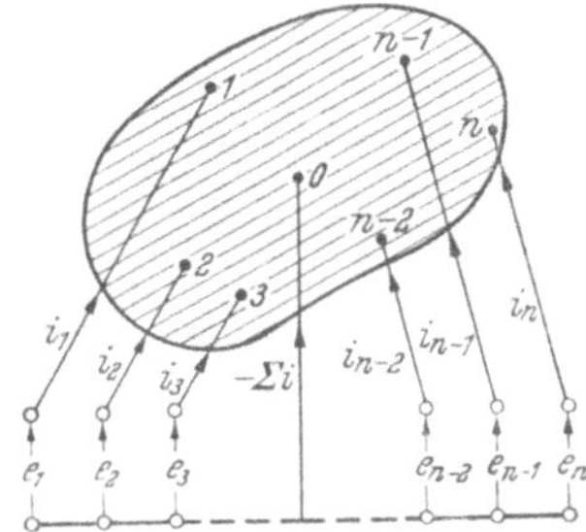

Abb. 41. Ströme und Spannungen an einem in sich abgeschlossenen Netzwerk.

Die Knotenanalyse nimmt an, daß in *jeden* Knoten der gesamten Schaltung ein Strom hineinfließt, und zwar auch dann, wenn dieser Knoten gar nicht mit einem Außenstromkreis verbunden ist. Der Strom ist also bei diesem Knoten fiktiv und wird bei der numerischen Auswertung = 0 gesetzt.

Das zugrunde gelegte Schema setzt voraus, daß die Innenwiderstände der Generatoren, welche den Strom einspeisen, unendlich hoch sind, der innere Leitwert also vernachlässigt werden kann. Hat der Leitwert eine endliche Größe, so kann man ihn zu den beiden Eingangsklemmen des Netzwerkes parallelschalten und denkt sich den Kurzschlußstrom des Generators als Einströmung in dieses geänderte Netzwerk.

Außenstromkreise, welche reine Verbraucher sind, werden mit ihren Klemmenleitwerten ebenfalls dem Netzwerk hinzugerechnet. Alle Ströme bekommen einen Zeiger gleich der Knotenbezeichnung. Die hineinfließenden Ströme werden positiv gezählt. Die Spannungen werden auf den Bezugsknoten bezogen und werden ebenfalls gegenüber dem Bezugsknoten positiv gezählt.

Da alle Knoten in das Schema aufgenommen sind, gibt es nur Leitwerte, welche zwischen zwei Knoten verlaufen. Bei insgesamt $n + 1$ Knoten ist die Zahl der möglichen Verbindungen zwischen ihnen insgesamt $\frac{n}{2}(n + 1)$. Dabei kann jeder Leitwert eines passiven Netzwerkes nur aus der *Parallelschaltung* eines Ohmschen Elementes G, eines kapazitiven Elementes C und eines induktiven Elementes $H = L^{-1}$ bestehen. Es ist nicht nötig, hierbei eine Hintereinanderschaltung von Elementen zu berücksichtigen, da der Verbindungspunkt einen neuen Knoten darstellen würde.

Die Leitwertkonstanten G, C oder H, welche *selbständig* physikalisch mögliche Elemente darstellen (also keine Ersatzgrößen, wie Kernwiderstand u. dgl.) sind stets positiv reell.

2. Gleichgewicht zwischen Strömen und Spannungen.

An einem Netzwerk mit $n + 1$ Knoten können n selbständige Stromkreise angenommen werden, wobei ein Knoten, der Bezugsknoten 0, den gemeinsamen Rückstrom führt. Ohne Rücksicht darauf, welcher Knoten zum Bezugsknoten gemacht wurde, gilt stets für den in den Bezugsknoten hineinfließenden Strom:

$$i_0 = -\sum_{\nu=1}^{n} i_\nu, \tag{1}$$

d. h.: *die Summe aller in das Netzwerk hineinfließenden Ströme ist Null.*

Jeder in das Netzwerk hineinfließende Strom verteilt sich so auf die verschiedenen vom Knoten abzweigenden Leitwerte, daß die erzeugten Spannungsabfälle gerade die Ströme aufrechterhalten. Der Gleichgewichtszustand zwischen den Spannungen und den Strömen ist in eine Gleichung der Form

$$\begin{array}{c} g_{11} \cdot e_1 + g_{12} \cdot e_2 + \cdots + g_{1n} \cdot e_n = i_1 \\ g_{21} \cdot e_1 + g_{22} \cdot e_2 + \cdots + g_{2n} \cdot e_n = i_2 \\ \cdot \quad \cdot \quad \cdot \quad \cdot \qquad \cdot \quad \cdot \quad \cdot \\ \cdot \quad \cdot \quad \cdot \quad \cdot \qquad \cdot \quad \cdot \quad \cdot \\ \cdot \quad \cdot \quad \cdot \quad \cdot \qquad \cdot \quad \cdot \quad \cdot \\ g_{n1} \cdot e_1 + g_{n2} \cdot e_2 + \cdots + g_{nn} \cdot e_n = i_n \end{array} \tag{2}$$

ausgedrückt, in der die Koeffizienten g nachträglich aus der Schaltung zu bestimmen sind.

Anders ausgedrückt liegt folgender Fall vor: Es können sowohl die Ströme als Ursache für die Spannungen als auch die Spannungen als Ursache für die Ströme angesehen werden. Bei Änderung eines Stromes oder einer Spannung erfolgt ein Ausgleich augenblicklich. Es genügt sogar, von den $2n$ elektrischen Größen (Ströme und Spannungen) n beliebig über Ströme und Spannungen verteilte elektrische Größen auszuwählen. Die fehlenden n Größen sind von den bekannten Größen linear abhängig, d. h.: *alle Ströme und Spannungen an einem bekannten Netzwerk sind dann bestimmt, wenn die Hälfte aus der Gesamtzahl der Ströme und Spannungen* bekannt ist. Das Netzwerk selbst schafft die lineare Abhängigkeit der fehlenden Größen von den gegebenen Größen.

Verringert man die Anzahl an Freiheitsgraden des Netzwerkes z. B. dadurch, daß man nur zusätzliche Beziehungen schafft, so sinkt die Zahl der linear abhängigen Größen entsprechend ab. Eine solche Verringerung an Freiheitsgraden kann z. B. durch Verbindung von Knoten miteinander, entweder direkt oder über zusätzliche passive Netzwerke, bewirkt werden. Es wurde jedoch bereits festgestellt, daß man der Einfachheit halber eine solche äußere Verbindung mit in das System aufnehmen kann, damit entfallen die entsprechenden Außenstromkreise. Es sind zwar noch die Knoten vorhanden, aber sie laufen leer. Die entsprechenden Ströme sind dann bekannt (= 0).

Ein solcher gegenseitiger Zwang kann unter den abhängigen Größen auch durch einen Verstärker im Außenstromkreis gegeben sein. Dieser schickt durch ein bestimmtes Knotenpaar einen Strom, welcher linear von der Spannungsdifferenz zweier anderer Knoten abhängt. Hierbei kann man ohne weiteres die passiven Eigenschaften des Verstärkers (eigene Klemmenleitwerte) dem System zurechnen. Wenn der übrigbleibende *ideale* (weil seiner passiven Elemente beraubte) Verstärker dem Netzwerk eingegliedert wird, so entsteht aus dem passiven Netzwerk ein aktives Netzwerk.

3. Zerlegung eines Netzwerkes in parallelgeschaltete Netzwerke.

Wenn man das Koeffizientenschema (Matrix) der Gl. (2) in zwei oder mehrere Summanden zerlegen kann, so kann man jeden dieser Summanden als das Koeffizientenschema auffassen, die durch ein gemeinsames Knotenpunktssystem einander parallelgeschaltet sind. Für jedes Teilnetzwerk gelten die Gln. (1) und (2). Man kann daher für jedes Teilnetzwerk ein Gleichungssystem nach Gl. (2) aufstellen, um danach die gleichbelegenen Leitwertelemente und die Ströme zu addieren.

Eine solche Zerlegung kann man sich in ein rein Ohmsches, ein rein kapazitives und ein rein induktives Netzwerk vorstellen. Darüber hinaus sollen auch die Röhren, deren Kapazitäten und inneren Widerstände abgespalten und den entsprechenden passiven Teilnetzwerken zugeordnet sind, ein „Netzwerk" für sich bilden. Natürlich ist bei diesen Teilnetzen nicht erforderlich, daß jedes für sich ein zusammenhängendes Ganzes bildet. Es genügt, wenn der Zusammenhang durch die Verbindung der Teilnetzwerke untereinander zustande kommt. Dies sei namentlich im Hinblick auf das Röhrennetzwerk ausdrücklich erwähnt.

Ein Nachteil dieses Schemas besteht darin, daß Zuleitungsinduktivitäten der Röhren nicht berücksichtigt werden, es sei denn, man führt hierfür einen neuen Knoten ein, welcher zwischen der Vorschaltinduktivität und der eigentlichen Röhre liegt. Dieser Nachteil der Knotenanalyse wiegt praktisch leichter als die Vernachlässigung der Eigenkapazitäten bei der Maschenanalyse, welche nur dann vermieden werden kann, wenn eine besondere Masche für die jeweilige Eigenkapazität eingefügt wird.

II. Das lineare Gleichungssystem.

Die Gl. (2) kann folgendermaßen als Matrizengleichung geschrieben werden:

$$\begin{pmatrix} g_{11} & \cdot & \cdot & \cdot & g_{1n} \\ \cdot & & & & \cdot \\ \cdot & & \cdot & & \cdot \\ \cdot & & & \cdot & \cdot \\ g_{n1} & \cdot & \cdot & \cdot & g_{nn} \end{pmatrix} \cdot \begin{pmatrix} e_1 \\ \cdot \\ \cdot \\ \cdot \\ e_n \end{pmatrix} = \begin{pmatrix} i_1 \\ \cdot \\ \cdot \\ \cdot \\ i_n \end{pmatrix}. \tag{3}$$

Noch kürzer wird sie

$$\boldsymbol{g} \cdot \boldsymbol{e} = \boldsymbol{i} \tag{4}$$

geschrieben. Hierbei ist $\boldsymbol{e}$ ein n-dimensionaler Vektor, dessen einzelne Komponenten die auf den Nullknoten bezogenen Knotenspannungen sind. Entsprechendes gilt für den n-dimensionalen Stromvektor $\boldsymbol{i}$. Unter $\boldsymbol{g}$ versteht man die Leitwertmatrix der Schaltung, welche die Eigenschaften der Schaltung repräsentiert. Die noch zu lösende Aufgabe besteht darin, die Elemente der Matrix aus den wirklichen Schaltelementen zu bestimmen.

1. Analyse eines kopplungsfreien passiven Netzwerkes.

Unter einem kopplungsfreien passiven Netzwerk sei eine röhrenfreie Schaltung verstanden, welche keine wechselseitigen Induktivitäten enthält, bei der also die Schaltelemente untereinander nur durch die Verbindungsdrähte gekoppelt werden. Bei einem solchen Netzwerk ist zwischen je zwei Knoten f und g

ein Leitwert Y_{fg} geschaltet, wobei jeder einzelne Leitwert aus der Parallelschaltung eines Ohmschen, eines kapazitiven und eines induktiven Leitwertes

$$Y_{fg} = G_{fg} + p\,C_{fg} + p^{-1}\,H_{fg} \tag{5}$$

besteht. Selbstverständlich brauchen dabei nicht alle $3 \cdot \frac{n}{2}(n+1)$ Möglichkeiten zur Einschaltung von elektrischen Schaltelementen in den passiven $(n+1)$-Pol ausgenutzt zu sein.

Vom Knoten *1* aus (s. Abb. 42) gehen die n Leitwerte $Y_{10}, Y_{12}, Y_{13}, \ldots, Y_{1n}$ zu den anderen Knoten *0, 2, 3, …, n*. Sind diese Knoten durch Kurzschlußdrähte mit 0 verbunden, so wird der Leitwert zwischen *1* und *0* gleich der Summe aller von *1* ausgehenden Leitwerte, also $g_{11} = Y_{10} + \sum_{n=2}^{n} Y_{1n}$. Alle anderen in der Schaltung noch vorhandenen Leitwerte sind kurzgeschlossen und daher ohne Einfluß.

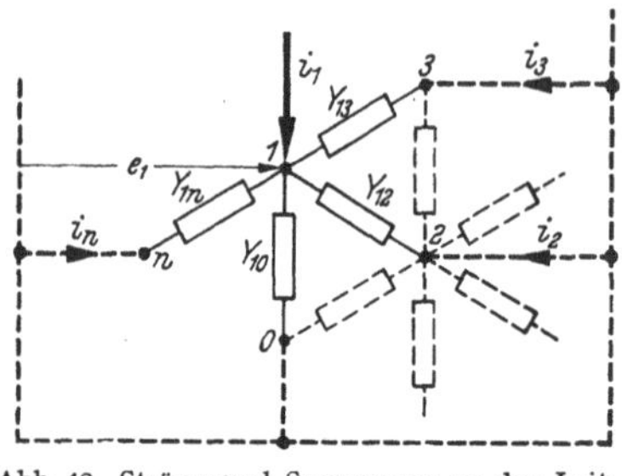

Abb. 42. Ströme und Spannungen an den Leitwerten, welche von einem Knoten des Netzwerkes ausgehen.

Aus einem beliebigen Knoten, z. B. *2*, fließt der Strom $i_2 = -Y_{12} \cdot e_1$, also ist $g_{12} = -Y_{12}$. Beide Überlegungen geben, allgemein ausgedrückt:

$$g_{ff} = \sum_{n=0}^{f-1} Y_{fn} + \sum_{n=f+1}^{n} Y_{fn}. \tag{6}$$

(Es wird also eine Summe gebildet, in der nur das ohnehin sinnlose Y_{ff} ausgelassen wird.) Ferner wird

$$g_{fg} = -Y_{fg}. \tag{7}$$

Da $Y_{fg} = Y_{gf}$ (es sind dieselben Elemente, nur vom anderen Knoten her betrachtet), gilt auch

$$g_{fg} = g_{gf}. \tag{8}$$

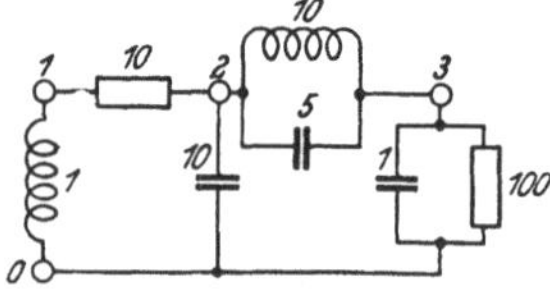

Abb. 43. Netzwerk mit 3 + 1 Knoten.

Die Matrix $\boldsymbol{g}$ *ist also symmetrisch (und daher auch quadratisch). Bei physikalisch realen kopplungsfreien Netzwerken enthält sie in der Hauptdiagonalen nur positive und an allen anderen Stellen nur negative Elemente der Gl.* (5) *entsprechenden Form.*

Beispiel (s. Abb. 43). Die dargestellte Schaltung mit den eingetragenen Werten (in Ohm, Mikrofarad und Henry) liefert die Leitwertmatrix:

$$\boldsymbol{g} = \begin{pmatrix} 0{,}1 & -0{,}1 & 0 \\ -0{,}1 & 0{,}1 & 0 \\ 0 & 0 & 0{,}01 \end{pmatrix} \Omega^{-1} + p \begin{pmatrix} 0 & 0 & 0 \\ 0 & 15 \cdot 10^{-6} & -5 \cdot 10^{-6} \\ 0 & -5 \cdot 10^{-6} & 6 \cdot 10^{-6} \end{pmatrix} \mathrm{F}$$

$$+ \frac{1}{p} \begin{pmatrix} 1 & 0 & 0 \\ 0 & 0{,}1 & -0{,}1 \\ 0 & -0{,}1 & 0{,}1 \end{pmatrix} \mathrm{Hy}^{-1}. \tag{9}$$

2. Analyse eines Netzwerkes mit induktiver Kopplung.

Wenn zwischen den Elementen des *induktiven Anteiles* gegenseitige Kopplungen bestehen, so ändern sich nur die induktiven Leitwerte in dem induktiven Teilnetzwerk; die Ohmschen und kapazitiven Teilnetzwerke bleiben unverändert.

Man kann eine kopplungsfreie Ersatzschaltung für das induktive Teilnetz schaffen, welche die wirkliche Schaltung in *allen* meßbaren Eigenschaften gleichwertig ersetzt. Am Ersatzschaltbild treten dabei negative Ersatzinduktivitäten auf. Damit dabei keine physikalischen Unmöglichkeiten eintreten, darf niemals an einem Knotenpaar, ohne Rücksicht darauf, ob die anderen Knotenpaare leerlaufen oder kurzgeschlossen sind, eine negative Induktivität gemessen werden können.

Die durch diese Forderung gesteckten Grenzen werden zunächst an einem einfachen Schema, einem induktiven Dreieck *0, 1, 2,* betrachtet (s. Abb. 44). Es können an den Klemmenpaaren folgende Induktivitäten gemessen werden:

1. an 1,0: L_{1L} bei Leerlauf an 2,0,
   L_{1K} bei Kurzschluß an 2,0,
2. an 2,0: L_{2L} bei Leerlauf an 1,0,
   L_{2K} bei Kurzschluß an 1,0,

welche also sämtlich positiv sind und wobei auf Grund der Vierpoltheorie zwischen den gemessenen Werten die Beziehung $L_{1L}\cdot L_{2K} = L_{1K}\cdot L_{2L}$ erfüllt sein muß.

Mit den in die Ersatzschaltung eingetragenen Bezeichnungen für die induktiven Leitwerte erhält man die Entsprechungen zwischen Ersatzschaltung und wirklicher Schaltung:

$$H_{10} + \frac{H_{12}\cdot H_{20}}{H_{12}+H_{20}} = \frac{1}{L_{1L}} \geqq 0\,, \qquad (10)$$

$$H_{12} + H_{10} = \frac{1}{L_{1K}} = 0\,, \qquad (11)$$

$$H_{20} + \frac{H_{12}\cdot H_{10}}{H_{12}+H_{10}} = \frac{1}{L_{2L}} = 0\,, \qquad (12)$$

$$H_{12} + H_{20} = \frac{1}{L_{2K}} = 0\,. \qquad (13)$$

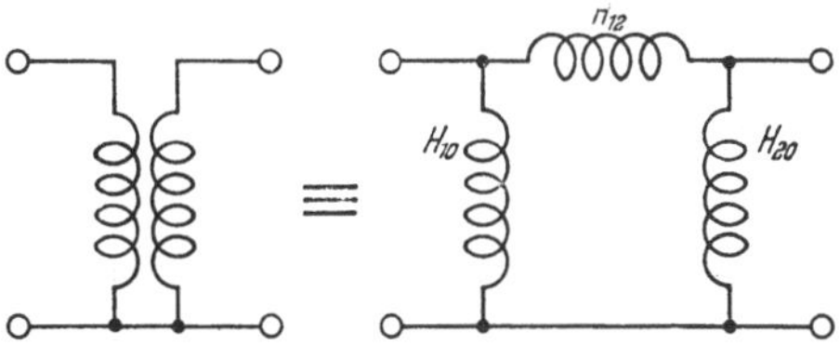

Abb. 44. Induktives Dreieck als Ersatzschaltung für eine gegenseitige Induktivität.

Bildet man die Differenz zwischen Gl. (11) und Gl. (10) und multipliziert diese mit Gl. (12), so entsteht:

$$H_{12}^2 = \frac{1}{L_{2K}}\cdot\frac{1}{L_{1K}} - \frac{1}{L_{1L}}\,. \qquad (14)$$

Es sind beide Vorzeichen für H_{12} möglich. Wenn in Gl. (11) der Leitwert $\frac{1}{L_{1K}}$ dem Betrag nach kleiner ist als H_{12}, so würde bei positivem H_{12} dafür H_{10} negativ werden müssen. Dasselbe kann man auch aus Gl. (13) ablesen. Damit ist bewiesen, daß beliebige induktive Vierpole durch kopplungsfreie Ersatzschaltungen dargestellt werden können, wenn man im Innern der Schaltung negative induktive Leitwerte zuläßt.

Die induktiven Leitwerte gemäß Gln. (10) bis (13) sind sämtlich positiv. Dasselbe gilt auch für die Produkte von je zweien dieser Leitwerte. Die Gln. (10) und (13) sowie die Bedingungen der Gln. (11) und (12) ergeben die Bedingung

$$H_0^2 = H_{10}\cdot H_{20} + H_{10}\cdot H_{12} + H_{12}\cdot H_{20} = 0\,, \qquad (15)$$

wobei man $\frac{1}{p}\cdot H_0$ als Wellenleitwert bezeichnen kann. Rechnet man sich für den Grenzfall in Gl. (15) die Leitwertmatrix aus, so erhält man

$$H_{12} = -\frac{H_{10} \cdot H_{20}}{H_{10} + H_{20}}, \tag{16}$$

d. h. der zwischen den Klemmen *1* und *2* gemessene Leitwert des induktiven Dreiecks verschwindet. Der Kehrwert von Gl. (16) liefert die Bedingung für den Grenzfall

$$\frac{1}{H_{10}} + \frac{1}{H_{20}} + \frac{1}{H_{12}} = 0. \tag{17}$$

Es wird also im Grenzfall extrem enger Kopplung mindestens eine der Ersatzinduktivitäten negativ.

Die Leitwertmessungen, welche zu den Gln. (10) bis (13) führten, bestimmen auch die induktiven Matrizenelemente. Die Gln. (16) und (17) liefern nach Fortkürzung des Faktors $\frac{1}{p}$:

$$h_{11} = H_{10} + H_{12}, \tag{18}$$

$$h_{22} = H_{20} + H_{12}, \tag{19}$$

$$h_{12} = -H_{12}. \tag{20}$$

Im Grenzfall der Gl. (16) entstehen hieraus die Bedingungen:

$$h_{11} = \frac{H_{10}^2}{H_{10} + H_{20}}, \tag{21}$$

$$h_{22} = \frac{H_{20}^2}{H_{10} + H_{20}}, \tag{22}$$

$$h_{12} = \frac{H_{10} \cdot H_{20}}{H_{10} + H_{20}}. \tag{23}$$

Dabei stellen h_{11} und h_{22} von außen meßbare Größen dar, sind also positiv. Da die Zähler als Quadrate positiv sind, müssen unbedingt auch die Nenner auf den rechten Seiten von Gln. (21) und (22) positiv sein, also

$$H_{10} + H_{20} > 0. \tag{24}$$

Multipliziert man Gl. (21) mit Gl. (22), so entsteht das Quadrat von Gl. (23). Es ist also für die Beträge im Grenzfall

$$|h_{12}| = \left|\sqrt{h_{11} \cdot h_{22}}\right|. \tag{25}$$

Es gilt dabei das positive bzw. das negative Vorzeichen, je nachdem, ob in Gl. (23) beide Ersatzgrößen H_{10} und H_{20} positiv oder nur eine von beiden positiv ist. Dabei muß Gl. (24) erfüllt bleiben.

Das Matrizenelement h_{12} kann man auch unmittelbar aus den Leerlauf- bzw. Kurzschlußinduktivitäten berechnen und erhält aus Gl. (14) und Gl. (20)

$$h_{12} = \mp \sqrt{\frac{1}{L_{2K}} \cdot \left(\frac{1}{L_{1K}} - \frac{1}{L_{1L}}\right)} = \mp \sqrt{\frac{1}{L_{1K}} \cdot \left(\frac{1}{L_{2K}} - \frac{1}{L_{2L}}\right)}, \tag{26}$$

wobei sich der zweite Ausdruck der rechten Seite auf Grund der gegenseitigen Beziehungen zwischen den Induktivitäten aus dem ersten ergibt.

Für die beiden anderen Elemente erhält man

$$h_{11} = \frac{1}{L_{1K}}; \quad h_{22} = \frac{1}{L_{2K}}. \tag{27}$$

Auch in Gl. (26) bleibt das Vorzeichen von h_{12} offen. Es wird erst dann entschieden, wenn über die Polung der zu betrachtenden induktiven Kopplung verfügt wird. *Eine widerspruchsfreie Einordnung der Ersatzschaltungen in die kopplungsfreien Schaltungen entsteht dann, wenn man bei gleichsinniger Wicklung für h_{12} das negative und bei gegensinniger Wicklung das positive Vorzeichen wählt.*

Zusammengefaßt besitzt das Matrizenelement h_{12} folgende Spielräume in Abhängigkeit von h_{10} und h_{20}:

1. Kopplungsfreie Schaltung. H_{10}, H_{20}, H_{12} sind positiv, da sie einzeln physikalisch real sind. Es gelten auch für diesen Fall die Gln. (18) bis (20), welche dem Kopplungselement in der Matrix die Bedingungen

$$|h_{12}| < h_{11}\,; \quad |h_{12}| < h_{22}$$

bei *negativem* Vorzeichen von h_{12} vorschreiben.

2. Extrem enge Kopplung:

$$|h_{12}| = \left|\sqrt{h_{11} \cdot h_{22}}\right|,$$

wobei beide Vorzeichen je nach der Polung der Kopplung möglich sind.

Zwischen diesen beiden Extremen sind Übergänge dadurch möglich, daß die Schaltung als eine Parallelschaltung eines nichtgekoppelten Anteiles und eines extrem enggekoppelten Anteiles aufgefaßt wird.

Beispiel. Es werden folgende Leerlauf- bzw. Kurzschlußinduktivitäten gemessen:

$$L_{1L} = 0{,}1; \quad L_{1K} = 0{,}01; \quad L_{2L} = 2{,}5; \quad L_{2K} = 0{,}25.$$

Die Ersatzschaltung (s. Abb. 44) hat entsprechend den beiden Wickelmöglichkeiten (gleichsinnig oder gegensinnig) zwei Lösungen:

Es ist gem. Gl. (14) $H_{12} = \pm 6$. Daraus ergibt sich auf Grund von Gl. (11): $H_{10} = 94$ bzw. 106, und auf Grund von Gl. (13): $H_{20} = -2$ bzw. $+10$. Die Parameter in der Leitwertmatrix sind

$$h_{11} = 100, \quad h_{22} = 4,$$
$$h_{12} = h_{21} = \mp 6.$$

Die obere Grenze für h_{12} bei gegebenem h_{11} bzw. h_{22} beträgt $|h_{12}|_{\max} = 20$ und ist eingehalten.

Vom soeben betrachteten Dreipol soll auf ein allgemeines induktives Netzwerk mit gegenseitigen Kopplungen geschlossen werden. Es seien bei dem allgemeinen Netzwerk alle freien Knoten bis auf zwei mit dem Bezugsknoten verbunden. Dann bleibt nur ein induktiver Dreipol übrig, für den die abgeleiteten Beziehungen gelten. Man kann auf dieselbe Weise fortfahren und jeweils zwei andere Knoten freigeben, bis sämtliche Matrizenelemente bestimmt sind. Die im Fall extrem enger Kopplung entstehende Matrix (mit je zwei beliebig herausgegriffenen Reihen r, s und Spalten r, s)

$$\frac{1}{p}\cdot\begin{pmatrix} \cdot & \cdot & \cdot & \cdot & \cdot \\ \cdots & h_{rr} & \cdots & \pm\sqrt{h_{rr}\cdot h_{ss}} & \cdots \\ \cdot & \cdot & \cdot & \cdot & \cdot \\ \cdots & \pm\sqrt{h_{rr}\cdot h_{ss}} & \cdots & h_{ss} & \cdots \\ \cdot & \cdot & \cdot & \cdot & \cdot \end{pmatrix} \begin{matrix} \\ r \\ \\ s \\ \\ \end{matrix} \tag{28}$$

(Spalten r und s)

Alle Elemente auf der Hauptdiagonale sind positiv; bei den anderen Elementen sind beide Vorzeichen möglich, jedoch haben zwei in bezug auf die Hauptdiagonale symmetrisch belegene Elemente gleiches Vorzeichen. (Die Symmetrie muß erhalten bleiben.)

3. Analyse von Röhrenschaltungen.

Wählt man bei einem System von Verstärkerröhren einen Elektrodenanschluß zum Bezugspunkt, so kann man ein Gleichungssystem der Form

$$\begin{array}{l} S_{11}\cdot e_1 + S_{12}\cdot e_2 + \cdots + S_{1n}\cdot e_n = i_1 \\ S_{21}\cdot e_1 + S_{22}\cdot e_2 + \cdots + S_{2n}\cdot e_n = i_2 \\ \cdot \quad \cdot \quad \cdot \quad \cdot \quad \cdot \qquad \cdot \quad \cdot \quad \cdot \quad \cdot \\ \cdot \quad \cdot \quad \cdot \quad \cdot \quad \cdot \qquad \cdot \quad \cdot \quad \cdot \quad \cdot \\ \cdot \quad \cdot \quad \cdot \quad \cdot \quad \cdot \qquad \cdot \quad \cdot \quad \cdot \quad \cdot \\ \cdot \quad \cdot \quad \cdot \quad \cdot \quad \cdot \qquad \cdot \quad \cdot \quad \cdot \quad \cdot \\ \cdot \quad \cdot \quad \cdot \quad \cdot \quad \cdot \qquad \cdot \quad \cdot \quad \cdot \quad \cdot \\ S_{n1}\cdot e_1 + S_{n2}\cdot e_2 + \cdots + S_{nn}\cdot e_n = i_n \end{array} \tag{29}$$

aufstellen. (Es gilt jedoch wegen der Nichtlinearitäten nur bei kleinen Amplituden.) Hierbei sind die Elemente auf der Hauptdiagonalen wieder die Leitwerte einer Elektrode gegen die Bezugselektrode bei Kurzschluß aller anderen Elektroden. Bei den Elementen abseits der Hauptdiagonalen ist zu unterscheiden zwischen den Elementen, welche in beiden Richtungen gleich wirksam sind und daher symmetrisch zur Hauptdiagonalen liegen, und den einseitig gerichteten Elementen, die in der anderen Richtung der Übertragung verschwinden. Die einseitig wirkenden Elemente liegen daher nur je in der einen Hälfte der durch die Hauptdiagonalen geteilten Matrix. Sie bewirken eine Steuerung, welche z. B. bei der einfachen Triode durch die Gleichung

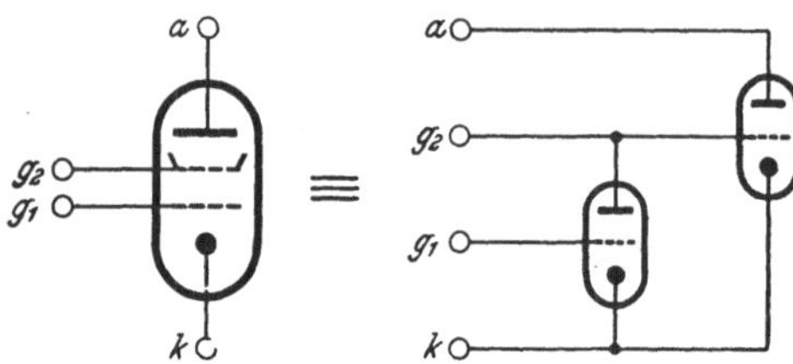

Abb. 45. Ersatz einer Tetrode durch zwei ideale Trioden.

$$S\cdot e_g = i_a \tag{30}$$

ausgedrückt wird.

Jedes der Elemente in S kann man sich durch eine ideale Triode entstanden denken. Man kann insbesondere auch Elektronenröhren mit mehreren Gittern als eine Parallelschaltung mehrerer Trioden auffassen (s. Abb. 45).

Tritt, wie bei der gewöhnlichen Triode, eine Phasen*umkehr* bei der Steuerung ein, so erscheint das Element in der Matrix mit einem *positiven* Vorzeichen (also mit dem umgekehrten Vorzeichen wie bei einer Kopplung über ein passives Schaltelement).

Damit ist eine beliebige Schaltung mit Verstärkerröhren in ein lineares Gleichungssystem übersetzt worden. Die Röhren werden dadurch eingebaut, daß die Matrix des S-Systems zu den anderen drei passiven Matrizen hinzuaddiert wird.

B. Rückübersetzung einer Leitwertmatrix in eine Schaltung.

Man kann eine Leitwertmatrix stets als eine Schaltung lesen, und zwar bedeuten die Elemente auf der Hauptdiagonalen bekanntlich die Leitwerte zwischen Knoten und Bezugsknoten, wobei alle anderen Knoten unter sich kurzgeschlossen und mit dem Bezugsknoten verbunden sind. Die Leitwerte im oberen rechten Teil der Matrix sind Kopplungsleitwerte von Knoten mit niedrigerer Nummer zu Knoten mit höherer Nummer, während die Leitwerte im linken unteren Teil die entsprechenden Kopplungsleitwerte in Gegenrichtung bedeuten (s. Abb. 46).

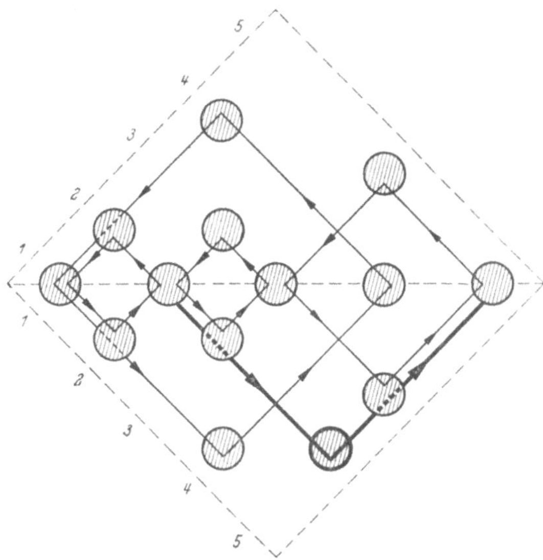

Abb. 46. Schema einer Matrix, welche durch Einzeichnen der Kopplungen auch als Netzwerk gelesen werden kann. Die schraffierten Kreise bedeuten mit Elementen besetzte Felder der Matrix. Zwei symmetrisch zur Hauptdiagonale eingetragene gleiche Werte bedeuten ein passives Element, unsymmetrische Werte ein aktives Element (einseitig gerichtete Übertragung).

Am besten gibt man der Matrix vorher eine Drehung um 45° entgegen dem Uhrzeigersinn, so daß die Hauptdiagonale waagerecht liegt. Wenn stets zwei symmetrisch belegene Kopplungsgleitwerte einander gleich sind, so besteht die Schaltung, sofern die Grenzen für die Realisierbarkeit eingehalten sind, aus passiven Elementen. Besteht ein Überschuß an Leitwert nach der einen Richtung hin, so ist eine Verstärkerröhre in der Schaltung enthalten (Abb. 47).

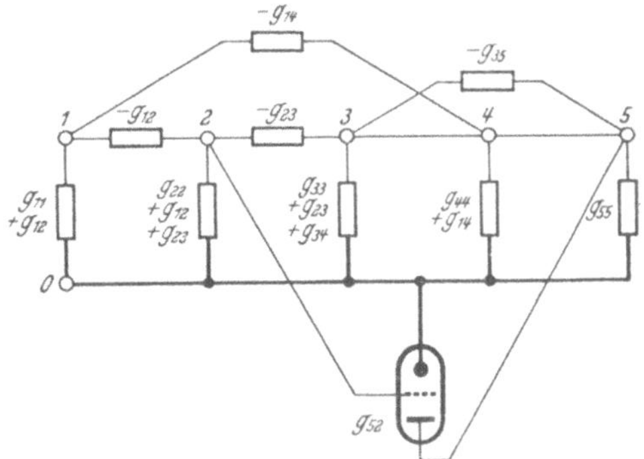

Abb. 47. Wirkliche der Matrix nach Abb. 46 entsprechende Schaltung zum Vergleich.

Die Kopplungselemente von passiven Schaltungen ohne gegenseitige induktive Kopplungen sind einzeln wirkliche Schaltelemente; sie gehen aber gerade deshalb mit einem *negativen* Vorzeichen in die Matrix ein, weil alle *hinein*fließenden Ströme *positiv* gerechnet sind.

Ferner ist es möglich, auf den ersten Blick zu erkennen, ob es sich um die Matrix eines allpaßfreien Netzwerkes oder um die Matrix eines Verstärkers mit oder ohne Gegenkopplung handelt und ob dessen Kopplungsvierpole allpaßfrei aufgebaut sind oder nicht (Abb. 48 und 49).

I. Grenzen für die Realisierbarkeit einer Matrix.

Nicht jede Matrix kann durch eine Schaltung realisiert werden. Wenn der reelle Anteil der Matrix unsymmetrisch ist, so kann man ihn stets durch Abspalten von einseitig gerichteten Kopplungselementen symmetrisch machen. Die abgespaltenen Elemente der G-Matrix bedeuten dann ideale Trioden.

Auch der symmetrische Rest bedeutet nur dann eine realisierbare passive Schaltung, wenn die Realisierung mit *positiven* Ohmschen, kapazitiven bzw. induktiven Leitwerten möglich ist. (Vorsicht, Ersatzschaltbild für induktive Kopplung!)

1. Grenzen für den Ohmschen und den kapazitiven Anteil.

Ein auf der Hauptdiagonalen liegendes Element g_{rr} ist die Summe der Leitwerte aller Schaltelemente, welche vom Knoten r aus zu den anderen Knoten

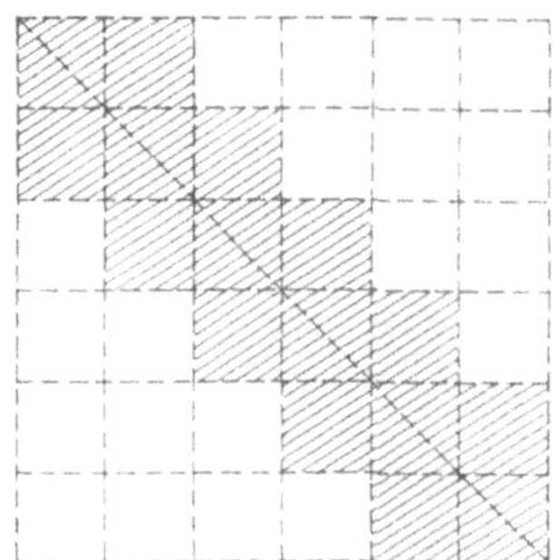

Abb. 48. Schema der Matrix eines allpaßfreien Netzwerkes. Nur die Hauptdiagonale und die ihr mit einer Kante angrenzenden Felder sind mit Werten besetzt. (Außerdem muß die Matrix als Matrix eines passiven Netzwerkes symmetrisch sein.)

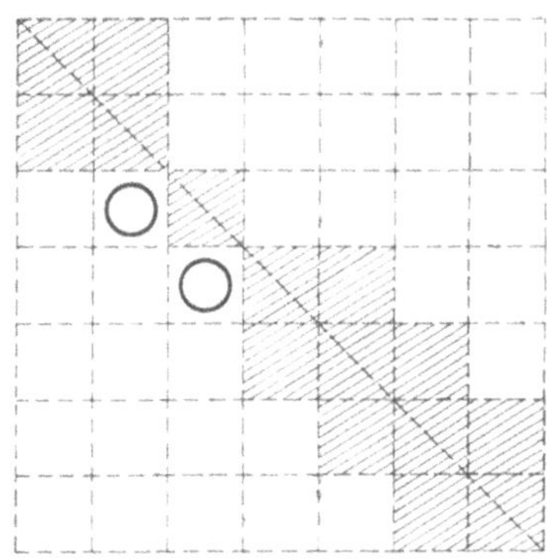

Abb. 49. Schema der Matrix eines nicht gegengekoppelten allpaßfreien Verstärkers.

abgehen, während $-g_{rs}$ den Leitwert desjenigen Schaltelementes bedeuten, welche den Knoten r *unmittelbar* mit dem Knoten s verbindet. Dieser Leitwert $-g_{rs}$ ist also in g_{rr} enthalten, genauso wie jeder andere Leitwert $-g_{rn}$.

Der positive Überschuß in g_{rr} gegenüber der Summe aller zu *anderen* Knoten führenden Leitwerte $-g_{rn}$ ist der Leitwert des von dem Knoten r zum Bezugsknoten führenden Schaltelementes. Daher ist

$$\sum_{\nu=1}^{n} g_{r\nu} \geqq 0, \tag{31}$$

wobei das Gleichheitszeichen stets dann gilt, wenn kein Schaltelement vom Knoten r zum Knoten 0 führt. Die gleiche Beschränkung gilt auch für jede Spalte (Symmetrie!).

2. Grenzen für den induktiven Anteil.

Wenn die induktive Schaltung kopplungsfrei aufgebaut ist, gilt für den induktiven Anteil der Matrix ebenfalls die Gl. (31). Man kann daher die Gl. (31) als ein Kriterium dafür ansehen, ob ein induktives Netzwerk kopplungsfrei aufgebaut ist oder nicht.

Ganz allgemein kann bekanntlich eine induktive Matrix als die Summe von zwei Matrizen aufgefaßt werden, welche je einer kopplungsfreien bzw. einer extrem eng gekoppelten Matrix entsprechen. Dabei darf der kopplungsfreie Anteil den durch Gl. (31) und der extrem eng gekoppelte Teil den durch Gl. (25) angegebenen Bereich ausfüllen. Realisierbar sind also alle diejenigen induktiven Matrizen, welche mindestens einen dieser beiden Bereiche einhalten.

II. Die Realisierung von Leitwertmatrizen.

1. Ohmsche, kapazitive und kopplungsfreie induktive Matrizen.

Man geht am einfachsten so vor, daß man ein Knotensystem annimmt, welches einen Knoten (Bezugsknoten) mehr umfaßt, als die Ordnung der quadratischen Matrix angibt. Jedes der von einem bestimmten Knoten zu einem anderen Knoten (außer dem Bezugsknoten) führende Element wird eingezeichnet. Seine Größe ist durch das entsprechende, aber mit positivem Vorzeichen versehene Matrizenelement gegeben. Nachdem alle Kopplungselemente auf diese Weise von dem Element auf der Hauptdiagonalen abgezogen worden sind, bedeutet der Rest das Schaltelement, welches zum Bezugsknoten führt (s. Abb. 50).

Die gewählte Knotenanalyse führt bei der Realisierung induktiver Anteile auf Schwierigkeiten, weil ein Übertrager im Ersatzbild meist als idealer Übertrager mit Vorschaltinduktivitäten dargestellt wird. Die duale Entsprechung „idealer Übertrager mit Parallelinduktivitäten" ist genauso berechtigt, aber ungebräuchlich und daher in der Vorstellung ungewohnt. Die duale Zuordnung beider Betrachtungsweisen zueinander sei mit folgendem Satz gezeigt: Ein Übertrager mit mehreren Wicklungen kann als ein idealer streuungsloser Übertrager aufgefaßt werden, bei dem die Abweichungen vom idealen Verhalten durch $\left\{\frac{\text{parallel}}{\text{in Reihe}}\right\}$ hinzugeschaltete Induktivitäten berücksichtigt werden welche um so $\left\{\frac{\text{höher}}{\text{niedriger}}\right\}$ sind, je weniger der Übertrager vom idealen Verhalten abweicht. Der ideale Übertrager selbst hat im Fall des $\left\{\frac{\text{Leerlaufes}}{\text{Kurzschlusses}}\right\}$ an den anderen Wicklungen außer der im Augenblick gemessenen Wicklung die Induktivität $\left\{\frac{\text{unendlich}}{\text{Null}}\right\}$. Man kann dem idealen Übertrager außer dem Übersetzungsfaktor im $\left\{\frac{\text{Kurzschluß}}{\text{Leerlauf}}\right\}$ nur noch je Wicklung eine Induktivität bei $\left\{\frac{\text{Kurzschluß}}{\text{Leerlauf}}\right\}$ an den anderen Wicklungen vorschreiben. Die Welleninduktivität ist $\left\{\frac{\text{unendlich hoch}}{\text{Null}}\right\}$.

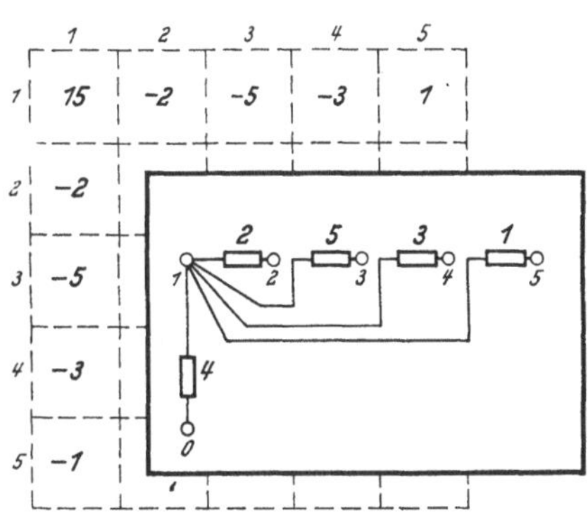

Abb. 50. Realisierung einer Matrix durch eine Schaltung; die Werte in der Schaltung bedeuten Leitwerte.

Die Zerlegung eines induktiven Netzes bei der Knotenanalyse in eine extrem eng gekoppelte Schaltung und in eine kopplungsfreie Schaltung stellt den zur Maschenanalyse analogen Fall dar, nur werden die zusätzlichen Spulen nicht in Reihe, sondern parallelgeschaltet.

Beispiel. Gegeben ist die zu realisierende induktive Leitwertmatrix

$$\frac{1}{p}\cdot\begin{pmatrix} 100 & 20 & -10 \\ 20 & 25 & -5 \\ -10 & -5 & 4 \end{pmatrix}$$

Sie ist symmetrisch, und es ist die Bedingung Gl. (25) überall erfüllt, nicht aber die Bedingung Gl. (31) in der dritten Reihe (bzw. Spalte). Die Voraussetzungen für die Realisierbarkeit sind daher erfüllt, aber es kann die entstehende Schaltung keine kopplungsfreie Schaltung sein. Einer extrem gekoppelten Schaltung entspricht die Matrix aber auch nicht, wie man schnell feststellen kann: Es handelt sich um eine Schaltung mit gegenseitigen Induktivitäten, wobei die erste und zweite Wicklung umgepolt sind. Mit denselben Kopplungselementen (Elemente außerhalb der Hauptdiagonalen) müßte die Matrix der Grenzschaltung nämlich folgendermaßen aussehen:

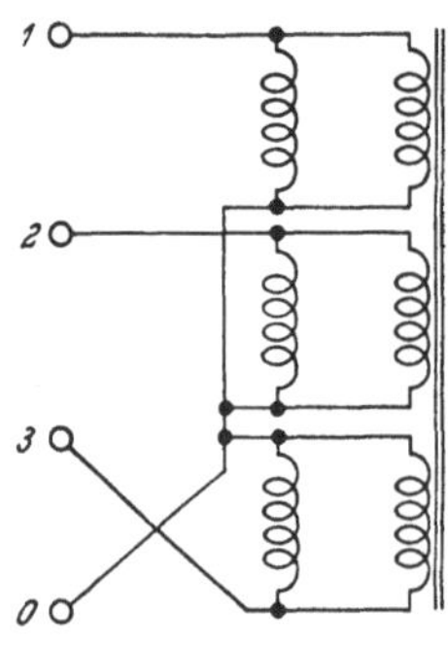

Abb. 51. Realisierung eines mit Streuungen behafteten Übertragers durch Parallelschaltung von Induktivitäten zu einem idealen Übertrager.

$$\frac{1}{p}\cdot\begin{pmatrix} 40 & 20 & -10 \\ 20 & 10 & -5 \\ -10 & -5 & 2{,}5 \end{pmatrix}$$

Der nicht gekoppelte Rest wird durch

$$\frac{1}{p}\cdot\begin{pmatrix} 60 & 0 & 0 \\ 0 & 15 & 0 \\ 0 & 0 & 1{,}5 \end{pmatrix}$$

dargestellt. Die Schaltung besteht daher aus drei miteinander extrem eng gekoppelten Spulen (s. Abb. 51), bei denen die Kehrwerte der Leerlaufinduktivitäten 40, 10 und 2,5 betragen. Die Wicklung *3* ist umgepolt. Jeder Spule ist je ein induktiver Nebenschluß parallelzuschalten, welche den Kehrwerten der Induktivitäten 60, 15 und 1,5 entsprechen.

2. Der Röhrenanteil.

Die Realisierung des Röhrenanteiles ist leichter zu übersehen: Die von der Ohmschen Teilmatrix etwa abgespaltenen Teile, um diese symmetrisch zu machen, können immer positiv sein, z. B.

$$\begin{pmatrix} 10 & -4 \\ -6 & 8 \end{pmatrix} = \begin{pmatrix} 10 & -6 \\ -6 & 8 \end{pmatrix} + \begin{pmatrix} 0 & 2 \\ 0 & 0 \end{pmatrix}$$

Die Spalte, in der solch ein Element steht, gibt immer den Knoten an, der mit der Steuerspannung verbunden ist, und die Reihe bezeichnet stets den Knoten, in den der gesteuerte Strom hineinfließt.

Aus technologischen Gründen ist der Steilheit, die das Element vorschreibt, eine Grenze gesetzt. Außerdem ist solch ein Element stets mit passiven (also symmetrisch belegenen) Elementen, namentlich in der kapazitiven Matrix, gekoppelt. Sind an den entsprechenden Plätzen der Matrix keine entsprechenden kapazitiven Werte vorhanden, so ist die Lösung zwar physikalisch denkbar, aber nicht technisch zu realisieren, es sei denn, daß man den passiven Anteil der Röhre vernachlässigen kann.

C. Transformationen.

I. Wahl eines anderen Bezugsknotens.

1. Gleichungssystem ohne Bezugsknoten.

Statt auf einen der vorhandenen Knoten kann man sämtliche Knotenspannungen auch auf einen Punkt außerhalb des Systems beziehen. Der mit 0 bezifferte Knoten habe gegen diesen neuen Bezugspunkt die Spannung e_0. Dann erhöhen sich sämtliche Knotenspannungen um diese Größe, während die Ströme ungeändert bleiben. Es ist zweckmäßig, im neuen System dem bisherigen Knoten 0 die neue Nummer $n+1$ zu geben.

Das neue Gleichungssystem möge

$$\begin{matrix} g'_{11} \cdot e'_1 & + \cdots + & g'_{1n} \cdot e'_n & + & g'_{1,n+1} \cdot e'_{n+1} = i'_1 \\ \cdot & & \cdot & \cdot & \cdot \quad \cdot \\ \cdot & & \cdot & \cdot & \cdot \quad \cdot \\ \cdot & & \cdot & \cdot & \cdot \quad \cdot \\ \cdot & & \cdot & \cdot & \cdot \quad \cdot \\ g'_{n1} \cdot e'_1 & + \cdots + & g'_{nn} \cdot e'_n & + & g'_{n,n+1} \cdot e'_{n+1} = i'_n \\ g_{n+1,1} \cdot e'_1 & + \cdots + & g'_{n+1,n} \cdot e'_n & + & g'_{n+1,n+1} \cdot e'_{n+1} = i'_{n+1} \end{matrix} \tag{32}$$

lauten. Verglichen mit dem bisherigen System Gl. (2) besteht der Unterschied darin, daß

$$e'_s = e_s + e_{n+1} \tag{33}$$

ist, während die Ströme natürlich von der Wahl des Bezugspunktes unabhängig sind, also

$$i'_s = i_s. \tag{34}$$

Es kommt nur ein neuer Strom

$$i'_{n+1} = -\sum_{\nu=1}^{n} i_\nu \tag{35}$$

zu den vorhandenen n Strömen hinzu. Da man in Gl. (32) die neue Spannung e'_{n+1} durch Kurzschließen gegen den Bezugspunkt gleich Null setzen kann, müssen alle

$$g'_{rs} = g_{rs} \tag{36}$$

sein.

Schreibt man eine Zeile des neuen Gleichungssystems, indem man die alten Größen gemäß Gln. (33), (34) und (36) einsetzt, und zieht reihenweise die entsprechende Reihe von Gl. (2) ab, so erhält man die n Reihen

$$\begin{matrix} (g_{11} + \cdots + g_{1n} + g_{1,n+1}) \cdot e'_{n+1} = 0 \\ \cdot \quad \cdot \quad \cdot \quad \cdot \quad \cdot \\ \cdot \quad \cdot \quad \cdot \quad \cdot \quad \cdot \\ \cdot \quad \cdot \quad \cdot \quad \cdot \quad \cdot \\ (g_{n1} + \cdots + g_{nn} + g_{n,n+1}) \cdot e'_{n+1} = 0. \end{matrix} \tag{37}$$

Da $e'_{n+1} \neq 0$, muß für jede Reihe gelten:

$$g_{r,n+1} = -\sum_{\nu=1}^{n} g_{r\nu}. \tag{38}$$

Setzt man durch Kurzschlüsse alle Spannungskomponenten außer e_s gleich Null, so erhält man

$$\begin{matrix} g_{1s} \cdot e_s = \dot{i}_1 \\ \cdot \quad \cdot \quad \cdot \\ \cdot \quad \cdot \quad \cdot \\ \cdot \quad \cdot \quad \cdot \\ g_{ns} \cdot e_s = \dot{i}_n \\ g_{n+1,s} \cdot e_s = \dot{i}_{n+1} \end{matrix} \tag{39}$$

Wegen Gl. (35) gilt daher für die Spalten $s = 1$ bis $s = n + 1$:

$$g_{n+1,s} = -\sum_{n=1}^{n} g_{ns}. \tag{40}$$

Die neue Leitwertmatrix erhält man daher durch Säumen der bisherigen Matrix mit dem Wert, welcher die Zeilen- oder Spaltensumme zum Verschwinden bringt.

Beispiel. Die Matrix

	1	2	3	4
1	10	− 1	− 5	0
2	− 1	4	− 2	− 1
3	− 5	− 2	8	0
4	0	− 1	0	1

ist in eine bezugsknotenfreie Matrix zu verwandeln. Das Ergebnis

	1	2	3	4	5
1	10	− 1	− 5	0	− 4
2	− 1	4	− 2	− 1	0
3	− 5	− 2	8	0	− 1
4	0	− 1	0	1	0
5	− 4	0	− 1	0	5

kann man unmittelbar hinschreiben.

2. Transformation auf einen neuen Bezugsknoten.

Die Transformation auf einen neuen Bezugsknoten geschieht durch Verbinden des neuen Nullpunkts mit dem außerhalb des Systems befindlichen Nullpunkt. Dabei fällt die dem neuen Knoten entsprechende Spalte aus und die gleich bezeichnete Reihe kann man fortlassen.

Wendet man diese Vorschrift auf die bezugsknotenfreie Matrix an, welche im letzten Beispiel errechnet wurde, so erhält man mit dem Knoten *3* als Bezugsknoten die neue Matrix:

	1	2	4	5
1	10	− 1	0	− 4
2	− 1	4	− 1	0
4	0	− 1	1	0
5	− 4	0	0	5

Diese Transformation hat eine besondere Bedeutung dadurch, daß sie auch auf nicht symmetrische Matrizen angewendet werden kann, denn es wurde bei der Ableitung der Transformationsregeln kein Gebrauch von der Symmetrie gemacht. Es gilt daher für die Matrix einer idealen Triode

	g	a
g	0	0
a	S	0

zunächst die bezugsknotenfreie Matrix:

$$\begin{array}{c} \begin{array}{ccc} g & a & k \end{array} \\ \left(\begin{array}{c|c|c} 0 & 0 & 0 \\ \hline S & 0 & -S \\ \hline -S & 0 & S \end{array}\right) \begin{array}{c} g \\ a \\ k \end{array} \end{array}$$

Wählt man jetzt z. B. statt der Kathode die Anode zum Bezugsknoten, so lautet die neue Matrix:

$$\begin{array}{c} \begin{array}{cc} g & k \end{array} \\ \left(\begin{array}{c|c} 0 & 0 \\ \hline -S & S \end{array}\right) \begin{array}{c} g \\ k \end{array} \end{array}$$

Man kann nunmehr die bisherige Beschränkung, daß die Kathode mit dem Bezugsknoten des Systems verbunden sein müßte, fallen lassen. Vielmehr können die Elektroden mit beliebigen Knoten des passiven Netzwerkes verbunden werden. Damit sind alle wirklich möglichen Röhrenschaltungen in eine Matrix verwandelt.

II. Berechnung von Netzwerkgrößen.

Die bisherigen Entwicklungen haben eine Leitwertmatrix geliefert, welche man als eine vollständige Kurzbeschreibung eines Netzwerks ansehen kann. Es muß daher möglich sein, auch speziellere Angaben, Eingangswiderstände, Übertragungsfaktoren aus dieser Matrix zu entwickeln.

1. Transformation in eine Widerstandsmatrix.

Häufig liegt praktisch der Fall vor, daß nur ein Teil aller Knoten wirklich von außen her zugänglich ist, und daß die übrigen Knoten nicht etwa kurzgeschlossen sind, sondern leer laufen.

Mit Hilfe der Kramerschen Regel kann man die Gl. (2) stets nach einer beliebigen Spannung e_s auflösen und erhält:

$$e_s = \frac{\begin{array}{c} \begin{array}{ccccccc} 1 & & & s & & & n \end{array} \\ \left|\begin{array}{ccccccc} g_{11} & \cdot\cdot\cdot\cdot & i_1 & \cdot\cdot\cdot\cdot & g_{1n} \\ \cdot & & \cdot & & \cdot \\ \cdot & & \cdot & & \cdot \\ \cdot & & \cdot & & \cdot \\ g_{1n} & \cdot\cdot\cdot\cdot & i_n & \cdot\cdot\cdot\cdot & g_{nn} \end{array}\right| \begin{array}{c} 1 \\ \\ \\ \\ n \end{array} \end{array}}{\left|\begin{array}{ccc} g_{11} & \cdot\cdot\cdot\cdot\cdot\cdot\cdot\cdot\cdot & g_{1n} \\ \cdot & & \cdot \\ \cdot & & \cdot \\ \cdot & & \cdot \\ g_{n1} & \cdot\cdot\cdot\cdot\cdot\cdot\cdot\cdot\cdot & g_{nn} \end{array}\right|}, \qquad (41)$$

wobei in der Zählerdeterminante die **Spalte** der gesuchten **Spannung** gestrichen und durch den Stromvektor ersetzt worden ist. Man kann die Zählerdeterminante noch nach dieser neuen Spalte, also nach den Komponenten des Stromvektors auflösen. Tut man dies der Reihe nach mit allen Komponenten des Spannungsvektors, so kann man die entsprechenden Gleichungen zu einem neuen System der Form

$$\frac{1}{\Delta}\cdot\begin{pmatrix}\Delta_{11} & \cdot & \cdot & \cdot & \Delta_{n1}\\ \cdot & & & & \cdot\\ \cdot & & & & \cdot\\ \cdot & & & & \cdot\\ \Delta_{1n} & \cdot & \cdot & \cdot & \Delta_{nn}\end{pmatrix}\begin{pmatrix}\dot{i}_1\\ \cdot\\ \cdot\\ \cdot\\ \dot{i}_n\end{pmatrix}=\begin{pmatrix}e_1\\ \cdot\\ \cdot\\ \cdot\\ e_n\end{pmatrix} \tag{42}$$

zusammenfügen. Hierbei ist Δ die Determinante von g und Δ_{rs} der Kofaktor, welcher dadurch entsteht, daß man in Δ die Reihe s und die Spalte r streicht (also gerade die Reihe und die Spalte, welche durch das *spiegelbildlich in bezug auf die Hauptdiagonale zu g_{rs} gelegene Element* hindurchgehen) und die so gebildete Determinante mit $(-1)^{r+s}$ multipliziert.

2. Beschränkung des Gleichungssystems auf die angeschlossenen Knoten.

Wenn ein Knoten leer läuft, so verschwindet die entsprechende Komponente des Stromvektors, d. h. die dem Vektor entsprechende Spalte in Gl. (42) verschwindet. Wenn die Leerlaufspannung an dem leer laufenden Knoten nicht interessiert, kann man die entsprechende Reihe fehlen lassen. Auf diese Weise entsteht beispielsweise zwischen den Knotenpaaren 1, 0 auf der einen und 2, 0 auf der anderen Seite bei leerlaufenden Knoten 3 bis n die Vierpolbeziehung

$$\frac{\Delta_{11}}{\Delta}\cdot\dot{i}_1+\frac{\Delta_{21}}{\Delta}\cdot\dot{i}_2=e_1, \qquad \frac{\Delta_{12}}{\Delta}\cdot\dot{i}_1+\frac{\Delta_{22}}{\Delta}\cdot\dot{i}_2=e_2. \tag{43}$$

Dieses Gleichungssystem kann alle die Fragen beantworten, in denen Gl. (2) versagt. *Sie bringt eine Vierpolbeziehung, aus der man den gewünschten Übertragungsfaktor stets in der Form $w(p)=\Delta_{rs}/\Delta$ entnehmen kann.*

III. Das Aufsuchen von äquivalenten passiven Schaltungen.

1. Definition äquivalenter passiver Netzwerke.

Von den insgesamt vorhandenen $n+1$ Knoten seien nur $k+1$ Knoten an die äußeren Stromkreise angeschlossen. Der Überschuß von $n-k$ Knoten laufe leer, d. h. es sind $n-k$ Stromkomponenten gleich 0 gemacht worden, und es können $n-k$ Spannungskomponenten je unabhängig voneinander einen beliebigen Wert haben, ohne daß sich die Schaltungen im Hinblick auf ihren Verwendungszweck voneinander unterscheiden. Diese Schaltungen sind in bezug auf die benutzten Knoten äquivalent, d. h. keine Messung, die sich auf diese Knoten beschränkt, kann einen Unterschied nachweisen.

2. Ableitung der Transformationsformel.

Wenn das Verhalten eines Netzwerkes mit einem anderen in allen Knoten übereinstimmen soll, so sind beide, von trivialen Unterschieden abgesehen, miteinander identisch. *Für jeden leerlaufenden oder kurzgeschlossenen Knoten gewinnt man einen Freiheitsgrad, den man für die freie Verfügung über eine Schaltungsgröße verwenden kann.*

Es soll jetzt gezeigt werden, wie man solche äquivalenten Netzwerke aus vorhandenen Netzwerken gewinnen kann. Die Spannungs- und Stromkomponenten seien im gesamten Vektor je so beziffert, daß die ersten k Komponenten jedes Vektors die angeschlossenen Knoten bezeichnen und die restlichen $n-k$ Komponenten von den leerlaufenden Knoten herrühren. Die angeschlossenen Knoten werden in den Gleichungen durch den Zeiger $_A$ und die leerlaufenden Knoten durch den Zeiger $_L$ kenntlich gemacht. Indem man in den Matrizen bzw. in den Vektoren die Grenzen durch eine gestrichelte Linie angibt, kann man Gl. (2) in folgender Weise schreiben:

$$\left|\begin{array}{ccc:ccc} g_{11} & \cdots & g_{1k} & g_{1,k+1} & \cdots & g_{1n} \\ \cdot & & \cdot & \cdot & & \cdot \\ \cdot & & \cdot & \cdot & & \cdot \\ g_{k1} & \cdots & g_{kk} & g_{k,k+1} & \cdots & g_{kn} \\ \hdashline g_{k+1,1} & \cdots & g_{k+1,k} & g_{k+1,k+1} & \cdots & g_{k+1,n} \\ \cdot & & \cdot & \cdot & & \cdot \\ \cdot & & \cdot & \cdot & & \cdot \\ \cdot & & \cdot & \cdot & & \cdot \\ \cdot & & \cdot & \cdot & & \cdot \\ g_{k,1} & \cdots & g_{nk} & g_{n,k+1} & \cdots & g_{nn} \end{array}\right| \cdot \begin{pmatrix} e_1 \\ \cdot \\ \cdot \\ e_k \\ \cdots \\ e_{k+1} \\ \cdot \\ \cdot \\ \cdot \\ \cdot \\ e_n \end{pmatrix} = \begin{pmatrix} i_1 \\ \cdot \\ \cdot \\ i_k \\ \cdots \\ i_{k+1} \\ \cdot \\ \cdot \\ \cdot \\ \cdot \\ i_n \end{pmatrix} \tag{44}$$

Diese Gleichung kann auch kürzer folgendermaßen geschrieben werden:

$$\begin{pmatrix} \boldsymbol{g}_{AA} & \vdots\, \boldsymbol{g}_{AL} \\ \cdots\cdots & \cdots \\ \boldsymbol{g}_{LA} & \vdots\, \boldsymbol{g}_{LL} \end{pmatrix} \cdot \begin{pmatrix} \boldsymbol{e}_A \\ \cdots \\ \boldsymbol{e}_L \end{pmatrix} = \begin{pmatrix} \boldsymbol{i}_A \\ \cdots \\ \boldsymbol{i}_L \end{pmatrix}, \tag{45}$$

wobei die einzelnen Elemente dieser Matrizengleichung bereits Matrizen bzw. Vektoren sind.

Gesucht ist eine Beziehung zwischen dem Vektor $\boldsymbol{e}_A$ und dem Vektor $\boldsymbol{i}_A$, wenn der Vektor $\boldsymbol{i}_L$ verschwindet und $\boldsymbol{e}_L$ ein beliebiger Parameter ist.

Man kann zu diesem Zweck Gl. (45) in einzelne Gleichungen zerlegen und erhält

$$\begin{aligned} \boldsymbol{g}_{AA} \cdot \boldsymbol{e}_A + \boldsymbol{g}_{AL} \cdot \boldsymbol{e}_L &= \boldsymbol{i}_A \\ \boldsymbol{g}_{LA} \cdot \boldsymbol{e}_A + \boldsymbol{g}_{LL} \cdot \boldsymbol{e}_L &= 0\,. \end{aligned} \tag{46}$$

Diese Gleichungen haben die *Form* von Vierpolgleichungen, wenngleich die Vierpolgrößen jetzt Matrizen und die Veränderlichen jetzt Vektoren sind. Wenn Gl. (46) das Gleichungspaar eines Vierpoles wäre, so würde man es als die Leitwertgleichung eines am Ausgang leerlaufenden Vierpoles aufzufassen haben, bei dem der Zeiger $_A$ den Eingang, und der Zeiger $_L$ den Ausgang angibt. Man kann die nicht interessierende Leerlaufspannung $\boldsymbol{e}_L$ am Ausgang aus der zweiten von beiden Gleichungen ausrechnen und wieder in die erste einsetzen:

$$\left(\boldsymbol{g}_{AA} - \boldsymbol{g}_{AL} \cdot \boldsymbol{g}_{LL}^{-1} \cdot \boldsymbol{g}_{LA}\right) \cdot \boldsymbol{e}_A = \boldsymbol{i}_A\,. \tag{47}$$

Diese Gleichung ist auch das Ergebnis der entsprechenden Matrizenrechnung, *wobei allerdings besonders auf die Nichtvertauschbarkeit von Matrizenfaktoren geachtet werden muß*. Es soll nun bewiesen werden, daß Gl. (47) auch für Matrizen richtig ist.

Offenbar entsprechen alle diejenigen Leitwertmatrizen äquivalenten Netzwerken mit Bezug auf die A angeschlossenen Knoten, bei denen die Matrix auf der linken Seite von Gl. (47):

$$\boldsymbol{M}_{AA} = \boldsymbol{g}_{AA} - \boldsymbol{g}_{AL} \cdot \boldsymbol{g}_{LL}^{-1} \cdot \boldsymbol{g}_{LA} \tag{48}$$

dieselbe ist. Es sei ferner $\boldsymbol{g}_{AA}$ dasselbe. Dann sind alle Variationen möglich, bei denen der restliche Ausdruck in Gl. (48)

$$\boldsymbol{N}_{AA} = \boldsymbol{g}_{AL} \cdot \boldsymbol{g}_{LL}^{-1} \cdot \boldsymbol{g}_{LA} \tag{49}$$

unverändert bleibt. Es geht g_{LA} durch Spiegelung an der Hauptdiagonalen aus g_{AL} hervor, also

$$g_{LA} = g'_{AL}. \tag{50}$$

Die Variation bestehe in einer Multiplikation von g mit der Matrix t. Damit Gl. (50) auch für die durch Multiplizieren gewonnenen Matrizen erhalten bleibt, muß sich g_{LA} ändern in $(g_{AL} \cdot t) = t' \cdot g_{LA}$. Die Gl. (49) bleibt nach dieser Multiplikation unverändert:

$$N_{AA} = (g_{AL} \cdot t) \cdot \left(t^{-1} \cdot g_{LL}^{-1} \cdot t'^{-1}\right) \cdot (t' \cdot g_{LA}). \tag{51}$$

Die Größen sind in der durch Klammern angedeuteten Weise neu zusammengefaßt.

Damit ist die Aufgabe bereits gelöst. Bezeichnet man die neue Leitwertmatrix mit y, so gilt für die Teile, aus denen sie sich zusammensetzt:

$$\begin{aligned} y_{AA} &= g_{AA}, & y_{AL} &= g_{AL} \cdot t, \\ y_{LA} &= t' \cdot g_{LA}, & y_{LL} &= t' \cdot g_{LL} \cdot t. \end{aligned} \tag{52}$$

Diese vier Teile ergeben zusammengefügt die Matrix

$$y = \begin{pmatrix} g_{AA} & g_{AL} \cdot t \\ t' \cdot g_{LA} & t' \cdot g_{LL} \cdot t \end{pmatrix}, \tag{53}$$

welche als Ganzes aus der ursprünglichen Matrix g durch eine Transformation hervorgehen möge. Diese Transformation kann man sich in zwei Schritte zerlegt vorstellen, wobei der erste Schritt die Matrix

$$\begin{pmatrix} g_{AA} & g_{LL} \cdot t \\ g_{AL} & g_{LL} \cdot t \end{pmatrix}$$

und der zweite Schritt daraus die endgültige Matrix y erzeugt.

Der erste Schritt bestehe in einer Multiplikation mit einer Matrix T, welche gleich dem rechten Faktor des folgenden Produktes ist:

$$\begin{pmatrix} g_{AA} & g_{AL} \\ g_{LA} & g_{LL} \end{pmatrix} \cdot \begin{pmatrix} 1 & 0 & . & . & 0 & t_{1,k+1} & . & . & . & t_{1,n} \\ 0 & . & & & . & . & & & & . \\ . & . & . & . & . & . & & & & . \\ . & & & . & . & . & & & & . \\ 0 & 0 & . & . & 1 & . & & & & . \\ 0 & . & . & . & 0 & . & & & & . \\ . & & & & . & . & & & & . \\ . & & & & . & . & & & & . \\ . & & & & . & . & & & & . \\ . & & & & . & . & & & & . \\ . & & & & . & . & & & & . \\ 0 & . & . & . & 0 & t_{n,k+1} & . & . & . & t_{nn} \end{pmatrix} \tag{54}$$

Über den Transformationsfaktor auf der rechten Seite kann man von vornherein eine bestimmte Aussage aus der Forderung herleiten, daß g_{AA} unverändert transformiert werden soll. Dann können die ersten k Spalten nur so aufgebaut sein, daß sie, mit den ersten k Reihen der linksstehenden ursprünglichen Matrix g

multipliziert, wieder $\boldsymbol{g}_{AA}$ ergeben müssen. Daher setzen sich diese Reihen zwangsläufig aus einer Einheitsmatrix und aus einer Nullmatrix zusammen, damit $\boldsymbol{y}_{AA}$ nur von $\boldsymbol{g}_{AA}$ abhängt, nicht aber auch von $\boldsymbol{g}_{AL}$. Die restlichen $(n-k)\cdot n$ Elemente leisten die verlangte Teiltransformation. Die zweite Teiltransformation wird in ganz entsprechender Weise durch einen vorangestellten Faktor $\boldsymbol{T}'$ bewirkt. Die Transformationsgleichung lautet also

$$\boldsymbol{y} = \boldsymbol{T}' \cdot \boldsymbol{g} \cdot \boldsymbol{T}, \tag{55}$$

wobei

$$\boldsymbol{T} = \begin{pmatrix} \overbrace{\begin{matrix} 1 & 0 & . & . & 0 \\ 0 & . & & & . \\ . & & . & & . \\ . & & & . & . \\ 0 & 0 & . & . & 1 \end{matrix}}^{k} & \overbrace{\begin{matrix} t_{1,k+1} & . & . & . & . & t_{1,n} \\ . & & & & & . \\ . & & & & & . \\ . & & & & & . \\ . & & & & & . \end{matrix}}^{n-k} \\ & \begin{matrix} . & & & & & . \end{matrix} \\ \begin{matrix} 0 & . & . & . & 0 \\ . & & & & . \\ . & & & & . \\ . & & & & . \\ . & & & & . \\ . & & & & . \\ 0 & . & . & . & 0 \end{matrix} & \begin{matrix} . & & & & & . \\ . & & & & & . \\ . & & & & & . \\ . & & & & & . \\ . & & & & & . \\ . & & & & & . \\ t_{n,k+1} & . & . & . & . & t_{nn} \end{matrix} \end{pmatrix} \begin{matrix} \left.\vphantom{\begin{matrix}1\\1\\1\\1\\1\end{matrix}}\right\} k \\ \\ \left.\vphantom{\begin{matrix}1\\1\\1\\1\\1\\1\\1\end{matrix}}\right\} n-k \end{matrix} \tag{56}$$

Der linke Transformationsfaktor $\boldsymbol{T}'$ geht aus $\boldsymbol{T}$ durch Spiegelung an der Hauptdiagonalen hervor.

3. Anwendung der äquivalenten Transformation.

Mit Hilfe dieser Transformation kann man bei insgesamt maximal $3\cdot\frac{n}{2}(n+1)$ Schaltungselementen in einem Netzwerk mit $n+1$ Knoten über $n-k$ Freiheitsgrade verfügen, wenn von den $n+1$ Knoten nur $k+1$ Knoten mit der Außenwelt in Verbindung stehen. Diese Freiheitsgrade können z. B. dazu benutzt werden, für eine entsprechende Anzahl an Einzelteilen feste Werte, wie sie listenmäßig geliefert werden, vorzuschreiben. Es ist auch möglich, einzelne Schaltelemente zum Verschwinden zu bringen, so daß man also mit weniger Einzelteilen als bisher auskommt. Die *notwendige* maximale Anzahl an Schaltelementen beträgt also jetzt $3\cdot\frac{n}{2}(n+1)-(n-k)$ für ein passives Netzwerk.

Die Transformation der Leitwertmatrix muß so vorgenommen werden, daß die transformierte Matrix wieder realisierbar ist und außerdem beabsichtigte Vereinfachungen auftreten.

Das rechnerische Verfahren besteht darin, die Transformation mit den zunächst noch unbestimmten Elementen t in der Matrix $\boldsymbol{T}$ bzw. $\boldsymbol{T}'$ auszuführen, und zwar für jede Teilmatrix besonders. Es entstehen drei Matrizen mit insgesamt $3n^2$ Elementen, unter denen sich jedoch wegen der Symmetrie nur $\frac{3}{2}(n^2-n)$ voneinander verschiedene Elemente befinden. Jedes dieser transformierten Matrizenelemente enthält die Transformationselemente t. Will man bestimmte elektrische *Schalt*elemente zum Verschwinden bringen, so kann man Beziehungen zwischen den Elementen der transformierten Matrizen vorschreiben, welche die erwünschte Wirkung haben. Die Transformationselemente müssen auf Grund der vorgeschriebenen Beziehungen bestimmt und dann mit diesen Werten sämtliche Matrizen berechnet werden.

Beispiel. Ein Zweipol (s. Abb. 52) enthalte bei insgesamt drei Knoten die höchstmögliche Zahl von neun Schaltelementen, je drei Induktivitäten, Widerstände, Kapazitäten.

Die Leitwertmatrix läßt sich in die drei Matrizen

$$\mathfrak{g} = \frac{1}{p}\begin{pmatrix} h_{11} & h_{12} \\ h_{21} & h_{22} \end{pmatrix} + \begin{pmatrix} b_{11} & b_{12} \\ b_{21} & b_{22} \end{pmatrix} + p \begin{pmatrix} c_{11} & c_{12} \\ c_{21} & c_{22} \end{pmatrix} \tag{57}$$

zerlegen, von denen die erste den induktiven, die zweite den Ohmschen und die dritte den kapazitiven Anteil der Schaltung darstellen.

Jede der drei Matrizen wird einer Transformation mit *derselben* Transformationsmatrize unterworfen und die Teilergebnisse wieder addiert. Die Transformationsmatrix

$$\boldsymbol{T} = \begin{pmatrix} 1 & t_1 \\ 0 & t_2 \end{pmatrix} \tag{58}$$

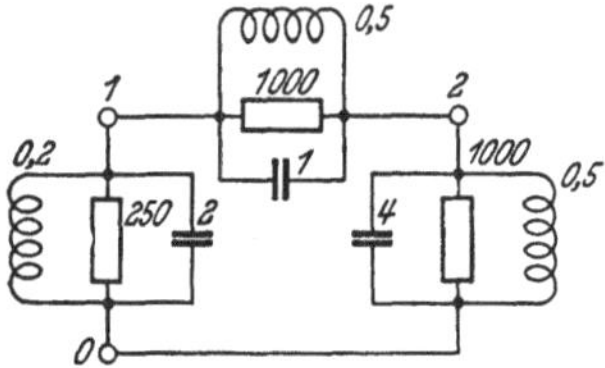

Abb. 52. Zu vereinfachender Zweipol: (Klemmenpaar 0; 1)

enthält entsprechend der Einfachheit des Beispiels nur zwei frei wählbare Parameter. Diese kann man vorläufig unbestimmt lassen und nachträglich so bestimmen, daß ein *Schalt*element (also nicht ein Matrizenelement) verschwindet. Dieser Fall tritt z. B. dann ein, wenn $b_{12} = -b_{22}$ und wenn $c_{12} = 0$ wird, wie man leicht bestätigt, wenn man eine Schaltung mit solchen Matrizenbeziehungen zu realisieren versucht.

Aus der gegebenen Schaltung kann man die drei Matrizen (57) ablesen, welche durch die Transformation (55) mit (58) als Transformationsmatrix in die transformierten Matrizen umgerechnet werden. Hierbei enthalten alle Elemente die wählbaren Parameter t_1 und t_2. Diese werden nachträglich so bestimmt, daß die erhofften Wirkungen eintreten und mit diesen Parametern sämtliche Matrizen ausgerechnet. Diese Matrizen sind aus folgender Zusammenstellung zu ersehen:

Ursprüngliche Matrizen	Transformierte Matrizen (mit t_1 und t_2 als Parameter)	Matrix für $t_1 = 0{,}2$ $t_2 = 0{,}3$
$\boldsymbol{h} = \begin{pmatrix} 7 & -2 \\ -2 & 4 \end{pmatrix}$	$\begin{pmatrix} 7 - 4\,t_1 + 4\,t_1^2 & (-2 + 4\,t_1)\cdot t_2 \\ (-2 + 4\,t_1)\cdot t_2 & 4\,t_2^2 \end{pmatrix}$	$\begin{pmatrix} 6{,}36 & -0{,}36 \\ -0{,}36 & 0{,}36 \end{pmatrix}$
$\boldsymbol{b} = \begin{pmatrix} 5 & -1 \\ -1 & 2 \end{pmatrix}$	$\begin{pmatrix} 5 - 2\,t_1 + 2\,t_1^2 & (-1 + 2\,t_1)\cdot t_2 \\ (-1 + 2\,t_1)\cdot t_2 & 2\,t_2^2 \end{pmatrix}$	$\begin{pmatrix} 4{,}68 & -0{,}18 \\ -0{,}18 & 0{,}18 \end{pmatrix}$
$\boldsymbol{c} = \begin{pmatrix} 3 & -1 \\ -1 & 5 \end{pmatrix}$	$\begin{pmatrix} 3 - 2\,t_1 + 5\,t_1^2 & (-1 + 5\,t_1)\cdot t_2 \\ (-1 + 5\,t_1)\cdot t_2 & 5\,t_2^2 \end{pmatrix}$	$\begin{pmatrix} 2{,}80 & 0{,}0 \\ 0{,}0 & 0{,}45 \end{pmatrix}$

In der dritten Spalte wurde t_1 so gewählt, daß $c_{12} = 0$, danach t_2 so, daß $b_{12} = -b_{22}$. Damit sind die beiden Parameter, wie im Kopf der dritten Spalte angegeben, bestimmt. Die neuen Matrizen lassen sich realisieren (s. Abb. 53).

Es ergibt sich zufällig bei diesem Beispiel, daß nicht nur die vorgesehenen zwei, sondern auch ein drittes Schaltelement verschwindet. Dieses induktive Schaltelement könnte man, wenn die hierfür geltenden Grenzen eingehalten sind, auch durch entsprechende induktive Kopplung zweier induktiver Elemente beseitigen. Man erkennt allerdings, daß der numerische Rechenaufwand bei dem ganz analog verlaufenden Verfahren für Netzwerke mit höherer Knotenzahl ganz erheblich wächst.

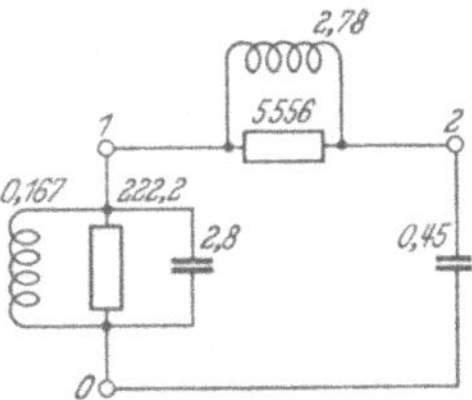

Abb. 53. Vereinfachter Zweipol. Die Äquivalenz besteht aber nur bei allen Messungen an dem Klemmenpaar 1; 0.

D. Übertragungsfaktoren von Schaltungen mit Röhren.

I. Zerlegung der Matrix entsprechend den technischen Bestandteilen.

Übertragungsfaktoren sind Quotienten aus zwei Determinanten, welche aus der Leitwertmatrix (bzw. der Widerstandsmatrix) gebildet werden. Wenn man die Leitwertmatrix mit der in Abschnitt A I beschriebenen Knotenanalyse (oder nach einem anderen Verfahren) aufgenommen hat, so kann man mit ihrer Hilfe die Übertragungsfaktoren beliebiger Schaltungen berechnen, wie der folgende Abschnitt zeigen soll.

Bei dieser Berechnung soll aber folgender Gesichtspunkt beachtet werden: Es ist technisch zweckmäßig, einen Verstärker in die Parallelschaltung von *technischen* Schaltungsteilen zu zerlegen, dem Netz der in ihm enthaltenen passiven Schaltelemente, dem Netz der Außenleitwerte, dem Netz der passiven Röhreneigenschaften und dem Netz der aktiven Röhreneigenschaften. Deshalb seien die bisherigen Matrizen durch andere ersetzt, wobei folgende Bezeichnungen verwendet werden:

$\boldsymbol{P}$ Matrix des passiven Netzwerkes,

$\boldsymbol{Q}$ Matrix der Quellen und Verbraucher in den Außenstromkreisen,

$\boldsymbol{R}$ Matrix der passiven Röhreneigenschaften,

$\boldsymbol{S}$ Matrix der aktiven Röhreneigenschaften,

so daß
$$\boldsymbol{g} = \boldsymbol{P} + \boldsymbol{Q} + \boldsymbol{R} + \boldsymbol{S}. \tag{59}$$

Es ist nützlich, sich einmal vorzustellen, wie die Matrizen wirklich aussehen, wobei durch eine verschiedenartige Schraffierung nur die Flächen auf der Matrix gekennzeichnet sein sollen, auf denen überhaupt Elemente von dem betreffenden Teilnetz möglich sind. Das passive Netz kann auf der ganzen Matrix Anteile liefern, die Quellen und Verbraucher dagegen nur auf der Hauptdiagonalen. Die passiven Röhreneigenschaften liefern Anteile zu den einzelnen Matrizenelementen auf den Spalten *und* Reihen, welche den mit Elektroden (Gitter und Anode) verbundenen Knoten entsprechen. Liegt das Gitter am Knoten r und die Anode am Knoten s, so liefert die Röhre passive Anteile bei rr, rs, sr und ss, dagegen nur einen aktiven Anteil bei rs. Bezeichnet man noch die mit dem Eingang bzw. Ausgang verbundenen Knoten mit a bzw. b, so erhält man das folgende Schema für die Matrix $\boldsymbol{g}$:

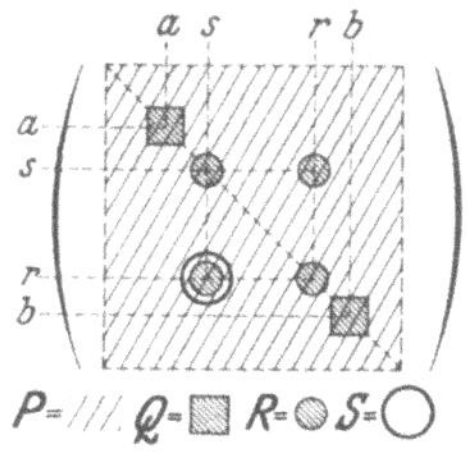

(60)

a s r b
a
s
r
b

P = /// Q = ▨ R = ◎ S = ○

II. Entwicklung nach aktiven Elementen.

1. Entwicklung der Determinante.

Ganz offensichtlich erhält die Matrix $\boldsymbol{g}$ praktisch ihre Ausdehnung (Ordnung) durch die passive Matrix. Die übrigen Elemente bilden im allgemeinen kein zusammenhängendes Ganzes, sondern treten nur zu einzelnen Elementen additiv hinzu. Die geringste Zahl an Elementen stellen offenbar in der überwiegenden Zahl aller Fälle die aktiven Elemente, nämlich genau so viel, wie die verwendeten Röhren insgesamt an Steuergittern enthalten. Diese Zusammenhänge sind jedoch nicht mathematisch, sondern technisch bedingt.

Man kann die Determinante einer nach Gl. (60) zusammengesetzten Matrix so entwickeln, daß die aktiven Elemente als Faktoren auftreten. Bezeichnet man die Hauptdeterminante der aktiven Matrix mit Δ und die Hauptdeterminante der durch Entfernen von S_{rs} passiv gewordenen Matrix mit Δ', so gilt

$$\Delta = \Delta' + S_{rs} \cdot \Delta'_{rs}. \tag{61}$$

Die Zeiger rs an einer Determinante sollen andeuten, daß die Determinante gebildet wurde, nachdem zuvor in der Matrix die Reihe r und die Spalte s gestrichen wurden. Den Beweis für Gl. (61) kann man durch Entwickeln der Matrix Δ nach der Reihe r *oder* der Spalte s erbringen. Man erhält auf diese Weise:

$$g'_{1s} \cdot \Delta'_{1s} + \cdots + (g'_{rs} + S_{rs}) \cdot \Delta'_{rs} + \cdots + g'_{ns} \cdot \Delta'_{ns} = \Delta, \tag{62}$$

wobei g'_{fg} die Elemente der durch Entfernen des aktiven Elementes S_{rs} aus $\boldsymbol{g}$ geänderten Matrix $\boldsymbol{g}'$ sind. Dadurch ändert sich nur das Element an der Stelle rs. Es ist also:

$$\begin{aligned} g'_{fg} &= g_{fg} \quad \text{für} \quad f \neq r, \quad g \neq s, \\ g'_{rs} &= g_{rs} - S_{rs}. \end{aligned} \tag{63}$$

Zerlegt man in Gl. (62) das Element, welches S_{rs} enthält, und setzt die restliche Entwicklung wieder zusammen, so entsteht Gl. (61). Bei mehreren Steuergittern seien alle aktiven Elemente einer Schaltung in beliebiger Reihenfolge numeriert und es sei die Determinante der Schaltung, in der S_1 fehlt, mit Δ', die Determinante ohne S_1 und S_2 mit Δ'' usw. bezeichnet, so kann man das Zerlegungsverfahren fortsetzen und erhält

$$\Delta = \Delta'' + S_1 \cdot \Delta''_{r_1 s_1} + S_2 \cdot \Delta''_{r_2 s_2} + S_1 \cdot S_2 \cdot \Delta'_{r_1 s_1 r_2 s_2}, \tag{64}$$

wobei r_1 und s_1 die Reihe und die Spalte bezeichnen, auf der S_1 liegt. Das Zerlegungsverfahren kann man durch folgende Merkregel ersetzen:

Man bilde das Produkt $(1 + S_1)(1 + S_2) \ldots (1 + S_N)$ und multipliziere sämtliche Glieder aus, bis nur noch ein Polynom in S übrig ist. Dann multipliziere man jedes Glied dieses Polynoms mit derjenigen Unterdeterminante von Δ^N, welche aus Δ^N durch *Streichen* aller der Zeilen und Spalten hervorgeht, die von den aktiven Elementen dieses Gliedes besetzt sind.

Beispiel. Vier Elemente $S_1, \ldots, S_4$. Das Ergebnis lautet:

$$\begin{aligned} \Delta = \Delta^{\mathrm{IV}} &+ S_1 \cdot \Delta^{\mathrm{IV}}_{r_1 s_1} + S_2 \cdot \Delta^{\mathrm{IV}}_{r_2 s_2} + S_3 \cdot \Delta^{\mathrm{IV}}_{r_3 s_3} + S_4 \cdot \Delta^{\mathrm{IV}}_{r_4 s_4} + S_1 S_2 \cdot \Delta^{\mathrm{IV}}_{r_1 s_1 r_2 s_2} + \\ &+ S_1 S_3 \cdot \Delta^{\mathrm{IV}}_{r_1 s_1 r_3 s_3} + S_1 S_4 \cdot \Delta^{\mathrm{IV}}_{r_1 s_1 r_4 s_4} + S_2 S_3 \cdot \Delta^{\mathrm{IV}}_{r_2 s_2 r_3 s_3} + S_2 S_4 \cdot \Delta^{\mathrm{IV}}_{r_2 s_2 r_4 s_4} + \\ &+ S_3 S_4 \cdot \Delta^{\mathrm{IV}}_{r_3 s_3 r_4 s_4} + S_1 S_2 S_3 \cdot \Delta^{\mathrm{IV}}_{r_1 s_1 r_2 s_2 r_3 s_3} + S_1 S_2 S_4 \cdot \Delta^{\mathrm{IV}}_{r_1 s_1 r_2 s_2 r_4 s_4} + \\ &+ S_1 S_3 S_4 \cdot \Delta^{\mathrm{IV}}_{r_1 s_1 r_3 s_3 r_4 s_4} + S_2 S_3 S_4 \cdot \Delta^{\mathrm{IV}}_{r_2 s_2 r_3 s_3 r_4 s_4} + S_1 S_2 S_3 S_4 \cdot \Delta^{\mathrm{IV}}_{r_1 s_1 r_2 s_2 r_3 s_3 r_4 s_4}. \end{aligned}$$

2. Entwicklung des Übertragungsfaktors.

Bei einem Übertragungsfaktor kann man die Zähler- und die Nennerdeterminante in derselben Weise entwickeln. Man kann beide Entwicklungen sogar vollkommen parallel führen. Soll beispielsweise ein Eingangswiderstand $e_1/i_1 = \Delta_{11}/\Delta$ berechnet werden, so unterscheidet sich die Entwicklung im Zähler nur dadurch von der im Nenner, daß die Reihe 1 und die Spalte 1 überall gestrichen wird.

Beispiel. Im Fall eines zweistufigen Verstärkers entsteht aus Gl. (63) der Eingangswiderstand an den Knoten 1, 0:

$$\frac{e_1}{i_1} = \frac{\Delta_{11}}{\Delta} = \frac{\Delta''_{11} + S_1 \cdot \Delta''_{11\,r_1 s_1} + S_2 \cdot \Delta''_{11\,r_1 s_1} + S_1 S_2 \cdot \Delta''_{11\,r_1 s_1 r_2 s_2}}{\Delta'' + S_1 \cdot \Delta''_{r_1 s_1} + S_2 \cdot \Delta''_{r_1 s_1} + S_1 S_2 \cdot \Delta''_{r_1 s_1 r_2 s_2}}. \tag{65}$$

3. Determinanten bei Schaltungen ohne Gegenkopplung.

Bei Schaltungen ohne Gegenkopplung besteht das passive Netzwerk $\boldsymbol{P}$ aus einer Anzahl von getrennten Teilen P_{II} bis P_{III}, welche nur über die aktiven Röhrenelemente S_1 und S_2 miteinander gekoppelt sind. Die passiven Röhrenkopplungen müssen also von zu vernachlässigender Größenordnung sein. Stellt man die Matrix wieder schematisch dar, so muß sie folgendermaßen aussehen:

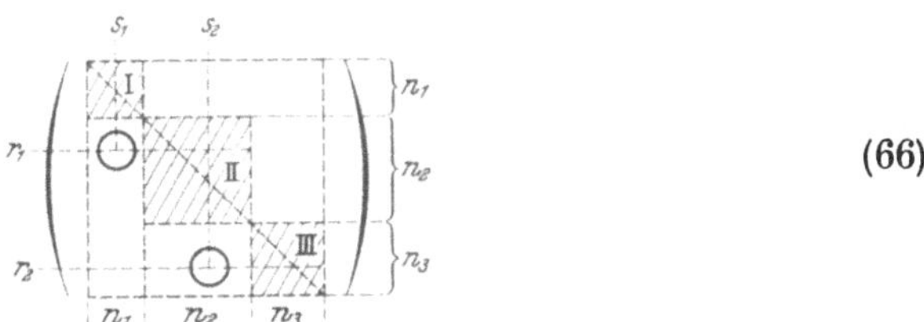

(66)

Die Determinante dieser Matrix kann man ebenfalls durch eine Entwicklung bestimmen, z. B. durch Entwicklung nach den ersten n_1 Spalten. Es gibt unter Beschränkung auf diese n_1 Spalten folgende Unterdeterminanten mit n_1 Reihen, welche sich von Null unterscheiden:

1. die ersten n_1 Reihen,
2. die Determinante nach 1., in der eine der Reihen n_1 durch die Reihe r_1 ersetzt ist (n_1 Möglichkeiten).

Berechnet man den Kofaktor aus der Determinante der Reihen und Spalten, so gehört zu 1 die Determinante aus den Reihen $n_2 + n_3$ und den Spalten $n_3 + n_2$. Zu den Unterdeterminanten nach 2 gehören dagegen stets komplementäre Determinanten, in denen eine Reihe eine Nullreihe ist (d. i. die Reihe unter den ersten n_1 Reihen, welche durch die Reihe r_1 ersetzt worden ist). Die Kofaktoren der Unterdeterminanten nach 2 haben daher den Wert Null. Nur wenn auf den Spalten $n_2 + n_3$ und den Reihen n_1 mindestens ein Element liegt, gibt es noch eine entsprechende Zahl von nicht verschwindenden Kofaktoren zu einer Unterdeterminante nach 2. Physikalisch bedeutet das Vorhandensein eines solchen Elementes das Bestehen einer Gegen-(Rück-)Kopplung. Sind solche Elemente nicht vorhanden, so ist die Determinante gleich dem Produkt aus der Determinante (n_1, n_1) und der Determinante $(n_2 + n_3, n_2 + n_3)$. Die Determinante, welche den Kofaktor bildet, kann ebenfalls wieder entwickelt werden und zerfällt in das Produkt zweier Unterdeterminanten, wenn die den Spalten n_3 und den Reihen n_2 gemeinsame Fläche keine Elemente enthält. Bezeichnet man die Unterdeterminante auf der Hauptdiagonalen, gebildet aus den Elementen, welche jeweils den Reihen n_1 und den Spalten n_1 gemeinsam sind, mit Δ_{I}, und entsprechend die Unterdeterminante (n_2, n_2) mit Δ_{II} und mit sinngemäß gleicher Bedeutung Δ_{III}, so ist die gesuchte Determinante von Gl. (66):

$$\Delta = \Delta_I \cdot \Delta_{II} \cdot \Delta_{III}. \tag{67}$$

Diese Determinante umfaßt nur die passiven Elemente der Schaltung, so daß man zu folgendem Satz gelangt:

Die Hauptdeterminante eines Verstärkers, welcher keine Rückkopplungswege enthält, ist unabhängig von den aktiven Elementen und gleich dem Produkt der Determinanten der einzelnen Kopplungsnetzwerke, welche über die Röhren miteinander verbunden sind.

Beispiel. Der Eingangswiderstand eines nicht gegengekoppelten Verstärkers ist:

$$\frac{e_1}{i_1} = \frac{\Delta_{I\,11} \cdot \Delta_{II} \cdot \Delta_{III}}{\Delta_I \cdot \Delta_{II} \cdot \Delta_{III}} = \frac{\Delta_{I\,11}}{\Delta_I} = \frac{\Delta'_{I\,11}}{\Delta'_I} \tag{68}$$

und hängt also, wie es physikalisch ohne weiteres selbstverständlich ist, nur vom Anpassungsnetzwerk am Eingang ab.

Dieses Ergebnis ist nicht umkehrbar, denn es gibt gegengekoppelte Verstärker, bei denen der Eingangswiderstand ebenfalls nicht von den aktiven Eigenschaften der Röhren abhängt.

Die Unabhängigkeit der Hauptdeterminante eines gegenkopplungsfreien Verstärkers von den aktiven Eigenschaften läßt sich eigenartigerweise nicht auf beliebige Unterdeterminanten übertragen. Streicht man z. B. in der folgenden Determinante

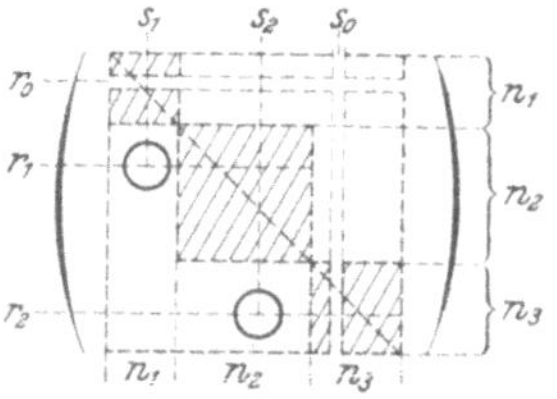

s_1 s_2 s_0 — r_0, r_1, r_2 — n_1, n_2, n_3 (69)

wie angedeutet eine Spalte s_0 aus den Spalten n_1 und eine Reihe r_0 aus den Reihen n_3, so ist die Matrix $\Delta_{r_0 s_0}$ in Gl. (69) nicht mehr in der gleichen Weise entwickelbar wie die Matrix in Gl. (66). Der wesentliche Unterschied besteht darin, daß die Matrizen zweier Anpassungsnetzwerke nicht mehr quadratisch sind, *es sei denn, daß die gestrichene Reihe und die gestrichene Spalte sich in einem Feld schneiden, welches in der Matrix eines Kopplungsnetzwerkes liegt.*

Wenn dies nicht der Fall ist, kann nur *ein* Maior aus den Spalten n_1 gebildet werden, und zwar der, bei dem r_1 an die Stelle der gestrichenen Reihe r_0 tritt. Die Unterdeterminante ist dann $S_1 \cdot \Delta''_{I r_0 s_1}$. In dem dazugehörigen Kofaktor, welcher aus den Reihen $n_2 + n_2 - r_1$ und den Spalten $n_2 + n_3 - s_0$ gebildet wird, kann dieselbe Entwicklung durchgeführt werden, wobei ein Faktor $S_2 \cdot \Delta''_{II r_1 s_2}$ entsteht. Übrig bleibt $\Delta''_{III r_2 s_0}$. Es ist also

$$\Delta_{r_0 s_0} = \Delta''_{I r_0 s_1} \cdot S_1 \cdot \Delta''_{II r_1 s_2} \cdot S_2 \cdot \Delta''_{III r_2 s_0}. \tag{70}$$

III. Der Übertragungsfaktor.

Die Determinantendarstellung des Übertragungsfaktors gilt also ganz allgemein auch für alle Schaltungen mit aktiven Elementen. Führt man eine Entwicklung nach aktiven Elementen durch, so erkennt man, daß Schaltungen ohne Gegenkopplung nur Spezialfälle der allgemeineren Konzeption eines allgemeinen aktiven Netzwerkes sind. Man erkennt das rein äußerlich am Aufbau des Ausdruckes für den Übertragungsfaktor:

Der Übertragungsfaktor ist immer der Quotient zweier Determinanten. Entwickelt nach aktiven Elementen, entsteht bei allgemeinen Netzwerken im Zähler und im Nenner je ein Polynom, dessen einzelne Glieder je ein aktives Element oder mehrere als Faktor enthalten; *bei aktiven Netzwerken ohne Gegenkopplung entsteht stets ein Ausdruck, der die aktiven Elemente nur als Faktoren vor dem ganzen Ausdruck enthält.*

Beispiel. Der Übertragungsfaktor eines Verstärkers ohne Gegenkopplung von den Eingangsknoten 1, 0 bis zu den Ausgangsknoten n, 0 bei Leerlauf am Ausgang und an allen anderen Knoten ist durch

$$\frac{1}{\Delta} \cdot \Delta_{1n} \cdot i_1 = e_n$$

bestimmt. Die gesuchte Größe ist

$$\frac{e_n}{i_1} = \frac{\Delta_{1n}}{\Delta} = S_1 \cdot S_2 \cdot \frac{\Delta''_{\mathrm{I}\,1 s_1}}{\Delta''_{\mathrm{I}}} \cdot \frac{\Delta''_{\mathrm{II}\,r_1 s_{II}}}{\Delta''_{\mathrm{II}}} \cdot \frac{\Delta''_{\mathrm{III}\,r_2 n}}{\Delta''_{\mathrm{III}}}, \tag{71}$$

wie man durch Anwendung von Gl. (67) und Gl. (70) leicht errechnen kann.

Die Determinanten Δ'' werden aus passiven Elementen der Form $p \cdot a + b + p^{-1} \cdot c$ gebildet. Daher nimmt jede Determinante die Form

$$\Delta'' = \frac{(p - q_1)(p - q_2) \ldots (p - q_n)}{p^{\nu}} \tag{72}$$

an. Damit kann man die im ersten Kapitel benutzten Formen für den Übertragungsfaktor bestätigen.

E. Zusammenfassung.

1. Eine Schaltung, die aus einzelnen Elementen mit räumlich konzentrierten Eigenschaften besteht, kann in ein Koeffizientenschema übersetzt werden, welches alle linearen Eigenschaften des Netzwerkes repräsentiert.

Es gibt mehrere Verfahren einer derartigen Analyse. Aus praktischen Gründen wurde in diesem Buch der Knotenanalyse der Vorzug gegeben.

2. Das zunächst entstehende quadratische Koeffizientenschema ist bei der Knotenanalyse eine Leitwertmatrix.

3. Eine Schaltung kann in beliebiger Weise in Teilnetzwerke zerlegt oder aus solchen zusammengesetzt werden, wobei nicht verlangt wird, daß jedes Teilnetz in sich zusammenhängt.

Rechnerisch kann man dasselbe durch Addition oder Zerlegung von Matrizen tun.

4. Matrizen von passiven Netzwerken sind symmetrisch zur Hauptdiagonalen.

5. Man kann diejenigen Matrizen, welche aus realen Schaltungen entstanden sind, auch wieder in Schaltungen zurück übersetzen.

6. An einem passiven Netzwerk können durch Messung an beliebigen und von außen zugänglichen Knotenpaaren keine negativen Einzelteile, also negative Widerstände, negative Kapazitäten, negative Induktivitäten nachgewiesen werden.

Die daraus für die Matrizenelemente angebbaren Grenzen heben diejenigen Matrizen hervor, welche in eine physikalisch reale Schaltung übersetzt werden können.

7. Es ist in Ersatzschaltbildern und Zwischenrechnungen trotzdem zulässig, mit negativen Einzelteilen zu arbeiten.

8. Wenn man *alle* Knoten betrachtet, ist die gegenseitige Zuordnung von Schaltungen und Matrizen eindeutig.

Wenn sich der Vergleich mehrerer Schaltungen bzw. Matrizen untereinander nur über eine Teilmenge alle Knoten erstreckt, so gibt es eine mehrfach unendliche Vieldeutigkeit.

Die darauf beruhenden Äquivalenzen können zur Vereinfachung von Netzwerken benutzt werden.

9. Schaltungen ohne Gegen- (bzw.Rück-)Kopplung ordnen sich in das allgemeine System der aktiven Schaltungen als ein Sonderfall ein.

10. Man kann die Übertragungsfaktoren, zu denen auch Widerstände und Leitwerte gerechnet werden, als Quotient zweier Determinanten darstellen.

11. Determinanten können nach den aktiven Eigenschaften der in der Schaltung enthaltenen Röhren entwickelt werden.

Bei Schaltungen *mit* Gegenkopplung entsteht ein Polynom, dessen *einzelne* Glieder aktive Elemente als Faktoren enthalten; bei Schaltungen ohne Gegenkopplung treten die aktiven Elemente als Faktoren vor den ganzen Ausdruck.

Drittes Kapitel.

Stabilität, Stabilitätskriterien, Stabilisierung.

Einführung.

Die Parameter, von denen die Stabilität eines Systems abhängt, sind außerordentlich schwierig zu übersehen. Es lohnt sich aus diesem Grunde, dem Stabilitätsproblem ein besonderes Kapitel zu widmen, da ein gegengekoppelter Verstärker wertlos ist, wenn er schließlich doch aus irgendeinem Grunde instabil ist.

Die Stabilitätskriterien sollen nicht nur nachträglich darüber entscheiden, ob der zu erwartende Verstärker stabil ist; sie sollen vielmehr Auskunft darüber geben, welche Eigenschaften im Rahmen der betriebsmäßig zulässigen Stabilitätsverhältnisse erreichbar sind und welche konstruktiven Maßnahmen dahin führen. Die praktische Anwendung in diesem Sinne ist in diesem Kapitel enthalten.

A. Die technische Bedeutung der Stabilität.

I. Zweck der Gegenkopplung.

Gegenkopplung und automatische Regelung werden von dem Unterschied zwischen einer vorgegebenen Soll-Größe und der augenblicklichen Ist-Größe betätigt. Hierbei wird nach entsprechender Zwischenverstärkung ein Vorgang ausgelöst, welcher dem Unterschied entgegenwirken soll. Dadurch wird der Fehler bereits im Entstehen abgefangen, kann aber nicht vollständig zum Verschwinden gebracht werden, da ja die Korrekturgröße vom Fehler gesteuert wird; wäre kein Fehler vorhanden, so könnte keine Korrekturgröße erzeugt werden. Je wirksamer die Regelung ist, um so höher dürfen die ursprünglichen Abweichungen sein. Dabei ist es gleichgültig, ob es sich um Fehler durch nicht vorhersehbare Einwirkungen oder um zufällige Fehler durch ungenaue Herstellung der übertragenden Teile handelt.

Die einfache Programmsteuerung in der Regeltechnik entspricht der normalen Übertragung in der Nachrichtentechnik. Wenn bestimmte Signale eingegeben und so verstärkt werden, daß dadurch entsprechende Arbeitsabläufe sicher erzwungen werden, spricht man von Steuerung. Nicht vorhersehbare Umstände können dabei Fehler erzeugen. Erst bei der automatischen Regelung, die der Verstärkung mit Gegenkopplung entspricht, werden unvorhergesehene Einwirkungen ausgeglichen. Die Übertragung mit Gegenkopplung enthält eine Steuerung, die vom Fehler betätigt wird.

Bei einer Übertragung (mit oder ohne Gegenkopplung) wird im allgemeinen die Zusatzbedingung gestellt, daß der ausgelöste Vorgang (Wirkung) dem erzeugenden Vorgang (Ursache) möglichst ähnlich ist.

II. Physikalische Ursachen der Instabilität.

Bei der Übertragung und Steuerung mit Gegenkopplung soll stets der restliche Fehler möglichst klein gehalten werden. Man kann dies dadurch erreichen, daß die Verstärkung im Regelweg erhöht wird. Dann genügt ein kleinerer restlicher Fehler, um dieselbe Korrekturgröße zu erzeugen.

Dieser Maßnahme ist eine Grenze gesetzt. Die Korrektur erfolgt immer mit einer gewissen zeitlichen Verzögerung gegenüber dem Fehler, hört aber andererseits auch nicht sofort auf, wenn der auslösende Fehler verschwunden ist. Ist die Verstärkung zu hoch, so wird das Meßorgan nach Verschwinden des Fehlers erneut eine Differenz zwischen Soll- und Ist-Größe feststellen und eine Korrektur nach der anderen Richtung anfordern. Diese zweite Korrektur kommt ebenfalls wieder zu spät und löst eine neue noch stärkere Korrektur nach der ursprünglichen Richtung aus, usw. Eine hohe Übertragungs*geschwindigkeit* im Regelkreis scheint daher notwendig zu sein, um die Verstärkung erhöhen und die Regelschärfe verbessern zu können.

Man kann die Gegenkopplung in ihrer Arbeitsweise auch anders beschreiben: Es ist ein System vorhanden, in dem Energie umgesetzt wird. Wenn ein Zustand möglich ist, bei dem durch die Steuerung aus einer Energiequelle mehr Energie nachgeliefert wird, als insgesamt im Innern des Systems verbraucht und nach außen abgegeben wird, so ist das System nicht stabil.

Sind im passiven System keine Energieverbraucher vorhanden und wird keine Energie nach außen abgegeben, so bewirkt eine Rückkopplung über ein aktives Element stets Instabilität.

Diesen gleichen Zustand kann man mit etwas anderen Worten noch auf folgende beide Weisen beschreiben:

1. Wenn man mit Hilfe eines äußeren Generators in einem gegengekoppelten System Schwingungen aufrechterhält, so ist das System nur dann stabil, wenn bei allen Frequenzen eine Energiezufuhr aus dem Generator notwendig ist. Das ist nur dann der Fall, wenn *der komplexe Eingangswiderstand an einem beliebigen Punkt des Systems einen positiven Realteil hat.*

2. *Ein angeregtes System darf nach Abtrennung der Energiequelle nur abklingende Schwingungen (einschließlich der Frequenz 0) erzeugen.*

Um eine möglichst gute Ausregelung des Restfehlers zu erreichen, wird es darauf ankommen, den Spielraum bis zur Selbsterregungsgrenze möglichst gut zu verwerten. Die Stabilitätskriterien sollen also nicht etwa dazu dienen, um den Zustand der Selbsterregung an einer ausgeführten Einrichtung festzustellen — das könnte man einfacher erreichen —, sondern um die Stabilitätsgrenze mit sonstigen Eigenschaften in Beziehung zu bringen. Dadurch sollen Hinweise für die günstigste Bemessung aller Teile erhalten werden, die gerade innerhalb der Selbsterregungsgrenze möglich ist.

III. Anwendung instabiler Systeme.

Aktive Systeme, welche die Selbsterregungsgrenze überschritten haben, sind Generatoren. Für die Bemessung von Generatoren gilt ein entgegengesetzter Gesichtspunkt. Generatoren können niemals mehr als lineare Systeme angesehen werden, da die Amplitude der erzeugten Schwingung stets solange wächst, bis sie durch einen nichtlinearen Vorgang begrenzt wird.

Aus diesem Grunde ist ein schwingender Verstärker auch dann nicht brauchbar, wenn die sich erregende Frequenz außerhalb des Übertragungsbereiches liegt. Eine Ausnahme macht nur eine Schaltung, bei der der Rückkopplungskreis in periodischer Folge nur für eine begrenzte Zeit hergestellt wird (Pendelrückkopplung). Ein kurzes Signal, das zu Beginn des Arbeitstaktes auf den Verstärkereingang geschaltet wird, durchläuft den Kreis unaufhörlich so lange, wie er besteht. Man spart an Verstärkungsaufwand, da derselbe Verstärker mehrmals hintereinander benutzt wird. Das am Ausgang entnommene Signal ist das verstärkte Eingangssignal, sofern die Länge des Arbeitstaktes so bemessen ist, daß keine Übersteuerung eintritt. Allerdings wird bei diesem Verfahren der Verstärkerfehler nicht vermindert, sondern entsprechend der Zahl der Umläufe erhöht.

B. Mathematische Stabilitätsbedingungen.

I. Algebraische Stabilitätsbedingungen.

Aus den Abschnitten III, S. 8 und II 2, S. 70 entsteht zusammengefaßt folgender Satz:

Ein Übertragungssystem ist dann und nur dann instabil, wenn sein Übertragungsfaktor $w(p)$ Pole mit positivem Realteil enthält, oder, was dasselbe ist, wenn die im Nenner des Übertragungsfaktors stehende Hauptdeterminante Δ des Systems Nullstellen mit positivem Realteil enthält.

1. Prüfung durch Berechnung der Wurzeln.

Liegt Δ in formelmäßigem Ansatz als Funktion von p vor, so kann man natürlich durch Probieren oder auch durch ein planmäßiges Vorgehen alle Wurzeln bestimmen. Da eine Wurzel genügt, um den ganzen Ausdruck instabil zu machen, muß man bei einem Nennerpolynom n-ten Grades wirklich alle n Wurzeln bestimmen, wobei nur der Umstand eine Erleichterung bewirkt, daß bei einer bekannten Wurzel stets sofort auch die dazu konjugiert komplexe Wurzel angegeben werden kann. Das ist trotz allem eine erhebliche Mühe. Die Lösung bietet allerdings mehr als gefragt ist, nämlich die komplexen Eigenfrequenzen, während die Vorzeichen von deren Realteilen bereits eine ausreichende Antwort sein würden.

2. Das Hurwitzsche Kriterium.

Das Kriterium nach Hurwitz beschränkt sich auf die Beantwortung der gestellten Frage. Die Hauptdeterminante Δ habe die Form

$$\Delta(p) = \frac{c_0 + c_1 p + c_2 p^2 + \cdots + c_n p^n}{p^\beta}, \tag{1}$$

wobei es nur auf das Polynom über dem Bruchstrich ankommt. Die Koeffizienten $c_0, \ldots, c_n$ sind bei physikalisch realen Schaltungen sämtlich positiv.

Die HURWITZsche Bedingung für das Vorhandensein von positiven Realteilen der Wurzeln eines Polynoms mit positiven reellen Koeffizienten lautet, daß alle Hauptabschnittsdeterminanten

$$\boldsymbol{H} = \left|\begin{array}{c|c|c|c|c|cc} c_1 & c_3 & c_5 & c_7 & c_9 & \cdot & \cdot \\ c_0 & c_2 & c_4 & c_6 & c_8 & \cdot & \cdot \\ 0 & c_1 & c_3 & c_5 & c_7 & \cdot & \cdot \\ 0 & c_0 & c_2 & c_4 & c_6 & \cdot & \cdot \\ 0 & 0 & c_1 & c_3 & c_5 & \cdot & \cdot \\ 0 & 0 & c_0 & c_2 & c_4 & \cdot & \cdot \\ \cdot & \cdot & \cdot & \cdot & \cdot & & \\ \cdot & \cdot & \cdot & \cdot & \cdot & & \\ \cdot & \cdot & \cdot & \cdot & \cdot & & \end{array}\right| \tag{2}$$

positiv sein müssen, d. h. es muß sein:

$$c_1 > 0\,,$$
$$c_1 \cdot c_2 - c_0 \cdot c_3 > 0\,,$$
$$c_1 c_2 c_3 + c_0 c_1 c_5 - c_1^2 c_4 - c_0 c_3^2 > 0\,,$$
$$\cdot\;\cdot\;\cdot\;\cdot\;\cdot\;\cdot\;\cdot\;\cdot \qquad \text{usw.}$$

Beispiel. Die Stabilität der Schaltung in Abb. 54 ist zu untersuchen. Die in dem Netzwerk enthaltene Röhre erzeugt einen Strom, welcher zwangsläufig der Steuerspannung der Röhre proportional ist. Die passiven Elemente in der Röhre seien dem passiven Netzwerk hinzugerechnet worden.

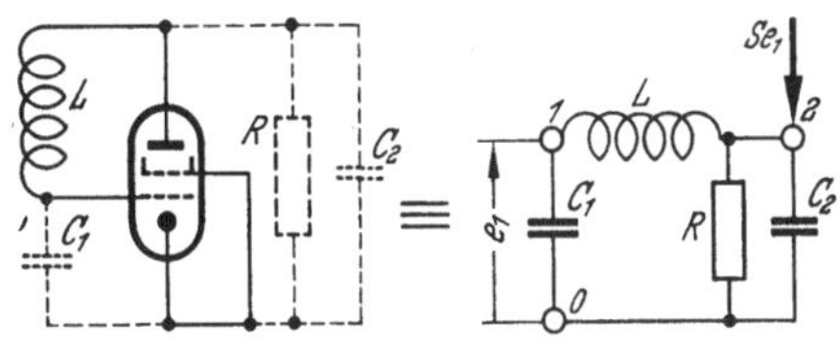

Abb. 54. Schaltung, deren Stabilität zu prüfen ist.

Der passive Anteil an der Schaltung hat die Leitwertmatrix

$$\left(\begin{array}{c|c} pC_1 + \dfrac{1}{pL} & -\dfrac{1}{pL} \\ \hline -\dfrac{1}{pL} & pC_2 + \dfrac{1}{R} + \dfrac{1}{pL} \end{array}\right), \tag{3a}$$

und der aktive Anteil der Röhre (S = Steilheit der Röhre) die Leitwertmatrix

$$\begin{pmatrix} 0 & 0 \\ S & 0 \end{pmatrix}. \tag{3b}$$

Das ganze Netzwerk entspricht der Summe der beiden Matrizen (3a) und (3b):

$$\boldsymbol{g} = \left(\begin{array}{c|c} pC_1 + \dfrac{1}{pL} & -\dfrac{1}{pL} \\ \hline S - \dfrac{1}{pL} & pC_2 + \dfrac{1}{R} + \dfrac{1}{pL} \end{array}\right). \tag{4}$$

Die Determinante $\Delta = g_{11} \cdot g_{22} - g_{12} \cdot g_{21}$ ist:

$$\Delta = \frac{1}{p} \cdot \Bigl(\underbrace{\frac{1}{L}\Bigl(S + \frac{1}{R}\Bigr)}_{c_0} + p \cdot \underbrace{\frac{C_1 + C_2}{L}}_{c_1} + p^2 \cdot \underbrace{\frac{C_1}{R_2}}_{c_2} + p^3 \cdot \underbrace{C_1 C_2}_{c_3}\Bigr). \tag{5}$$

Man erhält die HURWITZ-Determinante:

$$H = \begin{vmatrix} \frac{C_1 + C_2}{L} & C_1 \cdot c_2 & 0 \\ \frac{1}{L}\left(S + \frac{1}{R_2}\right) & \frac{C_1}{R_2} & 0 \\ 0 & \frac{C_1 + C_2}{L} & C_1 C_2 \end{vmatrix}, \tag{6}$$

deren Hauptabschnittsdeterminanten H_1, H_2, und H_3 sämtlich positiv sein müssen.

$$H_1 = \frac{C_1 + C_2}{L} > 0 \tag{7}$$

ist mit Sicherheit erfüllt.

Die Größe S, welche eine Instabilität bewirken kann, steckt in

$$H_2 = \begin{vmatrix} \frac{C_1 + C_2}{L} & C_1 C_2 \\ \frac{1}{L}\left(S + \frac{1}{R_2}\right) & \frac{C_1}{R_2} \end{vmatrix} = \frac{C_1}{L} \cdot \begin{vmatrix} C_1 + C_2 & C_2 \\ S + \frac{1}{R_2} & \frac{1}{R_2} \end{vmatrix} = \frac{C_1}{L} \cdot \begin{vmatrix} C_1 & C_2 \\ S & \frac{1}{R_2} \end{vmatrix} \tag{8}$$

während

$$H_3 = C_1 C_2 \cdot H_2 \tag{9}$$

dasselbe Vorzeichen wie H_2 besitzt.

Das Netzwerk wird also dann instabil, wenn H_2 negativ wird, also wenn

$$S > \frac{C_1}{C_2 R_2}. \tag{10}$$

Die Induktivität L ist demzufolge ohne Einfluß auf die Stabilität (wohl aber auf die sich gegebenenfalls erregende Frequenz).

Diese Methode der Stabilitätsprüfung ist nur dann möglich, wenn das Netzwerk als Matrix dargestellt vorliegt. Sie ist aber auch dann praktisch nur für einfache Fälle brauchbar, da die Ausrechnung der Determinante aus der Matrix und die nochmalige Bildung der HURWITZ-Determinante aus den Koeffizienten der entstehenden Gleichung rechnerisch sehr bald nicht mehr zu bewältigen ist. Zwar kann man Vereinfachungen vornehmen, indem man bei einem praktisch vorliegenden Fall die Koeffizienten der Gleichung in p numerisch bestimmt und nur diese in die HURWITZ-Determinante einsetzt. Dann geht aber die Übersicht über die Abhängigkeit der Stabilität von der Größe bestimmter Elemente der Schaltung verloren, welche in dem sehr einfachen Beispiel noch gezeigt werden konnte.

II. Funktionentheoretische Methoden.

1. Die Abbildung der rechten p-Ebene als Stabilitätskriterium.

Funktionentheoretisch betrachtet ist die Determinante Δ eine analytische Funktion von p. Man kann also die p-Ebene auf die Δ-Ebene konform abbilden. Wenn dabei dem Punkt $\Delta = 0$ Punkte entsprechen, welche in der rechten p-Halbebene, also im Bereich positiver Realteile liegen, so ist das Netzwerk nicht stabil. Man kann auch die Umkehrfunktion betrachten und die p-Ebene auf die

$\varDelta$-Ebene abbilden. Überdeckt hierbei das Bild der rechten p-Halbebene den Koordinatenschnittpunkt in der $\varDelta$-Ebene, so liegt Instabilität vor (s. Abb. 55).

Beispiel. Es werde die Determinante Gl. (5) als Abbildungsfunktion gewählt. Dabei sei:

$$C_1 = 100\,\text{pF},$$
$$C_2 = 400\,\text{pF},$$
$$S = 4{,}6\,\text{mA/V},$$
$$R_2 = 2500\,\text{Ohm},$$
$$L = 0{,}025\,\text{H}.$$

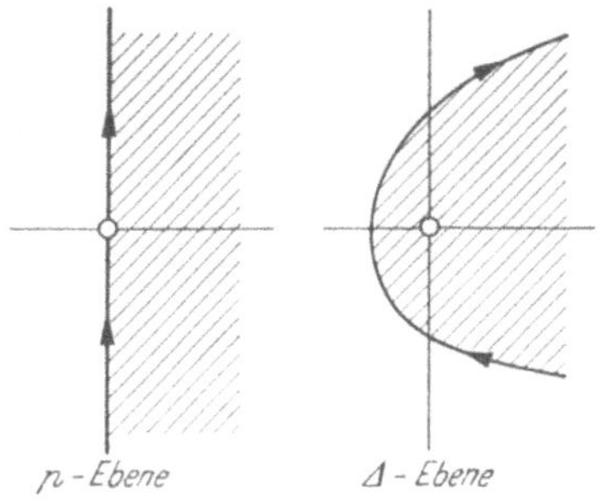

Abb. 55. Das Abbildungskriterium. Das Bild der rechten p-Halbebene auf der $\varDelta$-Ebene (schraffiert) darf den Nullpunkt nicht enthalten.

Mit Hilfe des HURWITZ-Kriteriums erweist sich diese Schaltung als nicht stabil. Es ist also zu erwarten, daß bei der konformen Abbildung der p-Ebene auf die $\varDelta$-Ebene der Koordinatenschnittpunkt innerhalb des Bildes der positiven Halbebene liegt. Die Koeffizienten der aus der Determinante berechneten Abbildungsfunktion Gl. (5) ergeben sich zu:

$$c_0 = 0{,}2\,\text{Ohm}^{-2}\cdot\text{sec}^{-1}, \qquad c_1 = 2\cdot 10^{-4}\,\text{Ohm}^{-2},$$
$$c_2 = 4\cdot 10^{-14}\,\text{Ohm}^{-2}\cdot\text{sec}, \qquad c_3 = 4\cdot 10^{-20}\,\text{Ohm}^{-2}\,\text{sec}^{-2}$$

Durch Wahl der für hohe Frequenzen angenehmeren Zeiteinheit Mikrosekunde und nach Multiplikation der ganzen Gleichung mit 5000 erhält man

$$5000\,\varDelta = \frac{10}{p} + 1 + 2p + 2p^2 \tag{11}$$

Die konforme Abbildung eines Ausschnittes aus der oberen (positiv imaginären) p-Halbebene auf die $\varDelta$-Ebene zeigt Abb. 56. (Die Abbildung der unteren p-Halbebene ist das Spiegelbild dazu mit der reellen $\varDelta$-Achse als Symmetrieachse.) Es fällt der Koordinatenschnittpunkt $\varDelta = 0$ tatsächlich auf einen Punkt $p = 0{,}5 + 1{,}5i$. Beim Einschalten einer solchen Schaltung wird daher eine Schwingung mit der Frequenz $\frac{1{,}5}{2\pi}$ MHz entstehen, deren Amplitude je Mikrosekunde um 0,5 Neper zunimmt. Man beachte, daß nicht nur der Punkt $p_1 = 0{,}5 + 1{,}5i$ bzw. $p_2 = 0{,}5 - 1{,}5i$ auf $\varDelta = 0$ abgebildet wird, sondern daß noch eine dritte Wurzel vorhanden ist, welche der linken p-Halbebene angehört. Dies ist der Punkt $p_3 = -2$, wie man leicht durch Ausführen der Division $\varDelta : (p - p_1)\,(p - p_2)$ bestätigt. Wenn die Gleichspannung, mit der die Schaltung arbeitet, aus irgendeinem Grunde von ihrem

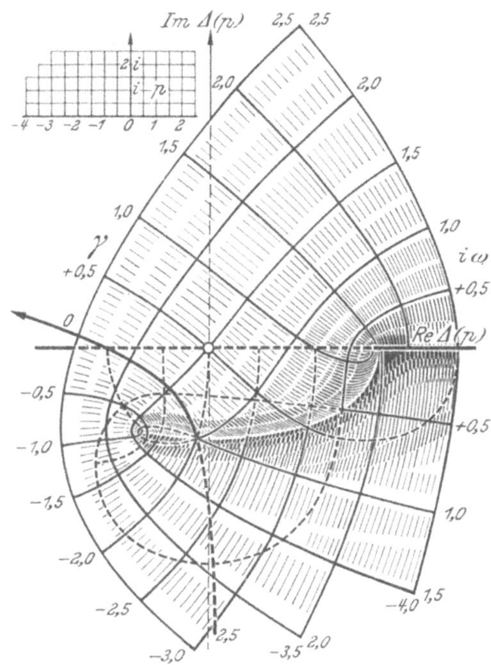

Abb. 56. Die Abbildung eines Ausschnittes der oberen p-Halbebene (s. Nebenfigur) auf die $\varDelta$-Ebene (Instabilität).

Ruhewert abweicht, so bewirkt die Rückkopplung eine Rückkehr, wobei die Differenz sich mit einer Geschwindigkeit von 2 Neper/Mikrosekunden verringert. Die Schaltung wirkt also nicht nur als Oszillator, sondern stabilisiert auch die Betriebsspannung.

Wesentlich für das Eintreten der Instabilität ist nur die Tatsache, daß das Bild der rechten p-Halbebene den Punkt $\Delta = 0$ überdeckt. Sie wird nicht wieder dadurch aufgehoben, daß etwa auch ein Punkt der linken p-Halbebene den kritischen Punkt mit einem zweiten Blatt der Abbildung überdeckt.

2. Die Abbildung der $i\omega$-Achse als Instabilitätskriterium.

Die $i\omega$-Achse ist die Grenze zwischen dem Gebiet der p-Ebene, auf dem die Nullstellen der Hauptdeterminante liegen dürfen, und dem Gebiet, auf dem sie nicht liegen dürfen. Durchläuft man die $i\omega$-Achse in Richtung wachsender Frequenzen, so liegt das für den Nullpunkt verbotene Gebiet zur rechten Hand des in Fahrtrichtung blickenden Beobachters.

Nach der Abbildung der p-Ebene auf die Δ-Ebene bleibt nach einem Satz der Funktionentheorie die räumliche Orientierung des verbotenen Gebietes zur Grenzlinie bestehen. Das Bild der $i\omega$-Achse ist diejenige Kurve, welche $\Delta(i\omega)$ für wachsende Werte von $i\omega$ beschreibt. Durchläuft diese Kurve einen *geschlossenen* Weg (ein Weg, welcher aus dem Unendlichen ins Unendliche führt, gilt dabei im Sinne der Funktionentheorie auch als ein geschlossener Weg), und zwar so, daß der kritische Punkt $\Delta = 0$ bei wachsenden Frequenzen zur Rechten dieses Weges liegt, so wird das Bild der rechten p-Halbebene notwendig den Nullpunkt der Δ-Ebene überdecken müssen. *Eine Schaltung mit einer solchen Hauptdeterminante ist nicht stabil.*

Der umgekehrte Schluß ist dagegen nicht zulässig: Eine geschlossene $\Delta(i\omega)$-Kurve, welche den Nullpunkt positiv (also entgegen dem Uhrzeigersinn) umschlingt, bedeutet zwar, daß der Nullpunkt von dem Bild der linken p-Halbebene überdeckt wird, schließt aber nicht aus, daß er auch noch von einem Bild der rechten p-Halbebene erreicht wird. Es kann sich nämlich außerhalb der Abgrenzung in dem Bild der rechten p-Halbebene eine Verzweigung bilden, so daß ein zweites Blatt, welches ebenfalls ein Bild der rechten p-Halbebene ist, gewissermaßen auf Umwegen doch noch den Nullpunkt erreicht und überdeckt (RIEMANNsche Fläche).

Die konforme Abbildung der p-Ebene gem. Abb. 56, welche zu dem gerechneten Beispiel gehört, zeigt einen ähnlichen Fall. Dort schließt die Ortskurve scheinbar durch ihren Verlauf das Bild der linken p-Halbebene gegen den Nullpunkt ab. Trotzdem wird der Nullpunkt von einem Bild der linken p-Halbebene überdeckt, weil innerhalb derselben eine Verzweigung stattfindet. Es ist zu erwarten, daß eine solche Verzweigung auch auf der anderen Seite der Ortskurve geschehen kann. Mit der gebotenen Vorsicht kann man zunächst nur sagen: *Die $\Delta(i\omega)$-Kurve der Hauptdeterminanten ist nur ein Instabilitätskriterium.* Es fehlt noch eine Untersuchung darüber, ob und wann ein Netzwerk, dessen Instabilität auf diese Weise nicht nachgewiesen wurde, trotzdem stabil ist.

3. Ortskurven, Nullstellen und Pole.

Den Ortskurvensatz nach Abschnitt III 2e, S. 29 kann man für eine gebrochen rationale Funktion $w(p)$ auf die *endlichen* Nullstellen und Pole umformen:

$$\frac{1}{2\pi i}\oint \frac{d \ln w(p)}{dp}\, dp = \frac{1}{2\pi i}\oint \frac{d\varphi(p)}{dp} = -\left(N_{(+)} - P_{(+)}\right). \tag{12}$$

Hierbei bedeuten $N_{(+)}$ und $P_{(+)}$ die *Anzahl* der *endlichen* Nullstellen und Pole in der rechten p-Halbebene, $N_{(-)}$ und $N_{(+)}$ die Anzahl der *endlichen* Nullstellen und Pole in der linken p-Halbebene einschließlich der $i\omega$-Achse. Ferner ist

$$\frac{1}{2\pi i}\oint\limits_{(R)}\frac{d\ln w(p)}{dp}\,dp = N_{(+)} + N_{(-)} - (P_{(+)} + P_{(-)}) \tag{13}$$

sowohl das Integral entlang eines sehr großen Radius als auch ein negativer Umlauf um den Punkt ∞. Daher ist in Gl. (12) das Integral auf dem Halbkreis in der rechten p-Halbebene

$$\frac{1}{2\pi i}\int\frac{d\ln w(p)}{dp}\,dp = -\frac{1}{2}N_{(+)} + N_{(-)} - (P_{(+)} + P_{(-)}). \tag{14}$$

Damit verbleibt in Gl. (12) nach Abzug des Halbkreises in Gl. (14) die Umlaufzahl

$$\frac{1}{2\pi}\int\limits_{c-i\infty}^{c+i\infty}\frac{d\varphi(p)}{dp}\,dp = U[w(i\omega)] = \frac{1}{2}(P_{(+)} - N_{(+)}) - \frac{1}{2}(P_{(-)} - N_{(-)}). \tag{15}$$

Die Summe aller Winkeländerungen, die eine Ortskurve einer gebrochen rationellen Funktion im positiven Sinne beim Durchlaufen der imaginären Achse um den Nullpunkt des Koordinatensystems ausführt, beträgt das π-fache des Unterschiedes der im Endlichen belegenen Pole und Nullstellen, in der rechten p-Halbebene, vermindert um die entsprechende Differenz der übrigen Pole und Nullstellen.

Dieses Ergebnis war zu erwarten, wenn man an die in II 2, S. 7 beschriebene Konstruktion des Phasenwinkels denkt. Durchläuft der gewählte Aufpunkt die imaginäre Achse von $-i\infty$ bis $+i\infty$ (s. Abb. 57), so dreht sich dabei ein von einem endlichen Nullpunkt in der linken p-Halbebene zum laufenden Punkt gezogener Strahl um den Winkel π in positiver Richtung. Betrachtet man auch die übrigen endlichen Nullstellen und Pole, so wird Gl. (15) bestätigt.

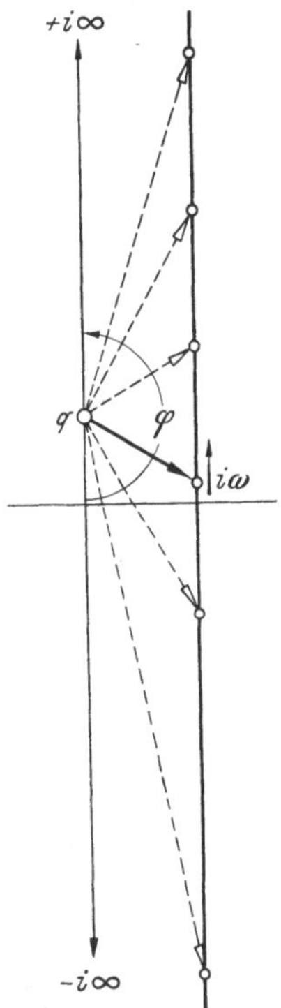

Abb. 57. Drehende Wirkung einer Nullstelle oder eines Poles auf die Ortskurve. Der laufende Punkt wird von $-i\infty$ bis $+i\infty$ geändert. Der Fahrstrahl ändert dabei seine Richtung um 180°.

Wendet man diesen modifizierten Ortskurvensatz auf die Determinante $\Delta(p)$ nach Gl. (1) an, welche keine endlichen Pole besitzt, so ist die Anzahl der positiven Umläufe

$$U[\Delta(i\omega)] = -\frac{1}{2}(N_{(+)} - N_{(-)}). \tag{16}$$

Ein negativer Halbumlauf bedeutet, daß mit Sicherheit eine Nullstelle in der rechten p-Halbebene vorhanden ist, keine Umläufe oder positive Umläufe bedeuten dagegen nicht, daß keine Nullstellen in der rechten p-Halbebene existieren, da die negativen Umläufe durch eine gleiche oder größere Anzahl von Nullstellen in der linken p-Halbebene verhindert sein können.

Man weiß von einer Determinante ferner, daß die Gesamtzahl der endlichen Nullstellen gleich dem Grade n des Polynoms ist. Subtrahiert man von (16)

$$\frac{n}{2} = \frac{1}{2}(N_{(+)} + N_{(-)}), \tag{17}$$

so entsteht

$$U[\Delta(i\omega)] = -\left(N_{(+)} + \frac{n}{2}\right). \tag{18}$$

Damit entsteht folgender Satz:

Die Hauptdeterminante eines aktiven Systems, in Abhängigkeit von der Frequenz in eine komplexe Ebene eingetragen, kann nur Umläufe in negativer Richtung um den Nullpunkt ausführen. Die Anzahl der Umläufe ist bei einem stabilen System gleich und bei einem instabilen System größer als die Hälfte des Grades des in der Determinante enthaltenen Polynoms.

Bei Anwendung des Ortskurvensatzes nach Gl. (15) auf einen Übertragungsfaktor kann man davon ausgehen, daß die Gesamtzahl seiner endlichen Pole größer ist als die Gesamtzahl der endlichen Nullstellen, damit $\lim_{p\to\infty} w(p) = 0$ wird, wie es den praktischen Erfahrungen entspricht. Deshalb ist bei $w(p)$:

$$\frac{1}{2}(P_{(+)} + P_{(-)}) - \frac{1}{2}(N_{(+)} + N_{(-)}) = 0. \qquad (19)$$

Addiert man dies zu Gl. (15), so erhält man mit:

$$U\,[w(i\omega)] \geqq P_{(+)} - N_{(+)} \qquad (20)$$

den Satz:

Die Ortskurve eines stabilen Übertragungsfaktors kann niemals negative Umläufe um den Nullpunkt ausführen.

C. Umformung der mathematischen Kriterien von Determinanten auf Übertragungsfaktoren.

I. Meßmöglichkeiten an aktiven Systemen.

Die bisherigen Überlegungen zur Stabilität einer Schaltung haben folgende beiden wesentlichen Mängel:

1. Die Stabilität wird mit dem Verhalten der Hauptdeterminante einer Schaltung in Zusammenhang gebracht. Dies ist ein arithmetischer Begriff, welcher zwar die Eigenschaften aller wirksamen Elemente der Schaltung in sich schließt, dem jedoch keine physikalische Eigenschaft der Schaltung gegenübersteht. Man kann die Hauptdeterminante nicht messen, sondern nur ihre Elemente, und muß die Hauptdeterminante mühsam daraus ausrechnen. Das ist bei mehr als 4 bis 5 Knoten eine praktisch schwer durchführbare Arbeit. Außerdem geht der anschauliche Zusammenhang mit den meßbaren Eigenschaften der Schaltung verloren.

2. Die Instabilität kann bekanntlich weit außerhalb des Übertragungsbereiches eintreten, wo die Vernachlässigung der Laufzeiten, welche durch die räumliche Ausdehnung der Schaltung verursacht werden, möglicherweise nicht mehr zulässig zu sein braucht. Die Elemente in der Matrix werden aber im Zweiten Kapitel auf Grund der Annahme bestimmt, daß sie für Schaltelemente mit räumlich konzentrierten Eigenschaften stehen.

Messen kann man an einem System nur Übertragungsfaktoren, wobei Widerstände und Leitwerte als Spezialfälle von Übertragungsfaktoren anzusehen sind. Außerdem kann man nur an stabilen Systemen messen, weil instabile Systeme praktisch nie als linear angesehen werden können.

Wenn ein System instabil ist, setzt die Messung an einem System einen Eingriff voraus, der die Stabilität erzwingt.

Der einfachste derartige Eingriff ist die Parallelschaltung eines Widerstandes an dem Klemmenpaar, an dem ein Eingangswiderstand gemessen werden soll. *Wenn die Schwingungen durch die Parallelschaltung abreißen*, und nur dann, kann man die Summe beider Leitwerte bestimmen und den Parallelleitwert vom Ergebnis abziehen. Diese Maßnahme ist aber nur in einem Teil aller Fälle erfolgreich. Ein anderer stets erfolgreicher, aber auch sehr schwerwiegender Eingriff ist das Auftrennen des jeweiligen Rückkopplungskreises.

Diese möglichen Messungen sollen durch die anschließenden Überlegungen mit den bisherigen mathematischen Betrachtungen der Stabilität in Verbindung gebracht werden.

II. Das Stabilitätskriterium bei einfacher Gegenkopplung.

Die Hauptmatrix (Δ) eines Übertragungssystems enthalte im Element r_1; s_1 ein aktives Schalt-Element S_1, entspreche also dem Schema:

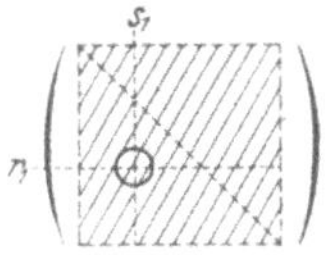

(21)

Wenn hieraus die Determinante Δ errechnet werden soll, so erhält man unter Benutzung einer einfachen Zerlegung:

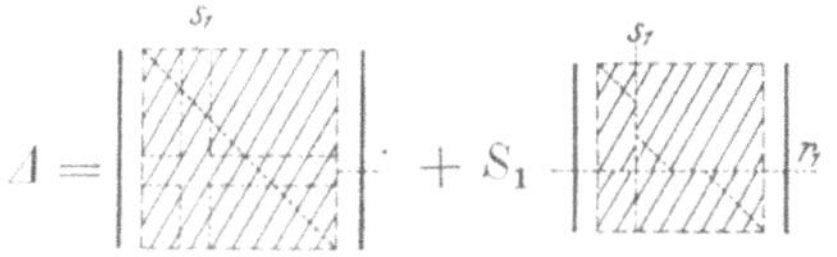

$$\Delta = \left| \ldots \right| + S_1 \left| \ldots \right| \qquad (22a)$$

Bezeichnet man mit $\Delta_{r_1 s_1}$ diejenige Determinante, die aus der Matrix (Δ) nach Streichen der Reihe s_1 und der Spalte r_1 gewonnen wurde, und kennzeichnet man ferner diejenige Determinante, welche aus der Matrix (Δ) nach vorherigem Entfernen des aktiven Elementes S gewonnen wurde, mit Δ', so kann man das Schema (22a) in die Formel

$$\Delta = \Delta' + S_1 \Delta'_{r_1 s_1} \qquad (22b)$$

übersetzen. Bei $\Delta_{r_1 s_1}$ ist ebenfalls (überflüssigerweise) ein Kennzeichen hinzugefügt worden, daß durch das Streichen der Zeile und Spalte das im Schnittpunkt beider befindliche aktive Element mit entfernt wurde. Auf der rechten Seite von (22a) befinden sich also nur noch Determinanten von passiven Netzwerken. Dividiert man (22b) durch Δ', so entsteht

$$\frac{\Delta}{\Delta'} = 1 + S_1 \cdot \frac{\Delta'_{r_1 s_1}}{\Delta'}. \qquad (23)$$

In Abb. 58 stellt a das zur Hauptdeterminante Δ gehörige Netzwerk dar, bei dem die Röhre S_1 eine ideale Röhre sei, deren passiven Elemente durch C_{ak}, C_{gk}, C_{ak} und R_i ersetzt sind. Entfernt

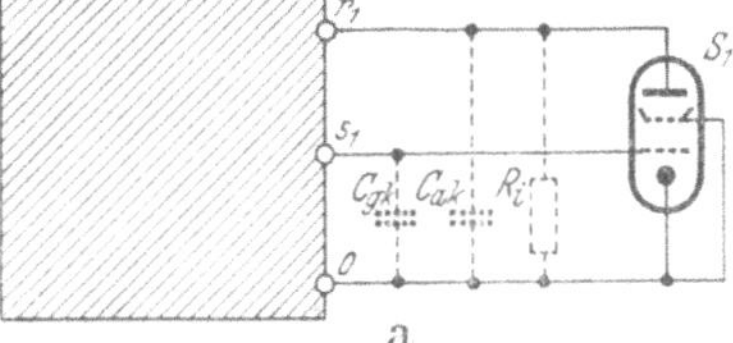

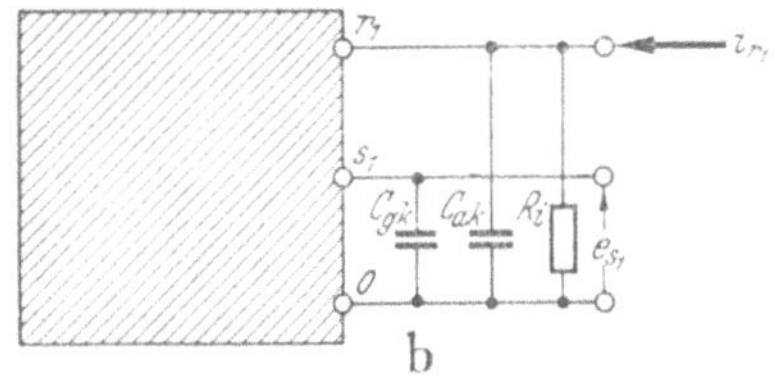

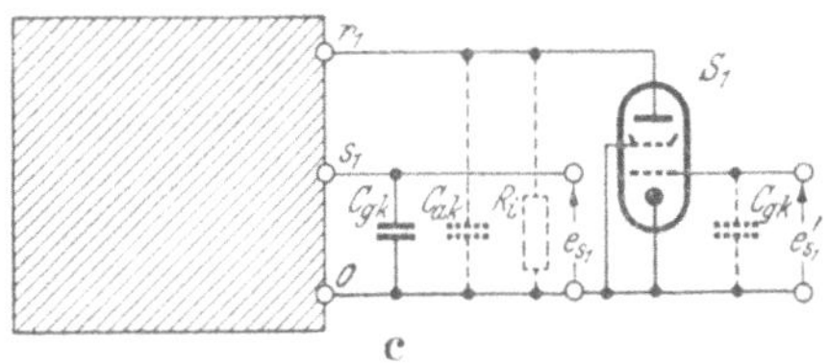

Abb. 58. Bestimmung des Übertragungsfaktors, welcher zu dem gesuchten Determinantenverhältnis Δ/Δ' gehört.

man S_1, so müssen diese passiven Elemente künstlich ersetzt werden (*b*). Der Strom i_{r_1} kann entsprechend

$$i_{r_1} = -S_1 \cdot e'_{s_1} \tag{24}$$

mit Hilfe der Röhre S_1 und einer von einem Generator am Gitter gelieferten Spannung e'_{s_1} erzeugt gedacht werden (*c*). Es ist also $-S_1 \cdot \frac{\Delta'_{r_1 s_1}}{\Delta'}$ der Verstärkungsfaktor μ_{kr} des über die Röhre S_1 führenden aufgetrennten und an der Trennstelle richtig abgeschlossenen Kreisverstärkers:

$$\mu_{kr} = -S_1 \cdot \frac{\Delta'_{r_1 s_1}}{\Delta'} . \tag{25}$$

Es ist Δ' die Hauptdeterminante eines passiven Systems, hat also nur Wurzeln in der linken p-Halbebene. Außerdem sind Δ und Δ' von gleichem Grad. Für den Quotienten Δ/Δ' sind daher die Pole und Nullstellen im Endlichen:

$$P_{(+)} = 0 , \qquad P_{(-)} = n \quad (= \text{die Nullstellen von } \Delta')$$

$$N_{(+)} + N_{(-)} = n . \tag{26}$$

Setzt man Gl. (26) in Gl. (15) ein, so entsteht die Umlaufzahl

$$U\left[\frac{\Delta}{\Delta'}\right] = -N_{(+)} . \tag{27}$$

Das aktive System ist also dann und nur dann stabil, wenn die Ortskurve von Δ/Δ' keine negativen Umläufe um den Nullpunkt ausführt. Wie man aus Gl. (23) und Gl. (25) erkennt, kann man diese Ortskurve messen, sie ist nämlich identisch mit der Ortskurve von μ_{kr} um den Punkt $+1$. Daher entsteht das Stabilitätskriterium nach Nyquist für den einfach gegengekoppelten Verstärker:

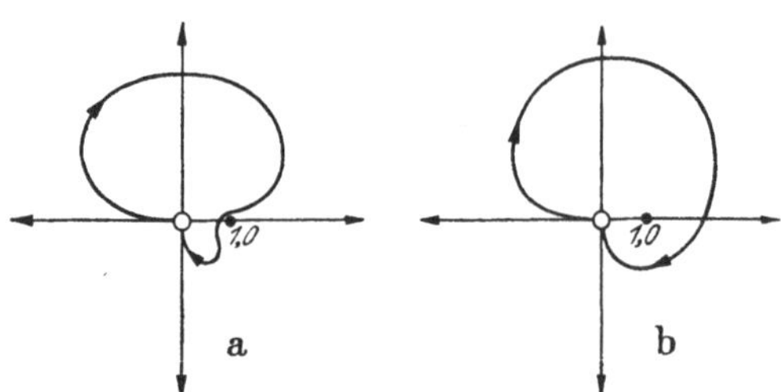

Abb. 59. Ortskurvenbedingung für die Stabilität nach H. Nyquist. a): stabil; b): instabil.

Ein einfach gegengekoppelter Verstärker ist dann und nur dann stabil, wenn die Ortskurve des Kreisverstärkungsfaktors den kritischen Punkt $+1$ nicht umschlingt (s. Abb. 59: *a* stabil, *b* nicht stabil).

Man kann dieses Kriterium noch mit folgendem Zusatz versehen: *Die kritische Ortskurve kann den kritischen Punkt niemals positiv umschlingen,* denn in diesem Fall müßte der *aufgetrennte* Kreis instabil sein, was wiederum nicht möglich ist, da der einzig vorhandene Gegenkopplungskreis unterbrochen ist.

Diese Überlegungen gelten auch für einen mehrstufigen Verstärker, der vom Ausgang der letzten bis zum Eingang der ersten Stufe gegengekoppelt ist. Man kann das Ergebnis der bisherigen Überlegungen auf diesen Fall leicht dadurch erweitern, daß man unter S_1 nicht die Steilheit einer Röhre, sondern die Steilheit der letzten Röhre multipliziert mit der Verstärkung der Vorröhren einschließlich der Kopplungsnetzwerke versteht.

Diese Ableitung gilt auch für den Spezialfall mehrfacher Gegenkopplung, bei dem die Auftrennung je eines Gegenkopplungskreises (nach ordnungsgemäßem Abschluß der durch die Trennung entstandenen freien Verbindungsdrähte) wieder auf eine *stabile* Gegenkopplungsschaltung führt. Es wurde nämlich bei der Entwicklung in Gl. (26) nur verlangt, daß nach Auftrennung des Gegenkopplungskreises ein System übrigbleibt, bei dem $P_{(+)} = 0$.

Gemessen wird diese Ortskurve von μ_{kr} in der Weise, daß der über die Röhre mit dem aktiven Element S_1 führende Kreis an einer beliebigen Stelle unterbrochen wird und an der Trennstelle der Übertragungsfaktor des durch den Schnitt entstandenen Vierpoles mit dem Generatorwiderstand und dem Abschlußwiderstand aufgenommen wird, welche ja gleich den an dem jeweiligen anderen Klemmenpaar erscheinenden abgetrennten Widerständen sind.

Eine ganz entsprechende Messung kann man bei mehrfacher Gegenkopplung anschließend an dem System mit der Hauptdeterminante Δ' wiederholen. Dies unterscheidet sich gegenüber dem vorhergehenden System dadurch, daß das aktive Element S_1 entfernt worden ist. Hierbei kann man den über S_2 führenden Kreis in derselben Weise unterbrechen und erhält durch Aufnahme der entsprechenden Ortskurve μ_{kr_2} usw., bis man zum Schluß nur noch das passive System übrig behält.

Bei komplizierteren Ortskurven kann eine Entscheidung darüber schwierig werden, ob der kritische Punkt umschlossen ist oder nicht. Hierfür gilt folgendes Kriterium (s. Abb. 60):

Vom kritischen Punkt wird zu einem laufenden Punkt auf der Ortskurve ein Strahl gezogen. Der kritische Punkt ist dann soviel mal umschlungen, als die Summe φ aller Winkeländerungen des Strahles, ausgedrückt in Vielfachen von 2π, dann beträgt, wenn der laufende Punkt die Ortskurve in Richtung wachsender Frequenzen einmal ganz durchläuft.

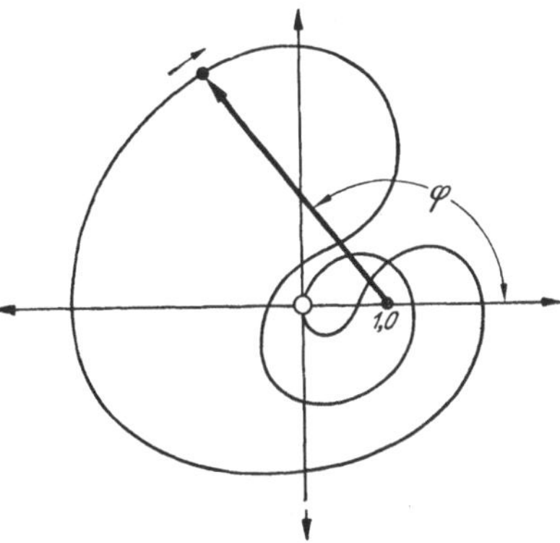

Abb. 60. Feststellung der Umlaufzahl. Der kritische Punkt 1; 0 ist von der Ortskurve dann nicht umschlungen, wenn die Summe aller Winkeländerungen des Fahrstrahles 0 ist. Die gezeichnete Kurve umschließt den kritischen Punkt nicht.

III. Das allgemeine Ortskurvenkriterium.

Der im letzten Abschnitt mit aufgeführte Spezialfall mehrfacher Gegenkopplung ist nicht die einzige Möglichkeit, um ein stabiles System zu schaffen. Um dies einzusehen, sei in Gl. (23) angenommen, daß Δ die Hauptdeterminante eines nicht stabilen Systems sei. Ferner seien die endlichen Nullstellen von Δ', Δ'' usw. mit $N'_{(+)}$, $N'_{(-)}$, $N''_{(+)}$, $N''_{(-)}$ usw. bezeichnet. Die *Anzahl* der positiven Umläufe sei beim ersten geöffneten Gegenkopplungskreis mit U, beim folgenden mit U' bezeichnet. Dann gilt:

$$\begin{aligned} U\left[\frac{\Delta}{\Delta'}\right] &= -\frac{1}{2}\left(N_{(+)} - N_{(-)} - (N'_{(+)} - N'_{(-)})\right) \\ U'\left[\frac{\Delta'}{\Delta''}\right] &= -\frac{1}{2}\left(N'_{(+)} - N'_{(-)} - (N''_{(+)} - N''_{(-)})\right) \\ &\quad \cdot \qquad \cdot \qquad \cdot \qquad \cdot \qquad \cdot \\ &\quad \cdot \qquad \cdot \qquad \cdot \qquad \cdot \qquad \cdot \\ &\quad \cdot \qquad \cdot \qquad \cdot \qquad \cdot \qquad \cdot \\ U^{N-1}\left[\frac{\Delta^{N-1}}{\Delta^{N}}\right] &= -\frac{1}{2}\left(N_{(+)}^{N-1} - N_{(-)}^{N-1} - (N_{(+)}^{N} - N_{(-)}^{N})\right). \end{aligned} \tag{28}$$

Mit dieser Entwicklung ist ein schrittweiser Abbau des ursprünglichen Systems auf ein passives System verbunden. Anstatt Gl. (26) heißt es jetzt:

$$\left.\begin{aligned} N_{(+)}^{N} = 0; \qquad N_{(-)}^{N} = n \\ N_{(+)}^{N-1} + N_{(-)}^{N-1} = N_{(+)}^{N-2} + N_{(-)}^{N-2} = \cdots = N_{(+)} + N_{(-)} = n\,. \end{aligned}\right\} \tag{29}$$

Nach Addieren der Gln. (28) entsteht unter Berücksichtigung von Gl. (29)

$$\sum_{x=0}^{N-1} U^x = -N_{(+)}\,. \tag{30}$$

Die rechnerische Entwicklung werde noch einmal durch die entsprechenden technischen Maßnahmen beschrieben:

Es sei eine mehrstufige Verstärkerschaltung mit mehreren Gegenkopplungswegen vorhanden. Es werden der Reihe nach alle Gegenkopplungswege aufgetrennt und an der Trennstelle jeweils ordnungsgemäß abgeschlossen. Bestimmt man an jeder Trennstelle die Anzahl der Umläufe um den kritischen Punkt (wobei negative Umläufe negativ gezählt werden), so ist das System dann und nur dann stabil, wenn die Summe aller Umläufe Null ist.

Zusatz: *Die Summe aller Umläufe kann nach Gl. (30) niemals positiv werden.*

Dieser Satz wurde zuerst von H. W. Bode abgeleitet. Die mathematische Formulierung im Original wurde hier nur durch eine technischere Fassung ersetzt.

An dem allgemeinen Stabilitätskriterium ist bemerkenswert, daß die einzelnen Ortskurven nicht sämtlich praktisch gemessen werden können, weil man an einem unstabilen System nicht messen kann. Es wird jedoch verlangt, daß die Instabilität von einer Art sei, daß dabei nicht ein beliebiger instabiler Verlauf der Ortskurve entsteht, sondern daß dabei der *kritische Punkt* $+1; 0$ negativ umschlungen wird. Dann und nur dann kann eine solche Instabilität durch eine weitere Gegenkopplung wieder aufgehoben werden.

Verstärker dieser Art sind denkbar. Es kann z. B. die hohe Verstärkungsreserve nach Auftrennen des Gegenkopplungskreises über eine andere Kopplung (gemeinsame Stromversorgung) eine Selbsterregung eintreten lassen.

Bei Verstärkern mit Bode-Stabilität hängt die kritische Verstärkung nicht von dem Produkt der Verstärkung aller Röhren, sondern von jeder Röhre einzeln ab. Immer dann, wenn durch die Änderung der Verstärkung einer Röhre eine Ortskurve über den kritischen Punkt hinwegwandert, tritt ein Wechsel von Stabilität zu Instabilität oder umgekehrt ein.

Wenn rückschauend noch einmal die Frage gestellt wird, wann das einfachere Kriterium nach Nyquist gilt, so kann man das folgendermaßen ausdrücken:

Das Stabilitätskriterium nach Nyquist gilt immer dann, wenn man es durch eine praktische Messung bestätigen könnte.

D. Ableitung des Stabilitätskriteriums nach Nyquist unter allgemeinen Voraussetzungen.

I. Der Mangel in der ersten Ableitung.

Die im letzten Paragraphen vorgeführte Ableitung des Stabilitätskriteriums nach Nyquist ist zwar einfach, aber nicht hieb- und stichfest. Es sind auch bei dieser Ableitung dieselben Voraussetzungen beibehalten worden wie bei den vorangegangenen Betrachtungen: Elemente mit konzentrierten Eigenschaften und daher Vernachlässigung der räumlichen Ausdehnung des Systems und der damit verbundenen Laufzeiten. Diese Vereinfachung ist zwar bei der Betrachtung von Übertragungseigenschaften zulässig, bei denen andere als die im Vorgang enthaltenen Frequenzen uninteressant sind. Dieser Fall liegt aber bei den Stabilitätskriterien gerade nicht vor. Wie die einleitenden Plausibilitätsbetrachtungen in diesem Kapitel zeigen, spielt die Laufzeit eine beachtliche Rolle bei der Erzeugung eines instabilen Zustandes. Kann sich nicht deshalb gerade eine Frequenz erregen, bei der diese Laufzeit eben nicht mehr vernachlässigt werden kann?

Man kann zwar zur Beruhigung darauf verweisen, daß die bisherige Ableitung ausdrücklich solche Allpässe berücksichtigt, die auf Nullstellen und Polen im Endlichen beruhe und daß die Laufzeiten infolge der räumlichen Ausdehnung auf Nullstellen und Polen im Unendlichen beruht, die bei der Ableitung nicht vernachlässigt, sondern eliminiert wurden. Es ist aber immer eine unglückliche Sache, wenn in dem entscheidend wichtigen Punkt, der Stabilität, noch die Möglichkeit eines Zweifels bestehenbleibt.

II. Die neuen Voraussetzungen.

Die nun folgende Ableitung hält sich sehr eng an die Originalarbeit von H. NYQUIST. Bei einem stabilen Verstärker werden Eingang und Ausgang miteinander verbunden; es soll untersucht werden, unter welchen Voraussetzungen eine Selbsterregung nicht eintritt.

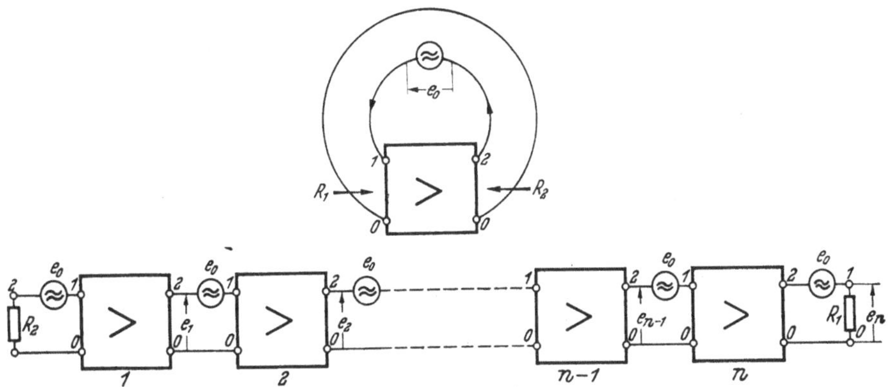

Abb. 61. Ersatz des Gegenkopplungskreises durch eine unendlich lange Kettenschaltung ($n \rightarrow$).

Der Verstärker habe einen Übertragungsfaktor $w(p)$, wenn der Quellwiderstand des Generators gleich dem Ausgangswiderstand des Verstärkers und der Belastungswiderstand gleich dem Eingangswiderstand des Verstärkers gewählt wird.

Schaltet man die Ursache $F_1(t)$ in die Verbindung zwischen Eingang und Ausgang, so stellt sich am Ausgang des Verstärkers, wenn dieser dabei stabil bleibt, eine endliche Wirkung $F_2(t)$ ein. Ist die Anordnung nicht stabil, so strebt die Wirkung gegen ∞, wenn der Verstärker bis zu unbegrenzt hohen Amplituden als linear angesehen wird. Instabilität liegt also vor, wenn

$$\lim_{t \to \infty} F_2(t) \to \infty \,. \tag{31}$$

Ein Vorgang $F_1(t)$ mit der $\mathfrak{L}$-Transformierten $f_1(p)$ ergibt am Ausgang des Verstärkers, wenn der Kreis offen und richtig abgeschlossen ist,

$$f_2'(p) = f_1(p) \cdot w(p) \,. \tag{32}$$

Ist der Verstärker zu einem Kreis geschlossen, so überlagert sich am gemeinsamen Klemmenpaar des Einganges und des Ausganges der übertragene Vorgang dem ursprünglichen. Auch dieser zusätzliche Vorgang wird mit übertragen, überlagert sich wieder usf. Dadurch entsteht schließlich (s. Abb. 61)

$$f_2(p) = f_1(p) \cdot \lim_{n \to \infty} \left(1 + w(p) + w^2(p) + \cdots + w^n(p)\right) . \tag{33}$$

Wählt man zur zulässigen Vereinfachung $f_1(p) = 1$, so ist die Transformierte $d_2(p)$ der Wirkung $D_2(t)$ auf den DIRAC-Stoß:

$$d_2(p) = \lim_{n\to\infty} (1 + w(p) + w^2(p) + \cdots + w^n(p)). \tag{34}$$

Man könnte nun versucht sein, die Stabilität mit der Konvergenz der Potenzreihe auf der rechten Seite von Gl. (34) in Zusammenhang zu bringen. Das ist aber falsch, denn dann könnte Stabilität nur dann eintreten, wenn $|w(p)| < 1$.

Das widerspricht mindestens der Erfahrung, denn dann könnte man durch Gegenkopplung höchstens eine Verbesserung um den Faktor 2 erreichen. Andererseits ist auch nicht einzusehen, warum bereits von Beginn ab mit einem unendlich hohen n gerechnet werden muß, weil erst eine Zeit vergehen muß, in der der Verstärker unendlich häufig durchlaufen ist. Es darf daher n höchstens gleichzeitig mit t gegen unendlich gehen, niemals vorher. Für ein endliches n kann man mit der Summenformel

$$s_n(p) = 1 + w(p) + w^2(p) + \cdots + w^n(p) = \frac{1 - w^{n+1}(p)}{1 - w(p)} \tag{35}$$

schreiben und erhält

$$D_2(t) = \lim_{n\to\infty} \mathfrak{L}^{-1}\{s_n(p)\}. \tag{36}$$

III. Die Ableitung nach NYQUIST.

Wenn man das Verfahren von H. NYQUIST in seiner Arbeit in der Sprache der $\mathfrak{L}$-Transformation beschreibt, so geht er folgendermaßen vor: Er zerlegt $s_n(p)$:

$$s_n(p) = q_0(p) - q_n(p), \tag{37a}$$

wobei

$$q_0(p) = \frac{1}{1 - w(p)}, \tag{37b}$$

$$q_n(p) = q_0(p) \cdot w^{n+1}(p). \tag{37c}$$

Unabhängig von n ist

$$Q_0(t) = \mathfrak{L}^{-1}\{q_0(p)\}. \tag{38}$$

Ferner geht H. NYQUIST davon aus, daß

$$\lim_{n\to\infty} W_{n+1}(t) \to 0 \tag{39}$$

strebt.

Dieser Grenzwert ist interessanterweise die Wirkung auf den DIRAC-Stoß bei unendlich vielen hintereinandergeschalteten Verstärkern.

Zwar wird der DIRAC-Stoß von Verstärker zu Verstärker weiter übertragen, wobei seine Amplitude dauernd zunimmt. Trotzdem ist die Wirkung am „letzten" Ausgang stets 0, weil der Vorgang bei *unendlich* vielen Verstärkern nie dort ankommt. Da $W(t) = 0$ ist nach Gl. (37c)

$$Q(t) = Q_0(t) * W(t) = 0. \tag{40}$$

Daher ist

$$D_2(t) = \lim_{n\to\infty} \mathfrak{L}^{-1}\{s_n(p)\} = \mathfrak{L}^{-1}\{q_0(p)\}. \tag{41}$$

Das System ist stabil oder nicht stabil, je nachdem, ob

$$\lim_{t\to\infty} D_2(t) \begin{cases} 0 & \text{(stabil)} \\ \infty & \text{(instabil)}. \end{cases} \tag{42}$$

Mathematisch bedeutet dieses Ergebnis, daß auch eine $\mathfrak{L}$-Rücktransformierte von einer divergierenden Reihensumme existieren kann.

IV. Umgehung einer Schwierigkeit.

Wenn man den Grenzwert Gl. (39) nach Nyquist nicht benutzen will, kann man schreiben

$$w(p) = \frac{m(p)}{k(p)}, \tag{43}$$

wobei sowohl $m(p)$ als auch $k(p)$ keine Pole besitzen soll. Das ist immer möglich, da man einen etwa auftretenden Pol der einen Funktion stets der anderen als Nullstelle zuordnen kann. Da $w(p)$ der Übertragungsfaktor eines stabilen Systems ist, enthält $k(p)$ keine Nullstellen in der rechten p-Halbebene. Mit Gl. (43) ist

$$q_0(p) = \frac{k(p)}{k(p) - m(p)}, \tag{44a}$$

$$w^{n+1}(p) = \frac{m^{n+1}(p)}{k^{n+1}(p)}. \tag{44b}$$

Da $w^{n+1}(p)$ genau wie $w(p)$ keine $P_{(+)}$-Pole besitzt, kann eine Instabilität nur daher rühren, daß in $q_0(p)$ solche Pole enthalten sind. Das führt wieder auf die Bedingung (42).

Gemessen an dem Kriterium Gl. (42) ist die Schaltung dann und nur dann stabil, wenn für $Re\, p > 0$ die Funktion $1 - w(p)$ den Nullpunkt nicht überdeckt oder, was dasselbe ist, wenn die Abbildung der rechten p-Halbebene auf die $w(p)$-Ebene nicht den kritischen Punkt 1; 0 überdeckt.

Das ist nur möglich, wenn das Bild der Grenze zwischen beiden Halbebenen, also die Ortskurve nicht diesen Punkt umschließt. Da $w(p)$ als Funktion eines stabilen Systems nur eine Ortskurve mit negativer Umlaufrichtung besitzt, kann eine solche Umschlingung nur in negativer Umlaufrichtung, also mit dem Uhrzeiger erfolgen.

Damit entsteht nochmals der Satz: *Ein einfach gegengekoppeltes System ist nur dann stabil, wenn die Ortskurve des Kreisverstärkers den Punkt 1; 0 nicht umschließt.*

E. Stabilisierung eines Verstärkungskreises.

I. Die logarithmische Ortskurve.

1. Die Vorteile der logarithmischen Ortskurve.

Statt der bisherigen Ortskurven des Übertragungsfaktors $w(p)$ kann man auch Ortskurven von $\ln w(p)$ betrachten. In der neuen Darstellung würde $\varphi = Im \ln w(p)$ über $V = Re \ln w(p)$ aufgetragen sein. Da es für die Betrachtung angenehmer ist, werde die Frequenzachse durch Darstellung von $\frac{1}{i} \ln w(p)$ waagerecht gelegt.

Man bekommt jetzt ebenfalls eine Ortskurve, welche der Ortskurve des Verstärkungsfaktors punktweise entspricht (s. Abb. 62). Die Umwandlung der linearen Ortskurve in die logarithmische Ortskurve kann man sich zunächst durch die Überdeckung der Ebene des Verstärkungsfaktors mit einem neuen Polarkoordinatensystem vorstellen, welches etwa auf transparentes Papier in der Weise gezeichnet worden ist, daß die radialen Abstände logarithmisch unterteilt und mit Dezibel beschriftet sind, während die Richtungen eine Gradeinteilung erhalten haben (s. Abb. 63). Im Polarkoordinatensystem kann man jeden Punkt ablesen und dann entsprechend in das rechtwinklige Koordinatensystem eintragen. Der kritische Punkt 1; 0 des bisherigen Systems geht in

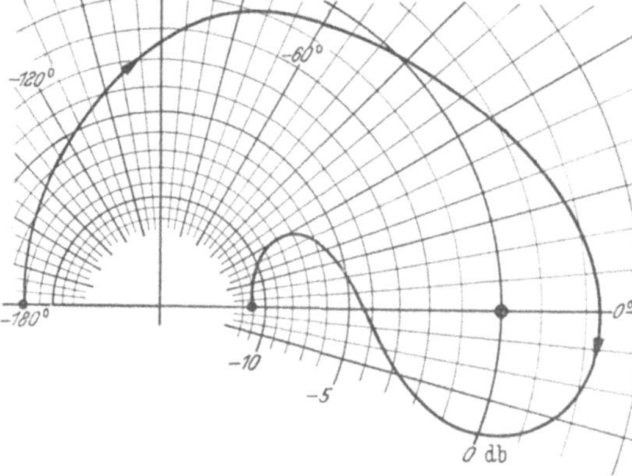

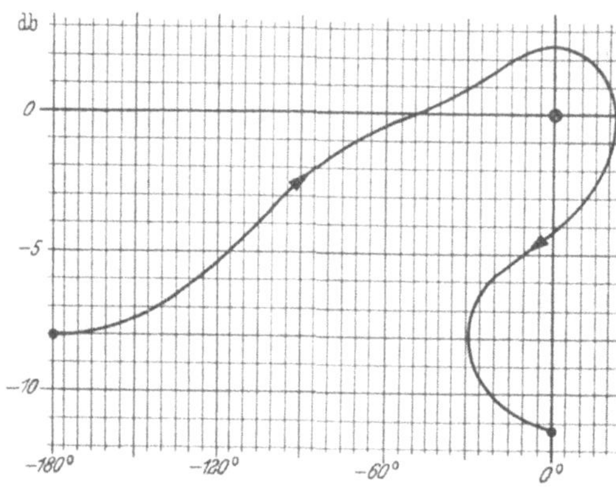

Abb. 62. Dieselbe Ortskurve in linearer (oben) und in logarithmischer Darstellung (unten). Beide Kurven bedeuten Instabilität.

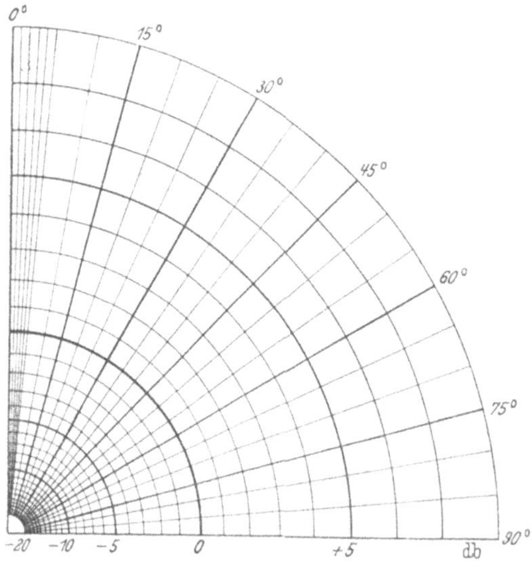

Abb. 63. Gradnetz zum Transformieren der Ortskurve.

den Koordinatenschnittpunkt des neuen Systems über.

Die logarithmische Ortskurve hat gegenüber der bisherigen Ortskurve folgende Vorzüge:

a) Es wird eine Zusammendrängung der Werte in der Nähe des Nullpunktes vermieden. Daß der Nullpunkt selbst in $-\infty$ übergeht, ist kein Nachteil, da man die Ortskurve in unmittelbarer Nähe des Nullpunktes ohnehin nicht braucht. Auch Ortskurven, die sich über Verstärkungsunterschiede von mehr als 20 Dezibel erstrecken, können im logarithmischen Koordinatensystem ohne Änderung des Maßstabes übersichtlich dargestellt werden.

b) Wenn die Ortskurve in der linearen Darstellung mehr als einen Umlauf um den Nullpunkt ausführt, so wird sie durch Krümmungen und Überschneidungen unübersichtlich. In der neuen Darstellung läuft die Kurve nicht auf ihre alte Ebene zurück, sondern es wird einfach bei einer Winkelzunahme über $+360°$ hinaus die Winkelachse entsprechend verlängert (vgl. Abb. **64** — lineare Ortskurve — mit der entsprechenden Abb. **65** — logarithmische Ortskurve).

c) Die Komponenten von $w(p)$ werden meist ohnehin in logarithmischen Einheiten bestimmt, z. B. Betrag in db und Phase in gewöhnlichen Winkelgraden. Man kann daher die logarithmische Ortskurve meist ohne vorherige Umrechnung der Werte zeichnen. Das gilt besonders dann, wenn nur die logarithmische Amplitudenkurve eines allpaßfreien Systems gegeben ist und die Phase erst aus der einen Komponente nachträglich bestimmt werden muß.

2. Das Nyquist-Kriterium, bezogen auf die logarithmische Ortskurve.

Geschlossene Ortskurven werden nach der Logarithmierung wieder mit demselben Umlaufsinn als geschlossene Ortskurven abgebildet Wenn die lineare Ortskurve den Nullpunkt enthält, kommt die entsprechende logarithmische Ortskurve aus dem Unendlichen und läuft ins Unendliche zurück.

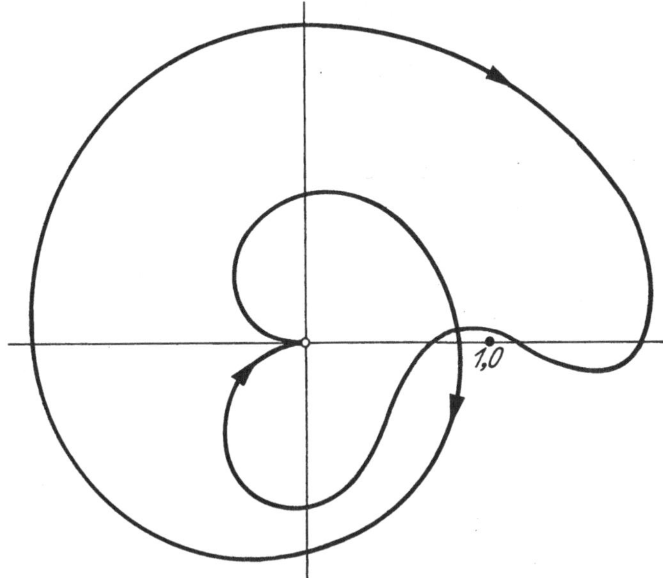

Abb. 64. Beispiel einer linearen Ortskurve.

Statt des einen kritischen Punktes im alten Ortskurvendiagramm gibt es jetzt eine äquidistante Reihe von kritischen Punkten bei 0 db; $n \cdot 360°$.

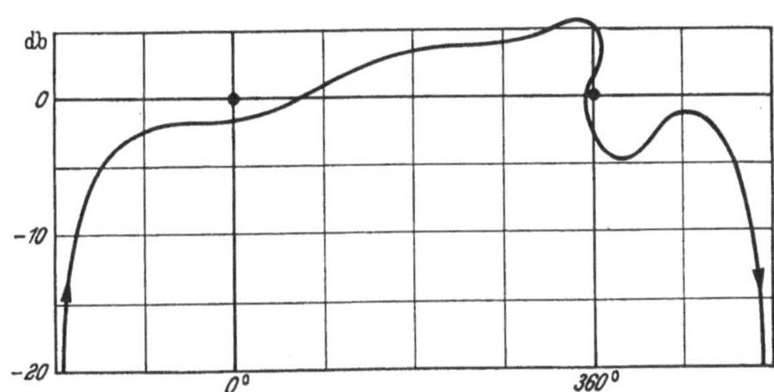

Abb. 65. Dieselbe Ortskurve wie in Abb. 64 mit Hilfe des Gradnetzes in Abb. 63 umgezeichnet. Man beachte die erhöhte Übersichtlichkeit.

Geht man davon aus, daß die Fläche zur Rechten des in Richtung wachsender Frequenzen laufenden Ortskurvenpunktes ein Bild der rechten p-Halbebene ist, so lautet das Nyquist-Kriterium in der neuen Fassung:

Stabilität besteht bei einfacher Gegenkopplung dann und nur dann, wenn die Fläche unter der Ortskurve keinen der kritischen Punkte überdeckt.

II. Die Kreisverstärkung.

1. Durchlaß-, Abfall- und asymptotischer Bereich der Kreisverstärkung.

Genau wie bei jedem anderen Verstärker kann man auch bei der Amplitudenkurve des Kreisverstärkers zwischen dem Durchlaßbereich, dem Abfallbereich und dem asymptotischen Bereich unterscheiden, (s. Abb. 66). Im *Durchlaßbereich* soll der Kreisverstärker eine möglichst hohe Verstärkung haben. Im *asymptotischen Bereich* wird die Amplitudenkurve durch die Röhrenkapazität bestimmt. Hier fällt die Amplitudenkurve mit mindestens 6 *n* db/Okt., wobei *n* die Röhrenzahl bedeutet. In dem dazwischenliegenden *Abfallbereich* kann man zwar den Verlauf der Amplitudenkurve über kurze Abschnitte beeinflussen, nicht aber den Mittelwert des Gefälles.

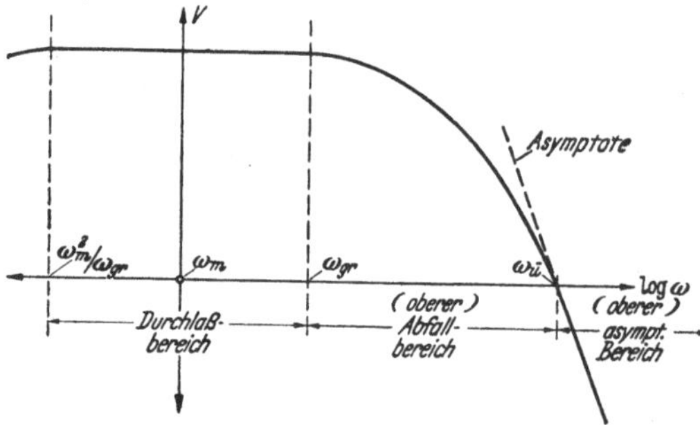

Abb. 66. Die drei Bereiche in der Amplitudenkurve eines Verstärkers. (Als Beispiel wurde ein Bandpaßverstärker gewählt.)

Bei mehreren hintereinandergeschalteten Verstärkern addieren sich die Amplituden- und Phasenkurven namentlich auch im Abfallbereich. Bezeichnet man bei einer Stufe diejenige Frequenz, bei der die Asymptote die Verstärkung 0 db schneidet, mit $\omega_{\ddot{u}_\nu}$, so schneidet bei *n* hintereinandergeschalteten Stufen die resultierende Asymptote die Verstärkung 0 bei der Frequenz

$$\omega_{\ddot{u}} = (\omega_{\ddot{u}_1} \cdot \omega_{\ddot{u}_2} \cdots \omega_{\ddot{u}_n})^{\frac{1}{n}} \tag{45}$$

(s. Abb. 67).

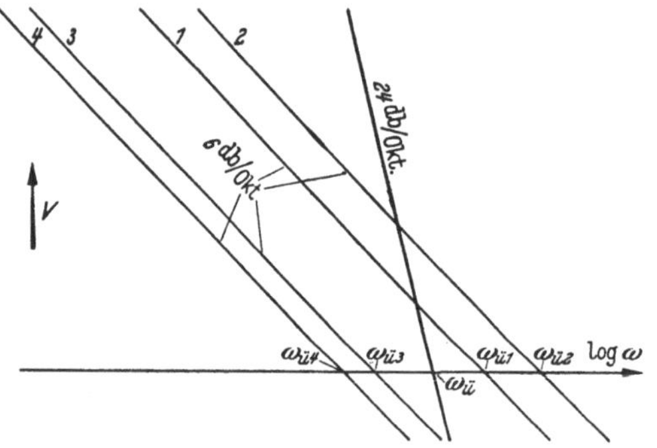

Abb. 67. Asymptotische Verstärkung der einzelnen Röhren und des gesamten Verstärkers. Die Steilheiten der Asymptoten der einzelnen Röhren addieren sich. Die Gütewerte der einzelnen Röhren werden im gesamten Verstärker ersetzt durch deren geometrischen Mittelwert.

2. Röhrendaten und Verstärkung.

Eine Röhrenstufe besitzt den Verstärkungsfaktor $S \cdot r_{12}$, wobei S die Steilheit der Röhre und r den Kernwiderstand des Kopplungsnetzwerkes N_{12} bedeuten (s. Abb. 68), welches aus den technischen Einzelteilen N'_{12} mit den hinzugeschalteten Röhrenkapazitäten C_{a_1} und C_{g_2} besteht.

Bei mehreren Stufen addieren sich die Ortskurven in der aus Abb. 69 ersichtlichen Weise. Die Ausdehnung in Phasenrichtung addiert sich dabei ebenfalls. Die Verschiebung wegen der Phasenumkehr je Stufe ist dabei nicht berücksichtigt.

Die Ortskurve ist nicht frei wählbar. Beim umschlossenen Verstärker wird ein möglichst schmaler Phasenbereich verlangt. Daher wird man möglichst Kopplungsnetzwerke wählen, die einem Kopplungszweipol äquivalent sind, also nur je Stufe einen Phasenbereich von 90° beim Tiefpaß und von 180° beim Bandpaß verlangen. Allpässe müssen vermieden werden.

Den Zusammenhang liefert der *Betrags*-Flächen-Satz: Weil dem Kopplungswiderstand eine Kapazität parallelgeschaltet ist, besitzt die Fläche = Betrag × Bandbreite eine unüberschreitbare obere Grenze, welche proportional der Röhrenkapazität C ist.

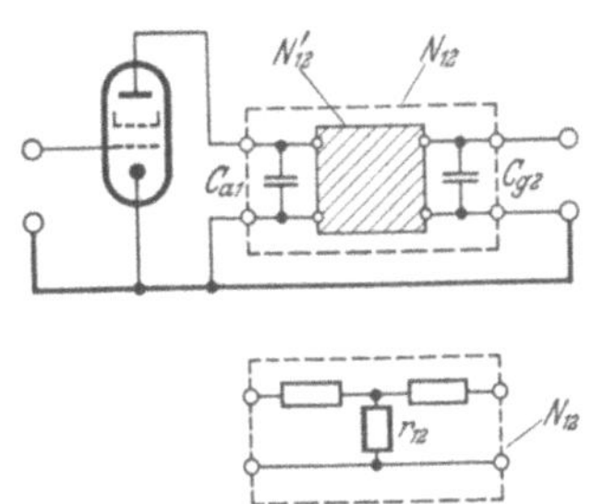

Abb. 68. Umwandlung eines Kopplungsvierpoles in einen Kopplungszweipol. Das mit den Röhrenkapazitäten beschaltete Netzwerk N_{12} kann stets in einen äquivalenten Stern N'_{12} umgewandelt werden. Wenn der Kernwiderstand r_{12} dieser äquivalenten Schaltung selbständig physikalisch möglich ist, soll das Netzwerk N_{12} als Kopplungszweipol bezeichnet werden, denn die Einschaltung dieses Netzwerkes ist der Wirkung nur des Kopplungszweipoles r_{12} gleichwertig, da die anderen beiden Widerstände des Sterns die Verstärkung nicht beeinflussen.

Unter dieser Nebenbedingung kann die Amplitudenkurve nur in einem Abschnitt begradigt werden, dessen Länge von der Höhe des geforderten Betrages abhängig ist. Äußerstenfalls ist der Flächenanteil unter dem geraden Abschnitt allein

$$|w| \cdot \Delta f = \frac{1}{\pi C}. \qquad (46)$$

Der Betrag des maximalen Verstärkungsfaktors ist bei einer Bandbreite Δf je Stufe:

$$S \cdot |w| = \frac{S}{C} \cdot \frac{1}{\pi \Delta f}. \qquad (47)$$

Würde man ein beliebiges Kopplungsnetzwerk ohne die Beschränkung auf den Phasenstreifen von 2 · 90° zulassen, so könnte theoretisch der Verstärkungsfaktor nochmals um einen Faktor $\pi^2/4$ gehoben werden[1]. Das entspricht einer Erhöhung der Verstärkung um etwa 14 db.

Man kann eine normierte Funktion angeben, welche gerade den Grenzfall je Stufe darstellt:

$$w(p) = \frac{1}{\sqrt{1 + p^2} + p}. \qquad (48)$$

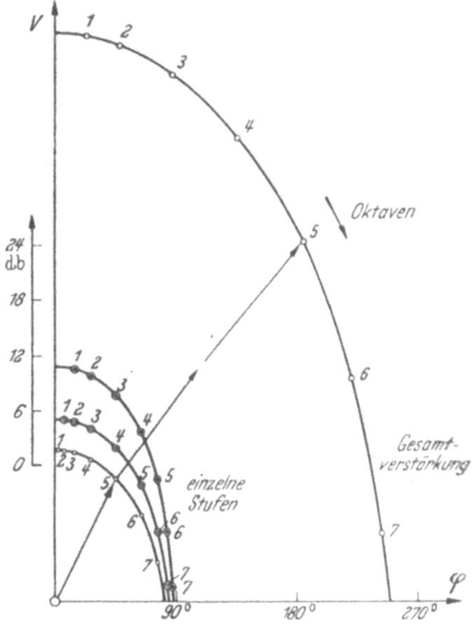

Abb. 69. Ortskurve eines dreistufigen Verstärkers als Summe der Ortskurven der einzelnen Stufen. (Widerstandsverstärker mit verschiedenen Zeitkonstanten in den einzelnen Stufen.)

Dieser Widerstand entspricht physikalisch der Parallelschaltung des Wellenwiderstandes einer mit einer Kapazität beginnenden Spulenleitung mit der Eingangskapazität. Um den Eingangswiderstand einer technisch möglichen Schaltung annähernd diesem Wellenwiderstand anzugleichen, kann man ein kurzes Stück der Spulenleitung mit einem Zobelschen $m/2$-Glied (s. Abb. 70) abschließen. Dann bringt bereits die Hintereinanderschaltung von einem gewöhnlichen Halbglied mit einem $m/2$-Glied eine recht gute Annäherung an das theoretische Optimum (s. Abb. 71).

Wie praktisch erprobt wurde, kann man bei einem vernünftigen technischen Aufwand und unter praktischen Gegebenheiten nur etwa 50% der in Gl. (46) errechneten Betragsfläche erwarten. Man hat gegenüber dem theoretischen Optimum *je Stufe* also einen Verlust von 6 db zugunsten des technischen Aufwandes einzurechnen.

---

[1] Ableitung s. bei H. W. Bode: Network Analysis and Feedback Amplifier Design, 4. Aufl. S. 442.

3. Der Phasenstreifen.

Einem Abfall von $6n$ db/Okt. entspricht eine Phasenrückdrehung von $-n \cdot 90°$, einem Anstieg von $6n$ db/Okt. eine Phasenvorwärtsdrehung um $n \cdot 90°$. Trägt man die logarithmische Ortskurve eines Verstärkers auf, so erhält man über der Phasenachse einen Streifen, den die Ortskurve nicht überschreiten kann. Er

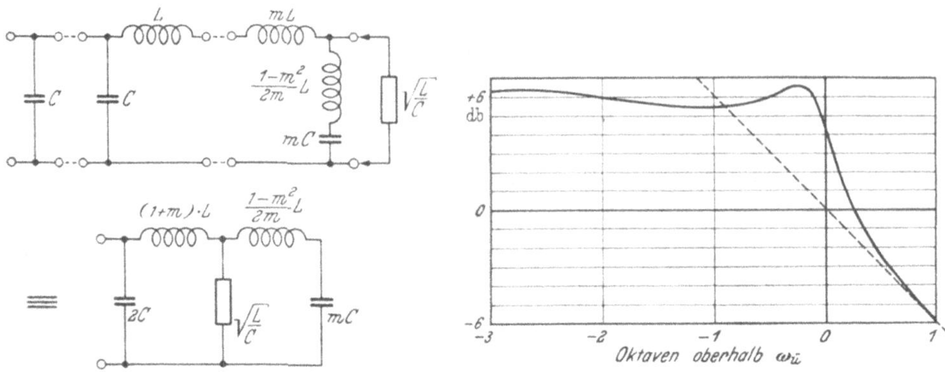

Abb. 70. Die näherungsweise Realisierung eines optimalen Kopplungs-Zweipoles durch einen Kondensator, ein Halbglied einer Spulenkette und einem ZOBELschen m-Halbglied.

Abb. 71. Amplitudenkurve der Annäherung an den theoretisch optimalen Zweipol (für $m = 0{,}6$) nach Abb. 70.

liegt bei einer Kopplung zwischen den Röhren *mit geringstem Phasenaufwand* beim Bandpaß zwischen

$$-n \cdot 90° + n \cdot 180° \quad \text{(untere Grenze)},$$

$$+n \cdot 90° + n \cdot 180° \quad \text{(obere Grenze)}.$$

Die Mitte des Phasenstreifens liegt infolge der Phasenumkehr in jeder Röhre bei $n \cdot 180°$.

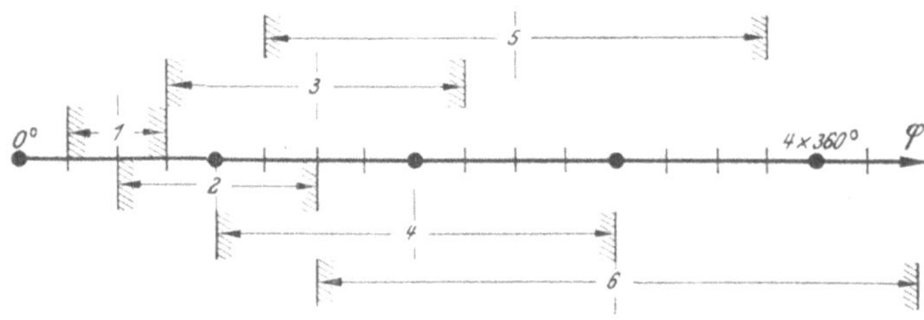

Abb. 72. Breite und Lage der Phasenstreifen bei gerader und ungerader Stufenzahl.

Beim Tiefpaß fällt die untere Grenze mit der Mitte des Phasenstreifens zusammen. Abb. 72 zeigt die Grenzen dieser Phasenstreifen in Abhängigkeit von der Röhrenzahl n. Eingetragen sind außerdem die kritischen Punkte.

III. Stabilisierung.

1. Notwendige Lage und Umgrenzung der Phasenstreifen.

Wenn der Phasenstreifen, nach oben begrenzt durch die Ortskurve, breiter ist als der Abstand zwischen zwei kritischen Punkten, so läßt er sich nur so weit nach oben durchschieben (= Verstärkung erhöhen), bis der Rand (= Ortskurve) an einem kritischen Punkt anstößt (= Instabilität). Es hilft dann nur ein Mittel: vom Phasenstreifen seitlich so viel Fläche abschneiden, daß ein Anstoßen bis zu einer ausreichenden Verstärkung vermieden wird. In Abb. 73 wird schematisch gezeigt, wie ein solcher Phasenstreifen etwa zurechtgeschnitten werden müßte: Bei *a* werden seitlich Flächen entfernt, bei *b* und *c* entsprechende seitliche Ausschnitte gemacht.

Außer dem richtigen Zuschnitt muß der Phasenstreifen auch die richtige Lage zu den kritischen Punkten besitzen. Die in Abb. 72 eingetragenen kritischen Punkte zeigen, daß nur eine ungerade Anzahl von Stufen die richtige Phasenlage liefert. Von diesen ist nur der einstufige Verstärker unbedingt stabil, der dreistufige hat bereits einen zu breiten Phasenstreifen. Der zweistufige Verstärker ist gerade im Grenzfall, erfordert aber eine Phasenumkehr, welche mit einer Verbreiterung des Phasenstreifens verbunden ist.

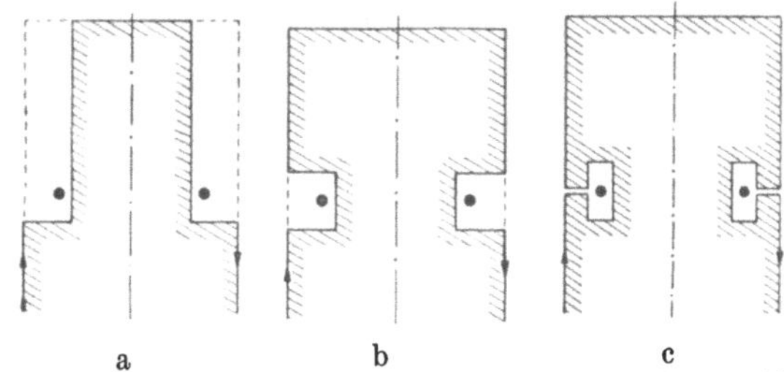

Abb. 73. Stabilisierende Ausschnitte am Phasenstreifen (schematisch) *a* nach oben begrenzte Stabilität, *b* und *c* nach oben und unten begrenzte Stabilität.

2. Stabile Amplitudenkurven.

Abgesehen von der richtigen Phasenlage ist die ideale Ortskurve durch

$$w(p) = \frac{1}{(\sqrt{1+p^2}+p)^n} \tag{49}$$

gegeben, wobei $n = 2$ einen Grenzfall darstellt.

Für diese Funktion gilt nämlich:

$$|w(i\omega)| = 1 \quad \text{für} \quad 0 < \omega < 1,$$
$$-\varphi = -Im \ln w(i\omega) =$$
$$= +n \cdot \frac{\pi}{2} \quad \text{für} \quad \omega > 1.$$

Die Ortskurve läuft also auf einer rechteckigen Begrenzung, wie das Schema es verlangt. Man könnte grundsätzlich einem Vorschlag von H. W. Bode folgend, mit n knapp unterhalb 2 bleiben, also

$$n = 2 - \varepsilon \tag{50}$$

wählen, wobei ε ein Sicherheitsabstand ist. Diese Wahl ist zwar für den Durchlaß- und den Abfallbereich zulässig, es muß aber ein realisierbarer Übertragungsfaktor in

$$\lim_{p\to\infty} w(p) = \frac{m(\infty)}{p^n} \tag{51}$$

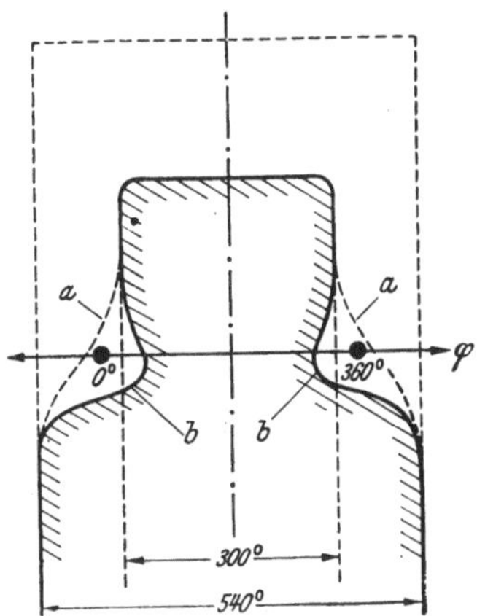

Abb. 74. Übergang zwischen dem schmalen Durchlaßteil und dem breiteren asymptotischen Teil bei der nur nach oben begrenzten Stabilität. a) falsch, b) richtig

übergehen, wobei n eine ganze Zahl ist. Sie ist bei den hier gemachten Voraussetzungen gleich der Stufenzahl.

Der Übergang zwischen der kleineren Breite der Ortskurve im Durchlaßbereich und der höheren Breite im asymptotischen Bereich geschieht in der Nähe der kritischen Punkte. Wenn dieser Übergang im Abfallbereich allmählich verläuft, so hat dies wegen des Zusammenhanges zwischen Betrag und Phase eine unzulässige Verbreiterung des Phasenstreifens in der Höhe der kritischen Punkte zur Folge (s. Kurve *a* in Abb. 74). Es muß deshalb in Richtung von oben nach unten die obere Streifenbreite so lange eingehalten werden, bis die Enge überwunden ist (s. Kurve *b*). Meistens ist es sogar vorteilhaft, an dieser Stelle eine beiderseitige Einziehung vorzusehen, insbesondere dann, wenn ε sehr klein gewählt worden ist. Diese Bedingung an die Ortskurve muß in der Amplitudenkurve so vorgeschrieben sein, daß sie sich bei einem allpaßfreien System automatisch einstellt, wenn diese Amplitudenkurve im Abfallbereich realisiert wird. Qualitativ kann man sich zunächst folgendes überlegen: Es ist sicher falsch, eine sich allmählich von $(2 - \varepsilon) \cdot 6$ db/Okt. auf $n \cdot 6$ db/Okt. verteilende Amplitudenkurve vorzusehen, weil sie auch eine schleichend verlaufende Phase und damit eine Einschließung des kritischen Punktes durch die Ortskurve zur Folge hat. Es ist vielmehr richtig, die Amplitudenkurve in der Umgebung der Verstärkung $V = 0$, also dort, wo Abfallbereich und asymptotischer Bereich zusammenstoßen, über einem kleinen Frequenzbereich mit einem schwächeren Abfall zu versehen. Diese Abschwächung des Abfalles wirkt entgegengesetzt auf den Phasenwinkel im kritischen Bereich ein als die schließlich unvermeidlich erfolgende Versteilerung des Abfalles beim endgültigen Übergang in den asymptotischen Bereich.

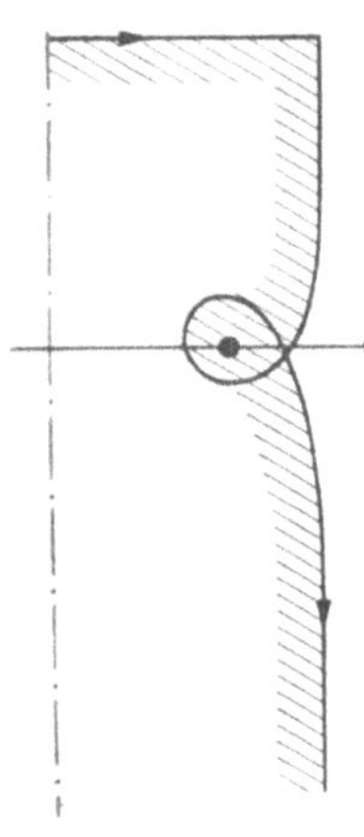

Abb. 75. Doppelte Umschließung des kritischen Punktes (Instabilität).

Die Stabilisierung besteht also darin, zu einer nicht stabilen Amplitudenkurve eine solche Kurve hinzuzuaddieren, daß die resultierende Amplitudenkurve stabil wird (= Einschaltung eines stabilisierenden Netzwerkes[1] *in den Gegenkopplungskreis*).

3. Die stabilisierende Zusatzkurve.

Wenn der Kreisverstärker vor der Stabilisierung auf höchste Verstärkung für ein bestimmtes Band bemessen war, so muß eine jede Änderung einen Verlust an Verstärkung bedeuten. Daß ein solcher Verlust eintritt, ist ferner schon dadurch angedeutet, daß die Zusatzkurve einen Anstieg um die kritische Frequenz herum bewirken soll. Da die Amplitudenkurve im asymptotischen Bereich auch dem absoluten Pegel nach festliegt, kann dieser Anstieg nur dadurch entstehen, daß der Pegel im Durchlaß- und Abfallbereich entsprechend gesenkt wird. Diese Senkung sei als Stabilisierungsverlust bezeichnet.

Auf den ersten Blick scheint es trotzdem möglich zu sein, diesen Verlust, wenn er schon auftritt, dann wenigstens dadurch klein zu machen, daß man den Anstieg nicht über einen allzu großen Frequenzbereich ausdehnt. Man braucht ja nur, so könnte man denken, eine Phasenrückdrehung in der unmittelbaren Umgebung der kritischen Frequenz. Man müßte also mit einem sperrkreisähnlichen Gebilde, welches nur in einem schmalen Frequenzbereich wirksam ist, die Ortskurve um den kritischen Punkt herumlenken. Was in diesem Fall wirklich geschehen würde, zeigt Abb. 75; die Ortskurve geht zwar wirklich innen vorbei, umschlingt aber dabei den kritischen Punkt so, daß er von der Fläche zur Rechten des laufenden Punktes *zweimal* überdeckt wird. So geht es also nicht.

Diese doppelte Umschlingung ist nämlich, wie man beim Betrachten dieser Ortskurve feststellen kann, darauf zurückzuführen, daß die Verstärkung während des Vorbeilaufens am kritischen Punkt zunimmt. Sie muß aber fallen. Das zum

[1] Dieses Netzwerk ist durch eine allpaßfreie Schaltung zu realisieren, dessen Amplitudengang mit der stabilisierenden Zusatzkurve hinreichend übereinstimmt.

Ziele führende Verfahren sei durch Abb. 76 verständlich gemacht. Der Kreisverstärker sei dreistufig. Er sei im Durchlaß- und Abfallbereich für eine BODE-Kurve mit $\varepsilon = \frac{1}{3}$ bemessen, strebt aber einem Abfall entsprechend einem $n = 3$ zu. Dadurch geht der ursprüngliche Abfall von 10 db/Okt. mit dem dazugehörigen Phasengang (Kurvenpaar *a*) in einen Abfall von 18 db/Okt. über. Es entsteht die Amplitudenkurve *b* mit der Phasenkurve *b*. Diese Versteilerung des Abfalles

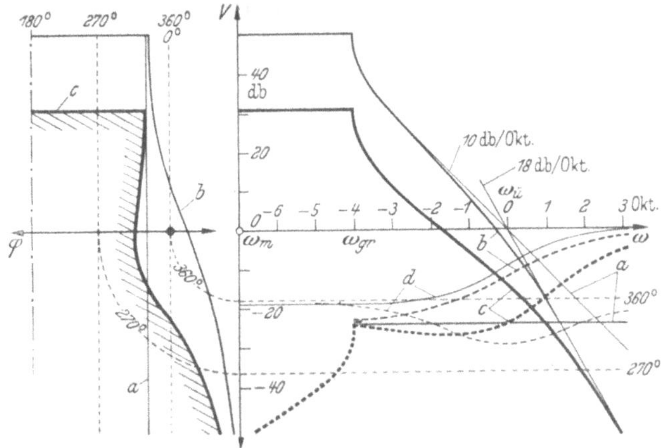

Abb. 76. Konstruktion einer stabilen Amplitudenkurve. Amplituden-, Phasen- und Ortskurven: *a* = Grenzverlauf nach H. W. BODE, *b* = Verlauf bei Einmündung in die Asymptote eines dreistufigen Verstärkers, *c* = stabilisierter Verlauf, *d* = stabilisierende Kurve.

hat für die Ortskurve verhängnisvolle Folgen. Sie war ursprünglich (Ortskurve *a*) durchaus stabil, ist aber bei *b* instabil geworden. Es wird infolgedessen eine stabilisierende Zusatzkurve *d* erforderlich, die, zu *b* hinzuaddiert, die mit *c* bezeichneten Amplituden-, Phasen- und Ortskurven ergibt. Sie sind stabil. Der Stabilisierungsverlust von fast 20 db ist allerdings unnötig hoch, da, wie die Ortskurve *c* zeigt, die Phasendrehung unnötig stark ausgefallen ist.

Genau so wichtig ist es, überflüssige *Laufzeiten* zu vermeiden. Räumlich weit getrennt liegende Einzelgeräte können zu einem gemeinsamen Gegenkopplungskreis nur zusammengefaßt werden, wenn die der Laufzeit entsprechende Zunahme der Phasenwinkel beachtet ist. Dann nimmt die Breite der Phasenstreifen wegen des mit der Frequenz wachsenden Phasenwinkels nach unten hin keilförmig zu (s. Abb. 77).

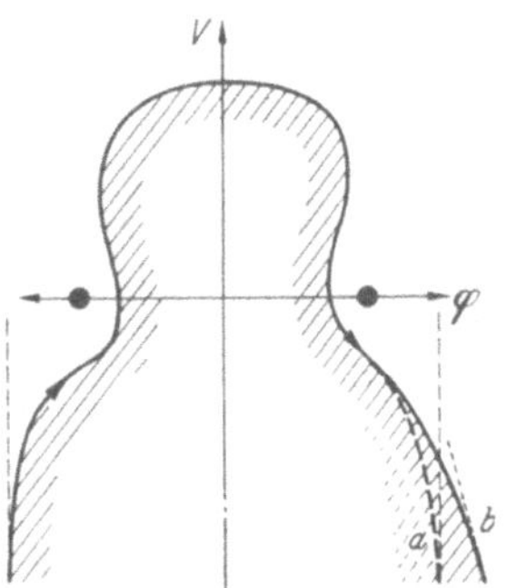

Abb. 77. Der Phasenstreifen bei zusätzlicher Laufzeit. a) fehlende, b) vorhandene Laufzeit.

4. Der erforderliche Stabilisierungsverlust.

Die folgende Überlegung legt ein Schema zugrunde, um einen Mindestaufwand festzulegen, und wählt dabei eine stabilisierende Zusatzkurve, welche sich in Abb. 78 aus der Addition der Kurven *a*, *b* und *c* ergibt. Die resultierende Kurve hat eine größte Steilheit von $6\,m$ db/Okt. und leistet dabei über z Oktaven eine Phasendrehung um $m \cdot 90^\circ$. Diese Phasenfläche $m \cdot z \cdot 90^\circ$ wird näherungsweise bezahlt mit $6\,m\,(z + 2)$ db Stabilisierungsverlust. Das ist um $12\,m$ db mehr, als es dem Phasen-Flächen-Gesetz entspricht, weil ja die Phasendrehungen außerhalb des verlangten Bereiches z mit bezahlt werden müssen.

Stabilisiert man mit dieser Zusatzkurve[1] einen dreistufigen Verstärker mit BODE-Bemessung der Kopplungsglieder, s. Abb. 79, so wird eine Phasendrehung über $z = 2$ Oktaven erforderlich. Der Anstieg der Zusatzkurve hat eine Steilheit von dem $m = {}^4/_3$-fachen von 6 db/Okt. = 8 db/Okt., so daß bei einem Abfall der ursprünglich gegebenen Amplitudenkurve noch ein steilster Abfall von 10 db/Okt. verbleibt. Die Phasendrehung beträgt 120°. Vermindert man die ursprünglichen 3 · 90° um diesen Winkel, so wird der kritische Winkel von 180° noch um 30° unterschritten. Der Bereich von 2 Oktaven ergibt sich aus der Forderung, daß auch in vertikaler Richtung noch ein Spielraum zwischen Ortskurve und kritischem Punkt für etwaige Verstärkungsänderungen übrigbleiben muß.

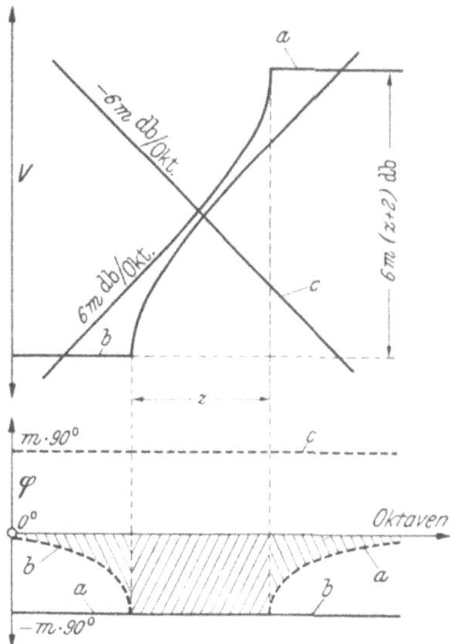

Abb. 78. Entstehung des Schemas einer stabilisierenden Kurve. Die Phasenfläche ist schraffiert.

Abb. 80 zeigt schließlich noch den Versuch einer Stabilisierung eines 5stufigen Verstärkers, der deshalb mißglückt ist, weil der gewählte Stabilisierungsverlust zu gering angenommen wurde, obwohl hierfür 120 db angesetzt wurden, so daß die Kreisverstärkung im Durchlaßbereich nicht höher war als im letzten Beispiel.

Der Vergleich der letzten beiden Beispiele zeigt, daß der Stabilisierungsverlust bei einem 5stufigen Verstärker höher ist als der Gewinn an ursprünglicher Verstärkung, so daß es ein Nachteil ist, über mehr als drei Stufen hinauszugehen. Es ist möglich, dieses Ergebnis allgemein nachzuweisen.

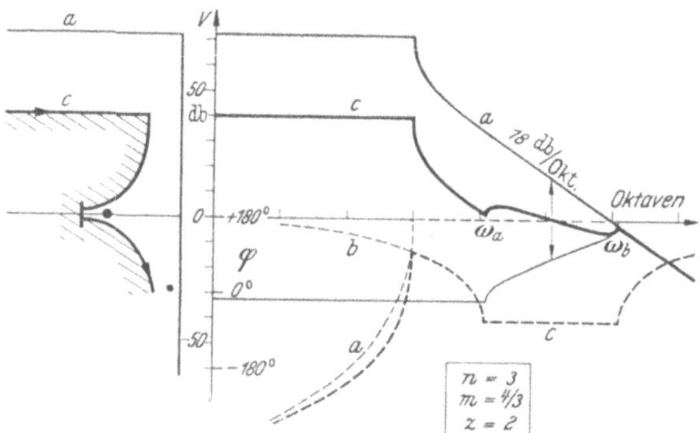

Abb. 79. Stabilisierung eines dreistufigen Verstärkers. Die stabile Amplitudenkurve c kann natürlich in Wirklichkeit an den Knickstellen abgerundet werden.

F. Zusammenfassung.

1. Eine reine Reaktanzschaltung wird stets durch das Hinzufügen einer Verstärkerröhre instabil, wenn in der Schaltung geschlossene Übertragungswege über die Verstärkerröhre vorhanden sind.

2. Ein passives System ist stets stabil.

[1] Diese Kurve ist als Schema anzusehen; bei der Realisierung braucht nur der grundsätzliche Verlauf mit abgerundeten Knicken nachgebildet zu werden.

3. Der an einem beliebigen Anschlußpaar einer stabilen Schaltung gemessene Widerstand hat niemals einen negativen Realteil.

4. Die Pole eines Übertragungsfaktors sind die Wurzeln der Hauptdeterminante und bezeichnen die komplexen Eigenfrequenzen des Systems.

5. Ein System ist dann und nur dann instabil, wenn mindestens eine Eigenfrequenz einen positiven Realteil (positive Anfachungskonstante) besitzt.

6. Wenn die Hauptdeterminante als Funktion der komplexen Frequenz bekannt ist, kann mit dem HURWITZschen Kriterium geprüft werden, ob alle Wurzeln negative Realteile besitzen oder nicht.

7. Die Ortskurve der Hauptdeterminante ist nur ein Instabilitätskriterium, es sei denn, daß der Grad des darin enthaltenen Polynoms bekannt ist.

8. Determinanten sind keine meßbaren Größen, dagegen ist ein Übertragungsfaktor stets der Quotient zweier Determinanten.

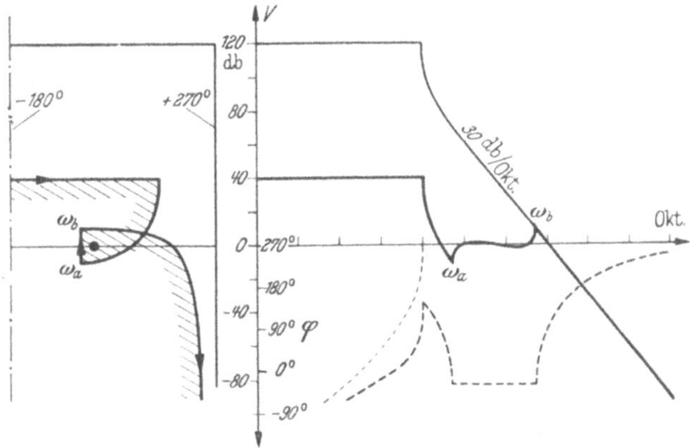

Abb. 80. Fehlgeschlagene Stabilisierung, da die Steilheit der stabilisierenden Amplitudenkurve zu hoch ist. Der Anstieg muß sich also über einen größeren Frequenzbereich ausdehnen (Anwachsen der Phasenfläche).

9. Die Ortskurve des Übertragungsfaktors des Kreisverstärkers liefert stets dann ein eindeutiges Kriterium für die Stabilität, wenn das System nach Auftrennung des Kreises stabil ist (NYQUIST-Kriterium).

10. Verstärker mit mehreren Gegenkopplungskreisen können auch dann stabil sein, wenn nach Auftrennung eines Gegenkopplungskreises, oder mehreren, Instabilität eintritt. In diesem Falle gilt das allgemeinere Kriterium nach H. W. BODE, welches das NYQUIST-Kriterium als Spezialfall mit enthält.

11. Die NYQUIST-Ortskurve kann dadurch modifiziert werden, daß die Verstärkung (= Logarithmus des Betrages) über der Phase (= Imaginärteil des Logarithmus) aufgetragen wird.

12. Bei allpaßfreien Systemen genügt die Amplitudenkurve als Stabilitätskriterium, da die aus der Amplitudenkurve hervorgehende Phasenkurve die Amplitudenkurve zur Ortskurve ergänzt.

13. Nicht stabile Amplitudenkurven können durch eine Zusatzkurve stabilisiert werden. Diese Zusatzkurve ist die Amplitudenkurve des einzuschaltenden stabilisierenden Netzwerkes.

14. Die Stabilisierung ist mit einem unvermeidlichen Verlust für die Fehlerdämpfung verbunden (Stabilisierungsverlust).

15. Bei Verstärkern mit mehr als drei Stufen ist der für zusätzliche Stufen aufzubringende Stabilisierungsverlust höher als der damit verbundene Gewinn an Verstärkung.

16. Unnötige Laufzeiten müssen vermieden werden (allpaßfreie Schaltungen), da der Stabilisierungsverlust bei Allpässen im Gegenkopplungsweg steigt.

Viertes Kapitel.

Der gegengekoppelte Verstärker.

Einführung.

Das Dritte Kapitel schreibt dem durch die Gegenkopplung geschlossenen Verstärkungskreis bestimmte lineare Eigenschaften vor, damit Stabilität eintritt. Man kann daher über die linearen Eigenschaften nicht unabhängig davon ein zweites Mal verfügen, um erwünschte lineare Eigenschaften zu erreichen, es sei denn, daß der verlangte Gegenkopplungsgrad noch einen Spielraum offenläßt.

Zunächst wird die rein fiktive Annahme gemacht, der Verstärker besäße keine linearen Eigenschaften: Der Phasenwinkel sei stets Null, Kapazitäten und Induktivitäten seien nicht vorhanden, die Übertragung geschehe ohne Laufzeit; der Verstärker soll stabil sein. Dabei wird gezeigt, wie diese Eigenschaften sich durch Gegenkopplung vermindern.

Nachträglich werden die linearen Eigenschaften eingeführt, und zwar so, daß der Verstärker stabil bleibt. Die einzige Änderung bei einer nachträglichen Einführung der linearen Eigenschaften auf die bis dahin schon angestellten Überlegungen besteht darin, daß die reellen Größen in den Ergebnissen nunmehr komplex und frequenzabhängig werden.

Die linearen Eigenschaften eines stark gegengekoppelten und stabilen Verstärkers ergeben sich zwangsläufig. Falls sie unerwünscht sind, können sie nur außerhalb des Gegenkopplungskreises korrigiert werden.

Bezeichnungen.

Um immer wiederkehrende Begriffe mit einem kurzen Ausdruck bezeichnen zu können, sollen eine Reihe von Abkürzungen eingeführt werden. Abb. 81 zeigt das Schema eines einfach gegengekoppelten Verstärkers. Es enthält in seinem Kern den *idealen Verstärker V*, welcher sich von einem technischen Verstärker

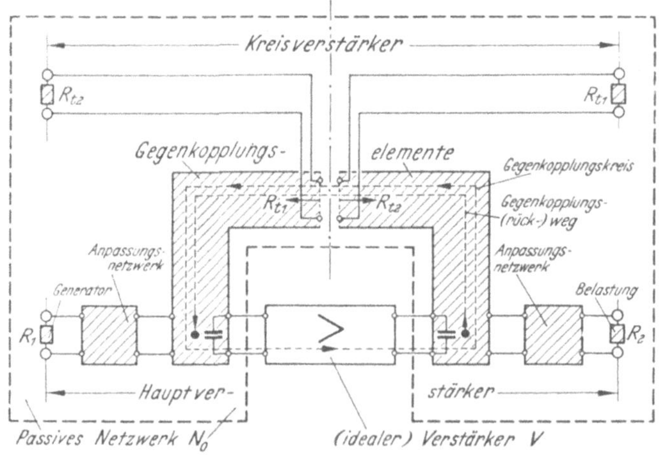

Abb. 81. Verwendete Bezeichnungen bei einem einfach gegengekoppelten Verstärker.

dadurch unterscheidet, daß er den Eingangs- und den Ausgangswiderstand ∞ besitzt. Die Widerstände, welche in Wirklichkeit immer endlich sind, werden zum Außenstromkreis hinzugerechnet. (Angedeutet durch je eine Kapazität.) Die einzige diesen idealen Verstärker kennzeichnende Größe ist seine Steilheit S.

Die Gesamtheit aller passiven Elemente einschließlich des Generatorwiderstandes R_1 und des Verbraucherwiderstandes R_2 bilden das passive Netzwerk N_0. Dieses Netz ist in sich verbunden und schließt so den idealen Verstärker zu einem *Gegenkopplungskreis*. Der passive Teil dieses Weges vom Verstärkerausgang bis zum Verstärkereingang soll Gegenkopplungsrückweg oder kurz *Gegenkopplungsweg* heißen.

Wenn dieser Gegenkopplungskreis an einer beliebigen Stelle aufgetrennt wird, entsteht ein ganz normaler nicht gegengekoppelter Verstärker, welcher *Kreisverstärker* genannt werden soll. Seine Eigenschaften werden stets nur unter der Annahme betrachtet, daß die beiden durch die Trennung entstehenden offenen Anschlüsse jeweils mit dem Widerstand des anderen Anschlusses R_{t_1} bzw. R_{t_2} belastet sind.

Der Verstärker zwischen dem wirklichen Eingang und dem wirklichen Ausgang wird der *Hauptverstärker* genannt, wenn eine Unterscheidung vom Kreisverstärker notwendig ist. Die Verstärkung des Hauptverstärkers wird bei geschlossenem Gegenkopplungskreis die *Hauptverstärkung*, bei offenem Kreis die ursprüngliche Verstärkung oder die Verstärkung ohne Gegenkopplung genannt.

Das passive Netzwerk hat eine doppelte Funktion:

a) Es soll die Anpassung des Generators an den Eingang des Verstärkers und die Anpassung des Verbrauchers an den Ausgang bewirken.

b) Es soll den Gegenkopplungskreis bilden.

Im allgemeinen ist es nicht möglich, die in einem passiven Netzwerk enthaltenen Elemente auf diese beiden Funktionen so zu verteilen, daß jedem Element nur eine Mitwirkung an einer dieser beiden Funktionen zufällt. Trotzdem soll der grundsätzlichen Untersuchung halber in zwei *Anpassungsnetzwerke* und in die Gesamtheit aller der Elemente unterschieden werden, die den Gegenkopplungsweg bilden und daher *Gegenkopplungselemente* genannt sein sollen.

A. Verstärkerfehler (außer linearen Fehlern).

I. Nichtlineare Verzerrungen.

1. Nichtlineare Kennlinien.

Ein Übertragungssystem ohne lineare Eigenschaften kann durch den Zusammenhang zwischen einem *Augenblickswert* der Amplitude am Ausgang in Abhängigkeit von dem entsprechenden Wert am Eingang beschrieben werden. Das ist die statische Kennlinie. Diese Beschreibung ist umfassend, da die Übertragung nicht von der Geschwindigkeit abhängt, mit der sich die Augenblicksamplitude ändert, und erst recht nicht von noch höheren Ableitungen der Ursache nach der Zeit.

Verstärkerröhren besitzen eine nichtlineare statische Kennlinie. Die statischen Kennlinien mehrerer Verstärkerröhren kann man zu einer resultierenden Kennlinie des gesamten Verstärkers zusammensetzen, wenn die linearen Eigenschaften der Kopplungsnetzwerke vernachlässigt werden können.

In Abb. 82 sind zwei Kennlinien a und b gezeichnet, welche zusammen die resultierende Kennlinie c bilden. Aus der Konstruktion ist ersichtlich, daß die Kennlinie c allein dieselbe Verzerrung bewirkt, welche von den Kennlinien a und b nacheinander bewirkt würden.

Von einem etwaigen konstanten Gleichstromanteil wird abgesehen; sämtliche Kennlinien laufen durch den Koordinatenschnittpunkt. Die Steilheit der Kenn-

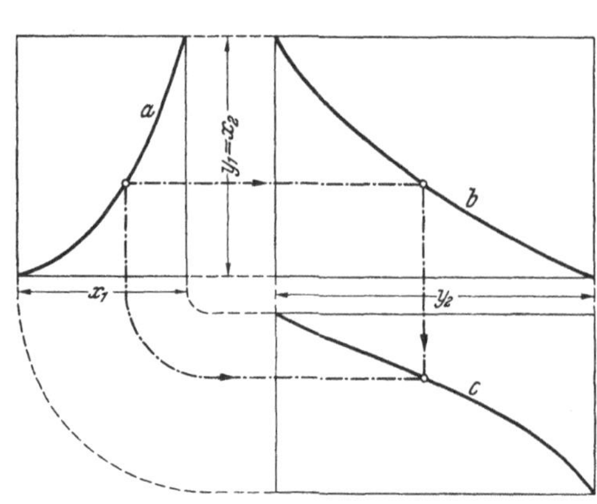

Abb. 82. Entstehung einer resultierenden Kennlinie. Die resultierende Kennlinie *c* bewirkt dieselben nichtlinearen Verzerrungen wie die Kennlinien *a* und *b* nacheinander.

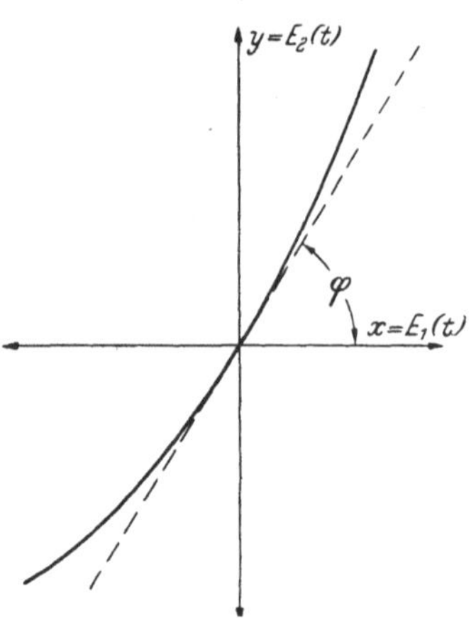

Abb. 83. Nichtlineare Kennlinie eines Verstärkers. $x = E_1(t)$ = Eingangsspannung, $y = E_2(t)$ = Ausgangsspannung. Verstärkungsfaktor (für kleine Spannungen: $\mu_1 = \operatorname{tg} \varphi$).

linie in diesem Nullpunkt ist der *Verstärkungsfaktor* (Abb. 83). **Das Wort Verstärkung sei dem Logarithmus des Verstärkungsfaktors vorbehalten.** Der Verstärkungsfaktor ist also eine Zahl mit dem Zusatz -fach, während die Verstärkung einheitlich in Dezibel angegeben werden soll.

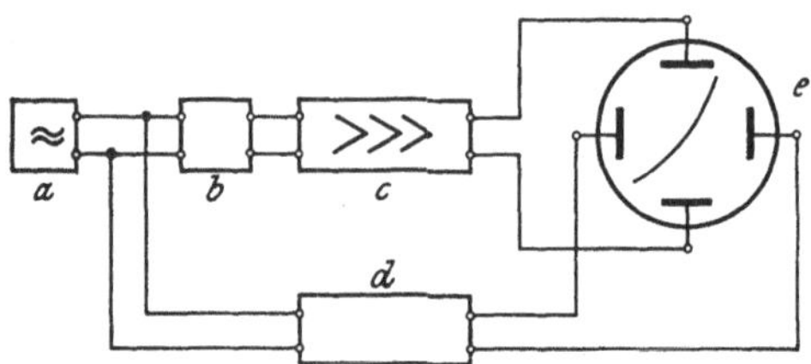

Abb. 84. Sichtbarmachung der nichtlinearen Kennlinie eines Verstärkers mit linearen und nichtlinearen Fehlern. a) Tongenerator, b) verzerrungsfreies Dämpfungsglied, c) Verstärker, d) kompensierendes Filter (c und d haben gleiche lineare Fehler), e) Braunsche Röhre.

Die Kennlinie kann mit einem Kathodenstrahloszillographen sichtbar gemacht werden, wenn die Horizontalablenkung mit der Eingangsspannung und die Vertikalablenkung mit der Ausgangsspannung des nichtlinearen Übertragungssystems bewirkt wird. In gewissem Umfang ist es sogar möglich, das Fehlen linearer Eigenschaften in der Meßschaltung durch Kompensation vorzutäuschen. Zu diesem Zweck wird in den Weg von der Eingangsspannung bis zu den Ablenkplatten ein Vierpol eingeschaltet, der die linearen Eigenschaften des Verstärkers nachbildet, ohne aber seine Verstärkung und seine nichtlinearen Fehler zu besitzen (s. Abb. 84). Dann kompensieren sich die linearen Fehler in dem sichtbaren Kennlinienbild heraus.

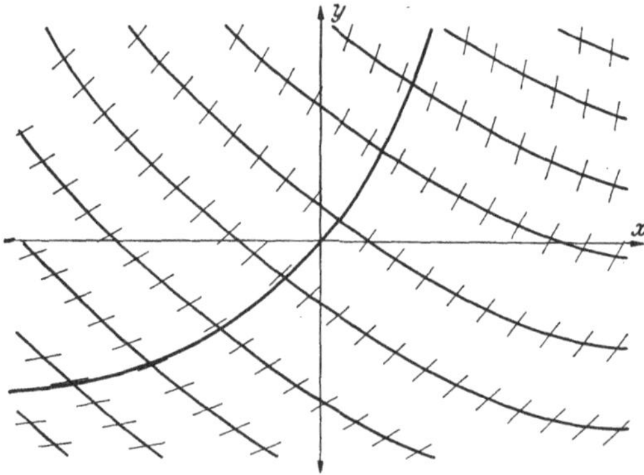

Abb. 85. Isoklinenfeld als Darstellung der nichtlinearen Verzerrungen. Von einem Punkt der (x, y)-Ebene aus, jeweils in der vorgezeichneten Richtung fortschreitend, entsteht eine Kennlinie. Gelten je nach dem Änderungssinn der Eingangsspannung x zwei verschiedene Kennlinienfelder, so entstehen in der (x, y)-Ebene Kennlinienschleifen.

Der Verlauf, den eine Kennlinie vom augenblicklich eingenommenen Punkt aus beschreibt, kann noch davon abhängen, ob der Vorgang von dem Augenblickswert aus zunimmt oder abnimmt. Diese Möglichkeit kann man durch eine Verallgemeinerung des Begriffes Kennlinie mit in das zugrunde gelegte Schema einbauen: Jedem Punkt der (x, y)-Ebene, wobei $x = E_1(t)$ die Eingangsspannung und $y = E_2(t)$ die Ausgangsspannung bedeutet, werden zwei nur für diesen Punkt geltende Steilheiten zugeordnet. Die eine Steilheit gilt bei *Zunahme* und die andere bei *Abnahme* der Eingangsspannung. Man kann alle Punkte, welche dieselbe Steilheit besitzen, durch eine Isokline miteinander verbinden (s. Abb. 85). Es gibt dann zwei solcher Isoklinenfelder, eines für die abnehmenden und eines für die zunehmenden Augenblickswerte.

Von einem bestimmten Ausgangspunkt, z. B. vom Koordinatenschnittpunkt aus, entspricht einem wachsenden x ein ganz bestimmter Weg in der (x, y)-Ebene. Durch die abweichende Steilheit beim Rücklauf beschreibt die Kennlinie eine Schleife. Die Gestalt dieser Schleife ist nur abhängig davon, welche Maximalwerte der Vorgang $E_1(t)$ von Anbeginn an durchlaufen hat (s. Abb. 86).

Trotz dieser Abhängigkeit kann man stückweise von einer Kennlinie im einfachen Sinne sprechen. Bei Gleichheit der beiden Isoklinenfelder tritt keine Schleife auf. Die einfache Kennlinie ordnet sich also als Spezialfall in diese Verallgemeinerung ein.

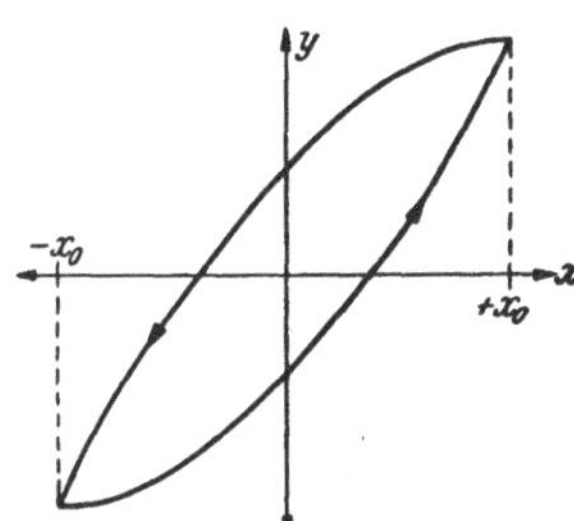

Abb. 86. Kennlinienschleife für einen sich zwischen $-x_0$ und $+x_0$ periodisch hin- und herbewegenden Vorgang

2. Analytische Darstellung einer Kennlinie.

Praktisch vorkommende Kennlinienverläufe kann man stückweise durch konvergierende Potenzreihen angeben, und erhält:

$$y = a_0 + a_1 x + a_2 x^2 + \cdots, \tag{1}$$

wobei die Eingangsspannung $E_1(t) = x$ und die Ausgangsspannung $E_2(t) = y$ ist.

Bei der zusammengesetzten Kennlinie sei der einfachere Fall betrachtet, daß $E_1(t)$, ohne Zwischenmaxima und Zwischenminima zu durchlaufen, zwischen den Extremwerten $+x_0$ und $-x_0$ hin- und herpendelt. Dann gelten zwei Kennlinien entsprechend Gl. (1), jedoch mit verschiedenen Koeffizienten. Beide Kennlinien schneiden sich bei den Abszissenwerten $+x_0$ und $-x_0$. Wenn der nichtlineare Vorgang symmetrisch abläuft, geht der Kennlinienabschnitt für fallende Spannungen aus dem für wachsende Spannungen durch eine Spiegelung an der einen Koordinatenachse und einer nachfolgenden Spiegelung an der anderen Koordinatenachse hervor.

Es gilt also:

$$y_{(+)} = a_0 + a_1 x + a_2 x^2 + \cdots, \quad \text{wenn} \quad \frac{dE_1}{dt} > 0, \tag{2}$$

$$y_{(-)} = a_0 + a_1 x - a_2 x^3 + - \cdots, \quad \text{wenn} \quad \frac{dE_1}{dt} < 0. \tag{3}$$

Die beiden Kennlinien 2 und 3 schneiden sich in x_0 und $-x_0$, wenn

$$0 = a_0 + a_2 x_0^2 + a_4 x_0^4 + \cdots. \tag{4}$$

Die Kennlinie spielt sich erst dann endgültig in eine bestimmte Lage ein, wenn sich der durchlaufene Vorgang periodisch wiederholt. Es gibt also auch einen nichtlinearen Einschwingvorgang, der mit dem linearen Einschwingen nichts zu tun hat.

3. Beziehungen zwischen Klirrfaktor und quadratischem Kennlinienfehler.

Es ist grundsätzlich nicht möglich, die nichtlinearen Eigenschaften einer Kennlinie durch *eine* Zahl allgemein so anzugeben, daß dadurch eine Rangordnung der Qualität unter verschiedenartigen Kennlinien hergestellt wird. Bei annähernd miteinander übereinstimmenden Verläufen zweier Kennlinien ist das zwar möglich, z. B. unter verschiedenen Exemplaren desselben Gerätetyps, nicht aber unter Kennlinien, welche grundsätzliche Unterschiede im Verlauf aufweisen.

Von den verschiedenen *Meßverfahren*, welche ein Maß für die nichtlineare Verzerrung liefern sollen, ist die Klirrfaktormessung am einfachsten. Sie wird mit einem *reinen Sinuston* mit der Amplitude x_0, also mit

$$x = x_0 \cdot \cos \omega t \tag{5}$$

durchgeführt.

Es entsteht für y die Reihe:

$$y = x_1 \cdot \cos \omega t + x_2 \cdot \cos 2\omega t + \cdots. \tag{6}$$

Der Klirrfaktor ist:

$$K = \frac{1}{x_1} \sqrt{x_2^2 + x_3^2 + \cdots}, \tag{7}$$

wobei die Amplituden einer jeden Harmonischen x_n von x_0 abhängen.

Man kann auch für einen *beliebigen* zu übertragenden *periodischen Vorgang* $E_1(t)$ eine Verzerrungszahl definieren, welche für den Fall der Sinusfunktion in den Klirrfaktor übergeht. Hierbei stellt man sich vor, daß in dem übertragenen Vorgang $E_2(t)$ ein unverzerrter Anteil $k_1 \cdot E_1(t)$ enthalten ist. Der Rest, welcher gegebenenfalls nach Abzug eines Gleichstromanteiles k_0 übrigbleibt, ist der verzerrte Anteil. Die Konstanten k_0 und k_1 geben eine Ersatzgerade für die gesamte Kennlinie, an. Sie sind so zu bestimmen, daß der quadratische Mittelwert des verzerrten Anteiles zu einem Minimum wird. Die Verzerrungszahl ist dann

$$K = \sqrt{\frac{\frac{1}{T}\int\limits_0^T [E_2(t) - (k_0 + k_1 \cdot E_1(t))]^2 \, dt}{\frac{1}{T}\int\limits_0^T [k_1 \cdot E_1(t)]^2 \, dt}}. \tag{8}$$

Die Konstanten der Ersatzgerade

$$y = k_0 + k_1 x \tag{9}$$

sind dabei von Form und Amplitude des Vorganges abhängig.

Beschränkt man sich auf eine kubische Parabel als Kennlinie ($a_n = 0$ für $n > 3$), so erhält man aus Gl. (8) als Verzerrungszahl für einen sinusförmigen Vorgang (Klirrfaktor), nachdem die Minimalwerte für k_0 und k_1 bestimmt und eingesetzt worden sind:

$$K_{\sim} = \frac{x_0}{a_1 + \frac{3}{4} a_3 x_0^2} \sqrt{\frac{1}{4} a_2^2 + \frac{1}{16} a_3^2 x_0^2}. \tag{10}$$

Für eine Sägezahnspannung (zeitproportionale Spannungsänderung zwischen $-x_0$ und $+x_0$) ergibt sich entsprechend:

$$K_{\wedge} = \frac{x_0}{a_1 + \frac{3}{5} a_3 x_0^2} \cdot \sqrt{\frac{4}{15} a_2^2 + \frac{12}{175} x_0^2}. \tag{11}$$

Es fällt auf, daß beide Formeln nicht nur gleich gebaut, sondern auch nahezu gleiche Zahlenbeiwerte enthalten. *Daher wird man den Klirrfaktor bei normalen*

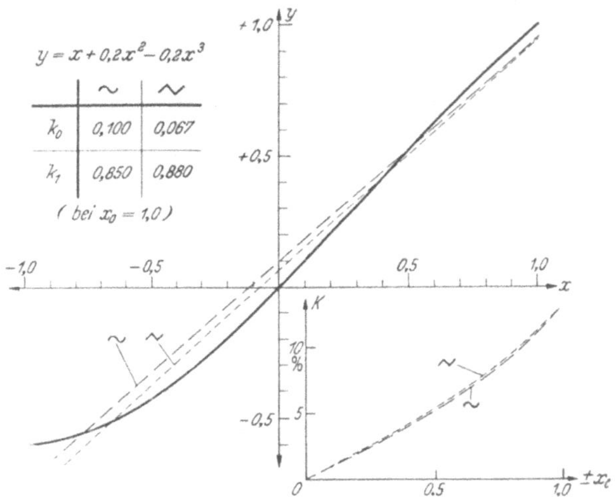

Abb. 87. Kennlinienverlauf und Verzerrungen bei einer eindeutigen Kennlinie. Die Verzerrungen sind als Klirrfaktor für Sinusspannung (∼) und für Sägezahnspannung (⩘) errechnet. Die Ersatzgeraden sind für die maximale Aussteuerung $x_0 = 1{,}0$ gezeichnet.

Kennlinien praktisch stets mit recht guter Annäherung als ein Maß für den mittleren quadratischen Fehler ansehen können, s. Abb. 87.

Die Ergebnisse ändern sich, wenn eine Kennlinienschleife entsprechend Gln. (2), (3), (4) vorliegt. Auch hier kann man in derselben Weise die Verzerrungszahlen bestimmen, indem man die Mittelwerte aus den Kennlinienabschnitten zusammensetzt. Man erhält:

$$K_{\sim} = \frac{x_0}{a_1 + \frac{3}{4} a_3 x^2} \times \sqrt{\frac{3}{4} a_2^2 + \frac{1}{16} a_3^2 x_0^2} \qquad (12)$$

und

$$K_{\mathcal{V}} = \frac{x_0}{a_1 + \frac{3}{5} a_3 x_0^2} \times \sqrt{\frac{8}{5} a_2^2 + \frac{12}{175} a_3^2 x_0^2}. \qquad (13)$$

Die annähernde Übereinstimmung zwischen Klirrfaktor und quadratischem Kennlinienfehler, welcher bei einer einfachen Kennlinie mit praktisch vorkommendem Verlauf festgestellt wurde, gilt also nicht mehr, wenn eine Kennlinien*schleife* durchlaufen wird (s. Abb. 88).

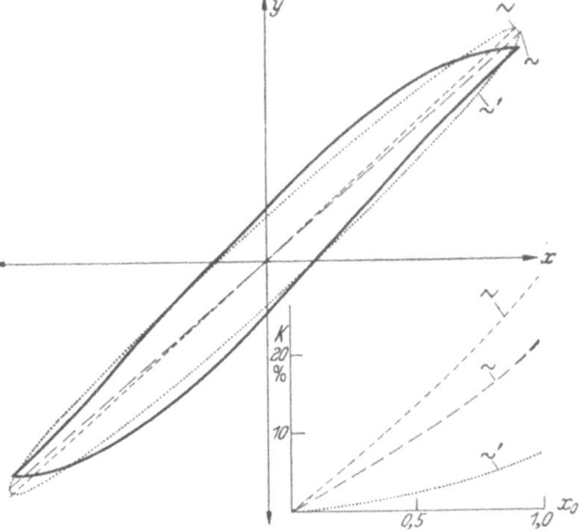

Abb. 88. Kennlinienverlauf und Verzerrungen bei einer Kennlinienschleife. Gezeichnet wurde nur die für die maximale Amplitude eintretende Kennlinienschleife und die entsprechenden Ersatzgeraden bzw. Ersatzellipse. Berechnet wurden die Verzerrungen an der jeweils für die betreffende Amplitude geltenden Kennlinienschleife. Es bedeuten: (⩘) Ersatzgerade und Klirrfaktorkurve für Sägezahn; (∼) Ersatzgerade und Klirrfaktorkurve für Sinusspannung ohne zeitliche Verschiebung; (∼′) Ersatzellipse und Klirrfaktorkurve bei zugelassener zeitlicher Verschiebung. Der Klirrfaktor ist dann durchweg kleiner als bei einer eindeutigen Kennlinie! (Vgl. Abb. 87.)

Die Rechnung mit der Sägezahnspannung bedeutet gemäß Gl. (8) nichts anderes als die Ermittlung des Effektivwertes des Fehlers, bezogen auf den Effektivwert des unverzerrten Anteiles, wobei die Fehler aller Kennlinienabschnitte durch die Sägezahnspannung gleich bewertet werden. Eine Sinusspannung bewertet die äußersten Endlagen auf der Kennlinie relativ stärker, da sie sich hier länger „aufhält". Dieser Effekt wird aber offensichtlich weitgehend dadurch ausgeglichen, daß die den unverzerrten Anteil bestimmende Ersatzgerade bei der Sinusspannung anders verläuft als bei der Sägezahnspannung. Dieses „Ausweichen" der Ersatzgeraden vor den stärksten Fehlern ist aber im Falle der symmetrischen Kennlinienschleife nicht im selben Maße möglich, da sie durch den Koordinatenschnittpunkt laufen muß, also nur noch ihre Steilheit ändern kann.

Es muß hervorgehoben werden, daß die mit einer Sinusspannung durchgeführte Rechnung nach Gl. (12) nicht mit einer wirklich durchgeführten Klirrfaktormessung übereinstimmt. Bei einer Messung wird die Kennlinienschleife nicht auf eine Gerade, sondern auf eine Ellipse als der unverzerrten Kennlinie bezogen. Die Rechnung setzt die Augenblickswerte zueinander in Beziehung und wertet den zeitlich verschobenen Kosinusanteil als Verzerrung, die Klirrfaktormessung aber nicht. Die Messung liefert also wesentlich geringere Werte als die auf eine Gerade bezogene Rechnung.

Man kann mit Recht fragen, welches Ergebnis praktisch sinnvoller ist. Wenn man einen Verstärker wünscht, welcher Sinusspannungen mit möglichst geringen Verzerrungen übertragen soll (Meßverstärker), so stimmt das Ergebnis der *Klirrfaktormessung* mit den praktisch auftretenden Störungen überein.

Diese bei *einer* Sinusspannung gültigen Überlegungen dürfen nicht auf die Beurteilung der Verzerrung beliebiger Vorgänge übertragen werden. Bei nichtlinearen Verzerrungen gilt *nicht* das Gesetz der ungestörten Superposition: Die Ellipse bedeutet gegenüber der geraden Kennlinie nur bei einem sinusförmigen Vorgang eine unverzerrte Verzögerung. Außerdem wäre auch bei sinusförmigen Vorgängen diese fiktive Laufzeit umgekehrt proportional der Frequenz und dabei von der Amplitude abhängig.

Einen solchen mit der Messung übereinstimmenden Klirrfaktor kann man aus Gln. (2), (3), (4) berechnen, wobei wieder Gl. (5) in Gl. (2) und Gl. (3) eingesetzt wird. Als Kennlinie werde jetzt der Ausdruck

$$\begin{aligned} y &= a_1 x + a_3 x^3 + \cdots \\ &\quad - S \cdot (a_0 + a_2 x^2 + \cdots) \end{aligned} \tag{14}$$

verwendet. Dabei ist S eine Schaltfunktion, welche bei positivem $\frac{dx}{dt}$ den Wert $+1$ und bei negativem $\frac{dx}{dt}$ den Wert -1 annimmt. Es ist bei einer Kosinusschwingung:

$$S = \frac{4}{\pi}\left(\sin\omega t + \frac{1}{3}\sin 3\,\omega t + \cdots\right). \tag{15}$$

Bei Beschränkung auf die kubische Kennlinie entsteht:

$$\begin{aligned} y &= a_1 x_0 \cdot \cos\omega t + a_3 x_0^3 \cdot \cos^3\omega t - \\ &\quad - \frac{4}{\pi}\left(\sin\omega t + \frac{1}{3}\sin 3\,\omega t + \cdots\right) \cdot (a_0 + a_2 x_0^2 \cdot \cos^2\omega t). \end{aligned} \tag{16}$$

Dieser Ausdruck geht wegen Gl. (4) in

$$\begin{aligned} y &= a_1 x_0 \cdot \cos\omega t + a_3 x_0^3 \cdot \cos^3\omega t + \\ &\quad + \frac{4}{\pi} a_2 x_0^2 \cdot \sin^2\omega t \left(\sin\omega t + \frac{1}{3}\sin 3\,\omega t + \cdots\right) \end{aligned} \tag{17}$$

über.

Nach einer einfachen Umformung ergibt sich schließlich:

$$y = (a_1 x_0 + \frac{3}{4} a_3 x_0^3) \cdot \cos\omega t + \frac{8}{3\pi} a_2 x_0^2 \cdot \sin\omega t +$$

$$+ \frac{1}{4} a_3 \cdot x_0^3 \cdot \cos 3\omega t -$$

$$- \frac{8}{\pi} a_2 x_0^2 \sum_{\nu=1}^{\infty} \frac{\sin(2\nu+1)\,\omega t}{(2\nu-1)(2\nu+1)(2\nu+3)}. \qquad (18)$$

Schreibt man zur Abkürzung mit ersichtlicher Bedeutung der Bezeichnungen:

$$\begin{aligned} y &= c_1 \cdot \cos\omega t + s_1 \cdot \sin\omega t + \\ &+ c_3 \cdot \cos 3\omega t - \\ &- S_0 \cdot (S_3 \cdot \sin 3t + S_5 \cdot \sin 5t + \cdots) \end{aligned} \qquad (19)$$

und setzt man ferner:

$$S'^2 = S_3^2 + S_5^2 + \cdots, \qquad (20)$$

so entsteht

$$K_{\sim'} = x_0 \sqrt{\frac{\left(\frac{8}{\pi} S' a_2\right)^2 + \left(\frac{1}{4} a_3^2 x_0\right)^2}{\left(a_1 + \frac{3}{4} a_3 x_0^2\right)^2 + \left(\frac{8}{3\pi} a_2 x_0\right)^2}}. \qquad (21)$$

Der Koeffizient S'^2 ist von x_0 unabhängig und errechnet sich zu[1]

$$S'^2 = \sum_{n=1}^{\infty} \frac{1}{(2n-1)^2 (2n+1)^2 (2n+3)^2} = \frac{3}{256}\pi^2 - \frac{1}{9}. \qquad (22)$$

Durch Einsetzen dieses Wertes in Gl. (20) erhält man endgültig:

$$K_{\sim'} = x_0 \cdot \sqrt{\frac{\left(\frac{3}{4} - \frac{64}{9\pi^2}\right) a_2^2 + \frac{1}{16} a_3^2 x_0^2}{\left(a_1 + \frac{3}{4} a_3 x_0^2\right)^2 + \left(\frac{8}{3\pi} a_2 x_0\right)^2}}, \qquad (23)$$

wobei $\frac{3}{4} - \frac{64}{9\pi^2} = 0{,}029494$ ist.

Da in den praktisch vorkommenden Fällen der zweite Anteil unter dem Bruchstrich in Gl. (23) vernachlässigt werden kann, stimmt diese Gleichung wieder in der Form mit Gl. (10), (11), (12), (13) überein. Der Unterschied besteht nur in dem verringerten Beiwert zu dem a_2^2 im Zähler.

Das Ergebnis dieser letzten Rechnung wurde wieder an demselben Beispiel durchgeführt (siehe die mit $\sim'$ bezeichnete Klirrfaktorkurve und die Ersatzellipse in Abb. 87).

Die Ergebnisse aller Verzerrungsberechnungen an dem Beispiel der Abb. 87 und 88 $a_1 = 1$, $a_2 = 0{,}2$, $a_3 = -0{,}3$ sind in der folgenden Tabelle zusammengestellt:

---

[1] Siehe K. KNOPP: Theorie und Anwendung der unendlichen Reihen, 3. Aufl., S. 271. Berlin: Springer 1931.

Tabelle 2. *Klirrfaktoren (in %).*

Amplitude am Eingang: $\pm x_0$	Eindeutige Kennlinie / Sägezahnspannung	Eindeutige Kennlinie / Sinusspannung	Kennlinienschleife, bezogen auf Ersatzgerade / Sägezahnspannung	Kennlinienschleife, bezogen auf Ersatzgerade / Sinusspannung	Kennlinienschleife, bezogen auf Ersatzellipse O Sinusspannung
0,0	0,00	0,00	0,00	0,00	0,00
0,1	1,03	1,00	2,53	1,74	0,37
0,2	2,08	2,02	5,09	3,47	0,75
0,3	3,17	3,08	7,69	5,29	1,22
0,4	4,30	4,18	10,34	7,15	1,80
0,5	5,49	5,35	13,10	9,09	2,47
0,6	6,76	6,62	15,98	11,15	3,28
0,7	8,18	8,00	19,00	13,50	4,19
0,8	9,66	9,53	22,22	15,73	5,14
0,9	11,31	11,22	25,63	18,34	6,28
1,0	13,16	13,15	29,40	21,20	7,44
Gleichung:	(11)	(10)	(12)	(13)	(23)

II. Störspannungen.

Störspannungen und nichtlineare Verzerrungen sind zusätzliche Fehler, die sich dem unverzerrten Anteil des verstärkten Vorganges überlagern. Der Unterschied zwischen beiden Fehlern besteht nur darin, daß die nichtlinearen Verzerrungen von dem zu verstärkenden Vorgang gesteuert und Störspannungen aus unabhängigen Quellen geliefert werden.

Störspannungen sind dem Nutzvorgang nicht immer nur additiv beigemischt, und zwar dann nicht, wenn Nutzspannung und Störspannung gemeinsam ein nichtlineares Übertragungsglied durchlaufen haben. In diesem Fall wird die Nutzspannung mit der Störspannung moduliert. Der Unterschied gegenüber der bloßen additiven Beimengung liegt darin, daß die aufmodulierte Störspannung ebenfalls von dem Nutzvorgang gesteuert wird, also dann verschwindet, wenn die Nutzspannung abgeschaltet wird, ferner, daß die Störung auch in andere Frequenzbereiche transponiert wird.

Betrachtet man nichtlineare Verzerrungen und Störspannungen unter diesem gemeinsamen Gesichtspunkt, so ist noch der Ort der Entstehung dieser Störung zu unterscheiden. Man kann sich an passender Stelle des Verstärkers Generatoren eingeschaltet denken, welche diese Störspannungen erzeugen. Die Generatoren, welche die nichtlinearen Verzerrungen und die gesteuerten Störspannungen ersetzen, werden dabei noch zusätzlich vom Nutzvorgang gesteuert.

III. Schwankungen der Verstärkung um den Mittelwert.

Schwankungen der Verstärkung um den Mittelwert entstehen u. a. durch Schwankungen der von der Stromversorgung gelieferten Speisespannung. Auch langsame Änderungen der Verstärkung durch Röhrenalterung od. dgl. kann man hierunter einordnen. Man kann die Schwankungen der Speisespannung als eine Störspannung von sehr niedriger Frequenz ansehen, welche durch die Nichtlinearität der Röhre dem zu übertragenden Vorgang aufmoduliert wird.

B. Allgemeine Schaltung und Wirkungsweise der Gegenkopplung.

I. Allgemeine Gegenkopplungsschaltungen.

Gegenkopplungsschaltungen kann man von zwei Seiten her mit nicht gegengekoppelten Schaltungen in Verbindung bringen: Der übliche Weg ist der, einen gegengekoppelten Verstärker als einen normalen Verstärker anzusehen, der nachträglich mit einer Gegenkopplung ausgerüstet wird. Eine allgemeinere Darstellung einer Gegenkopplungsschaltung geht von einem passiven Netzwerk aus, in das aktive Elemente — also Verstärkerröhren — eingefügt sind. Zweifellos ist die zweite Auffassung von einem gegengekoppelten Verstärker umfassender als die erste. Wenn das passive Ausgangsnetzwerk aus mehreren selbständigen Teilen besteht, welche erst durch die Röhren miteinander gekoppelt werden, so entsteht ein nicht gegengekoppelter Verstärker.

Beide Darstellungen besitzen je nach der vorliegenden Aufgabe ihre Vorzüge und Nachteile. Sie werden daher nebeneinander benutzt werden. Welche Darstellung jeweils zweckmäßiger ist, hängt auch davon ab, wieviel von den insgesamt möglichen Gegenkopplungen wirklich vorhanden sind. Bei einem

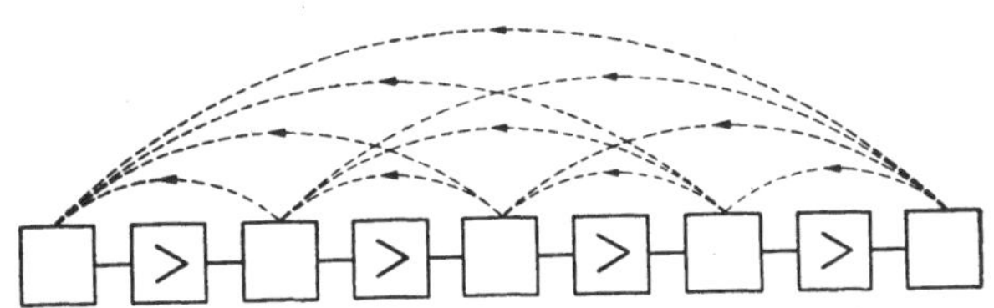

Abb. 89. Gesamtzahl der möglichen Gegenkopplungswege.

n-stufigen Verstärker kann man vom Ausgang einer jeden Röhre auf alle davor liegenden Eingänge gegenkoppeln (s. Abb. 89,) und hat dadurch $1 + 2 + \cdots + n = \frac{n}{2}(n + 1)$ Möglichkeiten. Faßt man jedoch alle diese passiven Schaltelemente einschließlich der Gegenkopplungswege zu einem passiven Netzwerk zusammen, so kommt man in n Schritten (gleich der Anzahl der einzusetzenden Röhren) zu der gegengekoppelten Schaltung. Vergleicht man das Anwachsen der Zahl $\frac{n}{2}(n+1)$ mit dem der Zahl n, so ist bereits ab $n = 2$ eine Überlegenheit der zweiten Darstellung vorhanden.

Beschränkt man sich dagegen auf Fälle, in denen die Zahl der an sich zur Verfügung stehenden Kopplungsmöglichkeiten nicht voll ausgenutzt ist, so kann die Darstellung eines gegengekoppelten Verstärkers als ein aktives Netzwerk einen unnötig schwerfälligen Formalismus bedeuten.

II. Schema des einfach gegengekoppelten Verstärkers.

Ein einfacher Fall liegt dann vor, wenn in einem mehrstufigen Verstärker nur ein Gegenkopplungsweg enthalten ist, welcher vom Ausgang der letzten Röhre zum Eingang der ersten Röhre führt (s. Abb. 90). Wenn man alle diejenigen passiven Netzwerke, welche durch passive Kopplungsglieder miteinander verbunden sind, zu einem Netzwerk zusammenfaßt, so bilden die beiden Netzwerke N_e und N_a zusammen mit den Widerständen des Generators und des Verbrauchers R_1 bzw. R_2 und den Eingangs- und Ausgangswiderständen R_{ve} bzw. R_{va} des Verstärkers V das gemeinsame passive Netz N_0 (vgl. Abb. 81).

Die im idealen Verstärker V enthaltenen Röhren 1, . . ., n sollen „ideale" Röhren sein; ihre passiven Eigenschaften werden den Kopplungsnetzwerken N_{12}, N_{23}, ..., $N_{n-1,n}$ zugerechnet.

1. Gegenkopplung und Verstärkung.

An den passiven Teil der Schaltung N_0 mögen die Spannungen e_1 und e_3 von außen angelegt sein. Dann entstehen an den Klemmenpaaren *2* und *4* die Leerlaufspannungen:

$$\begin{aligned} e_2 &= \beta_{12} \cdot e_1 + \beta_{32} \cdot e_3 , \\ e_4 &= \beta_{14} \cdot e_1 + \beta_{43} \cdot e_3 , \end{aligned} \tag{24}$$

wobei die vier β-Werte den passiven Vierpol kennzeichnen.

Der Verstärker V besitze, belastet mit dem Eingangswiderstand des Netzwerkes N_0 am Klemmenpaar *3*, den Verstärkungsfaktor μ, so daß

$$e_3 = \mu \cdot e_2 \tag{25}$$

ist.

Damit ergibt sich nach kurzer Zwischenrechnung aus Gln. (24) und (25) an den Klemmenpaaren *1* und *4* der Verstärkungsfaktor

$$\mu' = \frac{e_4}{e_1} = \beta_{14} + \frac{\beta_{12} \cdot \mu \cdot \beta_{43}}{1 - \beta_{32} \cdot \mu} . \tag{26}$$

Im Nenner der rechten Seite hat der Ausdruck $\beta_{32} \cdot \mu$ ebenfalls eine physikalische Bedeutung. Er stellt den Kreisverstärkungsfaktor μ_{kr} dar, den man erhält, wenn man den Ring, der aus dem Verstärker V und dem Netzwerk N_0 mit den beiden Klemmenpaaren *3* und *2* gebildet wird, an einer passenden Stelle, z. B. am Eingang des Verstärkers V, auftrennt und zwischen den beiden dadurch frei gewordenen Klemmenpaaren die Verstärkung mißt. Vor dieser Messung ist es notwendig, die ursprünglichen Belastungsverhältnisse wiederherzustellen. Wählt man die oben als Beispiel genannte Trennstelle, so muß man den Widerstand R_{ve} durch eine Kunstschaltung nachbilden und an der im Schaltbild (Abb. 90) vorgesehenen Stelle einbauen. Es ist daher

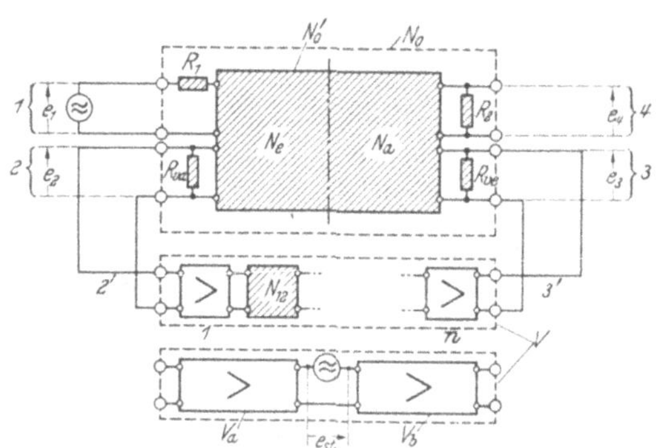

Abb. 90. Schema eines einfach gegengekoppelten Verstärkers. Das Eingangsnetzwerk N_e und das Ausgangsnetzwerk N_a bilden ein gemeinsames passives Netzwerk N_0'. Nach Einbeziehung des Generatorwiderstandes R_1 des Verbrauchers R_2, des Eingangswiderstandes des Verstärkers R_{ve} und seines Ausgangswiderstandes R_{va} entsteht das passive Netzwerk N_0. Der Verstärker V kann in zwei Teile, V_a und V_b, zerlegt werden, zwischen denen eine Störspannung e_{st} wirksam ist. Das Produkt der Verstärkungsfaktoren seiner Teile μ_a und μ_b ist μ.

$$\mu_{kr} = \beta_{32} \cdot \mu . \tag{27}$$

Es sei noch der Gegenkopplungsfaktor

$$G = 1 - \beta_{32} \cdot \mu \tag{28}$$

und die Fehlerdämpfung F gleich dem in db gerechneten Gegenkopplungsfaktor eingeführt, so daß

$$F = 20 \cdot \log G \quad [db] . \tag{29}$$

Dann kann man auf Grund der Gl. (26) folgenden Satz aufstellen:

Der Verstärkungsfaktor eines einfach gegengekoppelten Verstärkers besteht aus der Summe zweier Anteile, 1. dem Übertragungsfaktor, den der gegengekoppelte Verstärker dann besitzt, wenn die Verstärkung der Röhren verschwindet, und 2. dem Verstärkungsfaktor bei fehlender Gegenkopplung, dividiert durch den Gegenkopplungsfaktor.

In den weitaus allermeisten Fällen ist der erste Anteil um mehrere Größenordnungen kleiner als der zweite Anteil, so daß man, von ganz extremen Ausnahmefällen abgesehen, mit sehr guter Annäherung schreiben kann:

$$\mu' = \frac{\mu_0}{G}\,. \tag{30}$$

Betrachtet man so große Gegenkopplungsfaktoren, daß man die 1 neben μ_{kr} vernachlässigen kann, so geht der Verstärkungsfaktor des gegengekoppelten Verstärkers in

$$\mu' = \frac{\beta_{12}\cdot\beta_{43}}{\beta_{32}}\,,\quad \text{für}\quad G \gg 1 \tag{31}$$

über, *hängt also im Grenzfall nur von den Eigenschaften des passiven Netzwerkes ab.*

2. Verminderung von Störspannungen.

Der Verstärker V in Abb. 90 möge aus zwei hintereinandergeschalteten Teilen V_a und V_b bestehen (s. Nebenfigur unten), von denen der erste den Verstärkungsfaktor μ_a und der zweite den Verstärkungsfaktor μ_b besitze, so daß

$$\mu = \mu_a\cdot\mu_b\,. \tag{32}$$

Dann ist in bezug auf die Anschlüsse *1* und *4* des gegengekoppelten Verstärkers keine Änderung eingetreten. Nun sei eine Störspannung e_{st} zwischen diesen beiden Teilen eingeschaltet. Wenn sie so klein ist, daß man den Verstärker als linear ansehen kann und wenn der Verstärker auch nicht durch eine andere Spannung über den linearen Bereich seiner Kennlinie hinaus ausgesteuert wird, kann man die durch diese Störspannung am Ausgang erzeugte Spannung getrennt berechnen.

Zu diesem Zweck sei angenommen, daß an den Klemmen *4* eine bestimmte Spannung e_{st_4} besteht, von der man weiß, daß sie durch e_{st} erzeugt worden ist. Es soll nachträglich die dazu nötige Größe von e_{st} bestimmt werden. Wenn Gleichgewicht besteht, liegen an den Klemmen *2* und *3* folgende Spannungen:

$$e_{st_3} = e_{st_4}\cdot\beta_{43}\,, \tag{33}$$

$$e_{st_2} = e_{st_3}\cdot\beta_{32}\,. \tag{34}$$

Andererseits muß

$$e_{st_3} = e_{st_2}\cdot\mu + e_{st}\cdot\mu_b \tag{35}$$

sein. Durch Einsetzen von Gl. (34) in Gl. (35) erhält man:

$$\begin{aligned} e_{st_3} &= e_{st_3}\cdot\beta_{32}\cdot\mu + e_{st}\cdot\mu_b \\ &= e_{st}\cdot\frac{\mu_b}{1-\mu\,\beta_{32}}\,. \end{aligned} \tag{36}$$

Dann ist

$$e_{st_4} = e_{st}\cdot\frac{\mu_b\,\beta_{34}}{G}\,. \tag{37}$$

Der Verstärkungsfaktor für e_{st} würde ohne Gegenkopplung $= \mu_b\beta_{34}$ sein. Genau so gut könnten gleichzeitig Störspannungen an anderen Trennstellen des

Verstärkers V vorhanden sein. Sie würden um denselben Faktor G vermindert. Daher ist stets der Satz erfüllt:

Durch die Gegenkopplung vermindern sich alle Störspannungen am Ausgang, die aus dem Verstärker herrühren, um den Gegenkopplungsfaktor.

Vielleicht erscheint hier die vorgenommene Rückwärtsrechnung, welche zu diesem Ergebnis führte, ein wenig gezwungen. Natürlich kann man auch anders vorgehen und bei der Ursache beginnen: Zunächst erzeugt e_{st} wirklich die Spannung

$$e_{st} = e_{st} \cdot \mu_b \,. \tag{38}$$

Diese erzeugt wieder eine zusätzliche Spannung zu e_{st} an der Trennstelle:

$$e'_{st} = e_{st} \cdot \mu\,\beta_{32}\,,$$

diese wieder über eine zusätzliche Spannung e'_{st_3}:

$$e''_{st} = e_{st} \cdot (\mu\,\beta_{32})^2 \text{ usw.} \tag{39}$$

Alle diese Spannungen überlagern sich.

Insgesamt wirkt also an der Trennstelle zwischen den beiden Verstärkerhälften die Spannung:

$$\sum e_{st}^{(n)} = e_{st}\,(1 + \mu_{kr} + \mu_{kr}^2 + \cdots)\,, \tag{40}$$

welche, mit $\mu_b \beta_{34}$ multipliziert, die gesuchte Spannung e_{st_4} ergibt. Dabei gilt im Falle der Konvergenz

$$1 + \mu_{kr} + \mu_{kr}^2 + \cdots = \frac{1}{1 - \mu_{kr}}. \tag{41}$$

3. Änderung der Eingangs- und Ausgangswiderstände durch Gegenkopplung.

Der Verstärker werde für die vorliegende Untersuchung als ein nichtlinearer Vierpol aufgefaßt; sein Eingangswiderstand R_{ve} und sein Ausgangswiderstand R_{va} seien also ebenfalls nichtlineare Kennlinien, mit einer entsprechenden Steilheit im Nullpunkt. Wir wählen wieder eine aus zwei Teilen bestehende Anordnung (s. Abb. 91), von denen der eine — V — den oben beschriebenen Verstärker, und der andere — N — ein lineares Netzwerk darstellt. Das lineare Netzwerk möge näherungsweise in seinen Eigenschaften durch folgende Gleichungen beschrieben sein:

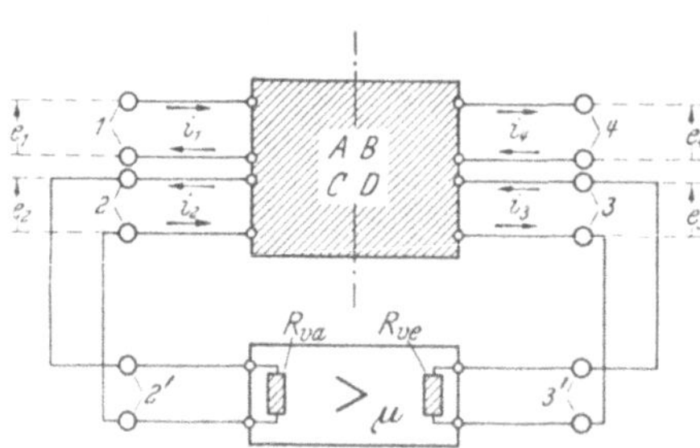

Abb. 91. Schematische Anordnung des durch Gegenkopplung zu linearisierenden Verstärkers V und des passiven Netzwerkes N. Zwischen den Klemmenpaaren *1* und *4* entsteht ein Vierpol. Die Größen μ, R_{ve} und R_{va} stehen als Symbole für einen nichtlinearen Zusammenhang.

$$e_4 = e_3\,,\quad i_4 = i_3\,; \tag{42}$$

$$e_1 = e_2 + A \cdot e_4 + B \cdot i_4\,,\quad i_1 = i_2 + C \cdot e_4 + D \cdot i_4\,; \tag{43}$$

wobei es in Kauf genommen werden soll, daß diese Eigenschaften nicht streng mit der Vierpoltheorie übereinstimmen.

Am Verstärker bestehen die Gleichungen

$$e_3 = \mu \cdot e_2 - R_{va} \cdot i_3\,, \tag{44}$$

$$e_2 = R_{ve} \cdot i_2\,. \tag{45}$$

Diese 6 Gleichungen mit 8 Veränderlichen lassen sich durch Eliminieren von 4 Veränderlichen auf 2 Gleichungen mit 4 Veränderlichen reduzieren. Entfernt werden die an den Klemmen *2* und *3* herrschenden uninteressanten elektrischen Größen, und es bleiben nur Beziehungen für die Spannungen und Ströme des gegengekoppelten Verstärkers übrig.

Das sich nach einiger Zwischenrechnung ergebende Gleichungspaar lautet:

$$\begin{aligned} e_1 &= \left(\frac{1}{\mu} + A\right) \cdot e_4 + \left(\frac{R_{va}}{\mu} + B\right) \cdot i_4, \\ i_1 &= \left(\frac{1}{\mu R_{ve}} + C\right) \cdot e_4 + \left(\frac{R_{va}}{\mu \cdot R_{ve}} + D\right) \cdot i_4. \end{aligned} \tag{46}$$

Für $\mu \to \infty$ gehen diese Gleichungen in das Gleichungspaar

$$e_1 = A \cdot e_4 + B \cdot i_4, \qquad i_1 = C \cdot e_4 + D \cdot i_4 \tag{47}$$

über, d. h.: *im Grenzfall sind die Eigenschaften des gegengekoppelten Verstärkers nur noch von denen des linearen passiven Netzwerkes abhängig.*

Schreibt man zur Abkürzung:

$$\begin{aligned} A' &= \frac{1}{\mu} + A, & B' &= \frac{R_{va}}{\mu} + B, \\ C' &= \frac{1}{\mu \cdot R_{ve}} + C, & D' &= \frac{1}{\mu} \cdot \frac{R_{va}}{R_{ve}} + D, \end{aligned} \tag{48}$$

so kann man die Anpassungswiderstände des gegengekoppelten Verstärkers bei Kurzschluß k bzw. Leerlauf l nach den Regeln der Vierpoltheorie durch die Größen

$$\begin{aligned} R_{vek} &= \frac{B'}{D'}, & R_{vel} &= \frac{A'}{C'}, \\ R_{vak} &= \frac{B'}{A'}, & R_{val} &= \frac{D'}{C'} \end{aligned} \tag{49}$$

ausdrücken. Beim gegengekoppelten Verstärker sind die Anpassungswiderstände nicht rückwirkungsfrei. Man kann also ebenfalls von einem Welleneingangswiderstand

$$R_{vez} = \frac{A' B'}{C' D'} \tag{50}$$

und einem Wellenausgangswiderstand

$$R_{vaz} = \frac{B' D'}{A' C'} \tag{51}$$

sprechen. Die Leerlauf-Spannungsübersetzung ist

$$\mu' = \frac{1}{A'} = \frac{\mu}{1 + \mu A}. \tag{52}$$

Bei genügend hoher Verstärkung μ kann man in allen diesen Formeln die Elemente A', B', C', D' durch A, B, C, D ersetzen. Es sei jedoch hervorgehoben, daß diese vier Größen nicht als Elemente der Kettenmatrix eines passiven Vierpoles eingeführt sind. Daher gilt die bekannte Beziehung unter den Koeffizienten hier nicht, also ist $AD - BC \neq 1$.

Insbesondere können beliebig viele dieser Koeffizienten verschwinden. Sind alle vier $= 0$, so erscheint an den Klemmen *1* und *4* der ursprüngliche nicht gegengekoppelte Verstärker.

Ein Spezialfall liegt bei

$$\begin{vmatrix} A' & B' \\ C' & D' \end{vmatrix} = 0 \tag{53}$$

vor. Dann ist der Verstärker hinsichtlich seiner Widerstände rückwirkungsfrei, d. h.

$$\begin{aligned} R_{vek} &= R_{vel} = R_{vez} = \frac{B'}{D'} = \frac{A'}{C'}, \\ R_{vak} &= R_{val} = R_{vaz} = \frac{B'}{A'} = \frac{D'}{C'}. \end{aligned} \tag{54}$$

Bei genügend großem Verstärkungsfaktor μ ist die obige Determinantenbedingung natürlich identisch mit

$$\begin{vmatrix} A\,B \\ C\,D \end{vmatrix} = 0\,. \tag{55}$$

Bei den Einflüssen der Gegenkopplung auf die beiden nichtlinearen Widerstände muß man zwei Wirkungen unterscheiden:

a) Änderung seiner Größe um einen Faktor,

b) Änderung seiner Größe durch Addieren einer linearen Größe.

Im Fall a) wird nur die Steilheit im Nullpunkt (Tangentenrichtung) geändert, die relative Größe des nichtlinearen Fehlers bleibt aber dieselbe; während im Fall b) zwar auch die Steilheit im Nullpunkt geändert wird, jedoch in der Weise, daß dadurch der lineare Anteil, relativ gesehen, erhöht wird. Sieht man von den extremen Kurzschluß- bzw. Leerlaufbelastungen eines der beiden Klemmenpaare ab, so kann man die Änderung der Größe leicht von den beiden Wellenwiderständen ablesen und erhält das Schema:

Tabelle 3. *Wirkung der verschiedenen Gegenkopplungsarten auf die Größe des Eingangs- und des Ausgangswiderstandes.*

<table>
<tr><th colspan="2" rowspan="2"></th><th colspan="2">Ausgangswiderstand</th></tr>
<tr><th>fällt</th><th>wächst</th></tr>
<tr><td rowspan="2">Eingangswiderstand</td><td>wächst</td><td>A
bei
Spannungs-
Spannungs-
Gegenkopplung</td><td>B
bei
Strom-
Spannungs-
Gegenkopplung</td></tr>
<tr><td>fällt</td><td>C
bei
Spannungs-
Strom-
Gegenkopplung</td><td>D
bei
Strom-
Strom-
Gegenkopplung</td></tr>
</table>

Dieses Schema sagt nichts über die Änderung der Linearität des Eingangs- und des Ausgangswiderstandes aus. Will man diese ebenfalls linearisieren, so müssen im allgemeinen Fall alle vier Gegenkopplungen genügend stark vorhanden sein. Bei Spezialfällen sind besondere Überlegungen erforderlich: Wird z. B. ein Verstärker am Ausgang mit starker Überanpassung betrieben, so ist der Eingangswiderstand annähernd gleich R_{vel}. Es genügt daher die Gegenkopplung A und die Gegenkopplung C. Auf eine Linearisierung des Ausgangswiderstandes kann dann im allgemeinen verzichtet werden. Soll diese Linearisierung trotzdem vorgenommen werden, so muß das Anpassungsverhältnis am Eingang berücksichtigt werden. Ist der Generatorwiderstand klein gegen den Eingangswiderstand, so genügt eine Linearisierung von R_{vak}, was die Gegenkopplung A und die Gegenkopplung B erfordert usw.

III. Linearisierung durch Gegenkopplung.

Die Gegenkopplung verringert sowohl die Nutz- als auch die Störspannung um denselben Faktor, wenn beide aus voneinader unabhängigen Quellen stammen. Ist jedoch eine von beiden Spannungen von der anderen abhängig, wie es bei den durch Modulation oder harmonische Verzerrung hervorgerufenen zusätzlichen Spannungen der Fall ist, so wird diese Störspannung einmal unmittelbar durch die Gegenkopplung verringert, zum anderen aber auch mittelbar dadurch, daß die steuernde Nutzspannung ebenfalls um den Gegenkopplungsfaktor abgenommen hat; insgesamt findet also eine Abnahme statt, die bei kleiner Aussteuerung einer beliebigen nichtlinearen Kennlinie dem Quadrat des Gegenkopplungsfaktors G umgekehrt proportional ist. Relativ zur Nutzspannung ist daher auch dann noch eine Verbesserung um den Faktor G vorhanden, wenn wieder derselbe Ausgangspegel hergestellt wird, welcher vor Anwendung der Gegenkopplung bestanden hatte. Dazu ist ein zusätzlicher Verstärker nötig, der die Eingangsspannung um den Faktor G erhöht. *Voraussetzung für die ausgerechnete Verbesserung ist allerdings, daß die Erhöhung des Eingangspegels ohne die Erzeugung eines zusätzlichen Fehlers geschieht.*

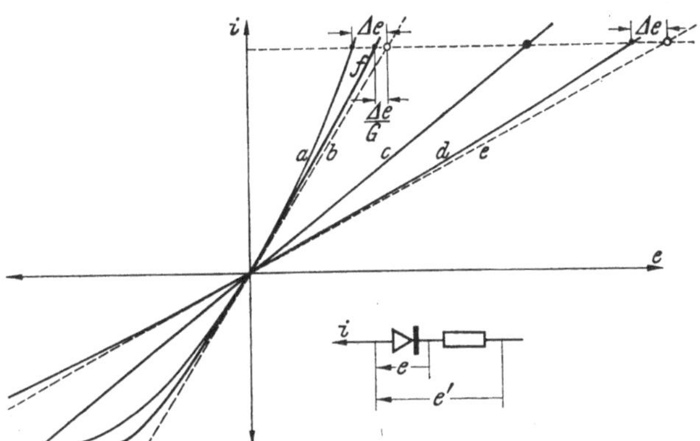

Abb. 92. Linearisierung einer nichtlinearen Kennlinie. Durch Scherung geht die ursprüngliche Kennlinie a in d über. Reduziert man diese auf dieselbe Steilheit, welche die ursprüngliche Kennlinie hatte, dann ist der Kennlinienfehler Δe entsprechend dem Verhältnis der Steilheiten zu $\Delta e/G$ zusammengeschrumpft.

Dieser Zusammenhang zwischen Störspannung und Nutzspannung bei Gegenkopplung ist nur bei kleinen Verzerrungen so einfach; bei hohen Verzerrungen muß man mit komplizierteren Vorgängen rechnen. Bei wachsendem Ausgangspegel muß schließlich einmal die begrenzte Leistungsfähigkeit der Endstufe in Erscheinung treten.

1. Die Linearisierung einer Kennlinie.

Es ist zweckmäßig, das Grundsätzliche der Linearisierung an einem anschaulichen Objekt zu betrachten (s. Abb. 92). Es seien ein nichtlinearer Widerstand, z. B. ein Trockengleichrichterelement, und ein linearer Widerstand hintereinandergeschaltet. Beim nichtlinearen Widerstand sei der *Leitwert* μ entweder graphisch durch eine Kennlinie oder analytisch durch eine Potenzreihe gegeben. Der lineare Widerstand habe den *konstanten Widerstand* β. Für sich allein betrachtet habe der nichtlineare Widerstand die Kennlinie:

$$i = \mu \cdot e_1 \tag{56}$$

und der Ohmsche Widerstand die Kennlinie:

$$i = \frac{1}{\beta} \cdot e_2. \tag{57}$$

Die Spannung, welche insgesamt erforderlich ist, um denselben Strom i hindurchzutreiben, wenn beide Widerstände in Reihe geschaltet sind, ist offenbar:

$$e = e_1 + e_2. \tag{58}$$

Die resultierende Kennlinie, welche die Hintereinanderschaltung kennzeichnet, bekommt man daher durch eine bei magnetischen Kreisen unter der Bezeichnung „Scherung" bekannte Konstruktion: Es werden punktweise die zu einer bestimmten Ordinate gehörigen Abszissenwerte beider Kennlinien addiert.

Dadurch entsteht aus den Kurven a und c die Resultierende d. Die Tangente b im Nullpunkt von a bildet mit c die entsprechende Tangente der Resultierenden e. Augenscheinlich ist d sehr viel „linearer" als a. Um aber Quantitatives sagen zu können, ist es zweckmäßig, die linearisierte Kennlinie dadurch mit der ursprünglichen Kennlinie durch Änderung des Abszissenmaßstabes vergleichbar zu machen, so daß die Tangente e mit der ursprünglichen Tangente b zusammenfällt. Führt man eine Größe Δe ein, welche für ein bestimmtes i angibt, wie stark sich die Kurve a von b unterscheidet, so wird dieser Fehler durch die Konstruktion der neuen Kurve mit derselben *absoluten* Größe übertragen. *Relativ* ist er aber in demselben Verhältnis kleiner wie die Steilheit der neuen Tangente zur ursprünglichen Tangente. Man kann daher die auf dieselbe Steilheit reduzierte resultierende Kennlinie f auch unmittelbar dadurch gewinnen, daß man den Fehler Δe im Verhältnis der Steilheiten aufteilt. Der Teilungspunkt ist ein Punkt der gesuchten reduzierten Kennlinie.

Diese Kennlinie ist also tatsächlich relativ linearer, wobei vorausgesetzt ist, daß man die an den „Eingang" angelegte Spannung e so stark erhöhen kann, daß am „Ausgang" derselbe Strom i erreicht wird. Genau der gleiche rechnerische und funktionsmäßige Zusammenhang liegt wegen Gl. (26) und (36) auch dann vor, wenn nicht nur Spannung und Strom an einem Widerstand, sondern z. B. Eingangsspannung und Ausgangsspannung an einem nichtlinearen Vierpol betrachtet werden.

Der durch Konstruktion bewirkten Linearisierung entspricht folgende Rechnung:

Es sei

$$i = \mu \cdot e_1 = \mu_1 \cdot e_1 + \mu_2 \cdot e_1^2 + \cdots. \tag{59}$$

Gesucht ist ein Zusammenhang zwischen i und e, wobei gem. Gl. (58) und Gl. (60)

$$e = e_1 + \beta i \tag{60}$$

oder

$$i = \mu \cdot (e - \beta i),$$

d. h.

$$i = \frac{\mu}{1 - \mu\beta} \cdot e \tag{61}$$

ist.

Im Nullpunkt, d. h. für kleine Spannungen, ist die Steilheit der neuen Kennlinie um den Faktor

$$G = 1 - \mu_1 \beta$$

kleiner als die der nicht gegengekoppelten Kennlinie.

Es ist auch möglich, eine neue Kennlinie

$$i = \frac{1}{G} \cdot \mu' \cdot e \tag{62}$$

in der Form anzugeben, daß in der entsprechenden Reihe

$$\mu' \cdot e = \mu_1' \cdot e + \mu_2' \cdot e^2 + \cdots \tag{63}$$

die einzelnen Koeffizienten aus denen der alten Potenzreihe nach Gl. (59) errechnet werden. Man erhält für die ersten Glieder der neuen Reihe die Koeffizienten:

$$\begin{aligned}
\mu_1' &= \mu_1,\\
\mu_2' &= \frac{1}{G}\cdot\mu_2,\\
\mu_3' &= \frac{1}{G}\mu_3 - 2\,\frac{\beta}{G}\mu_2^2,\\
\mu_4' &= \frac{1}{G}\mu_4 - 5\,\frac{\beta}{G}\mu_2\mu_3 - 5\,\frac{\beta^2}{G}\cdot\mu_2^3,\\
\mu_5' &= \frac{1}{G}\cdot\mu_5 - 3\,\frac{\beta}{G}(2\,\mu_2\mu_4 + \mu_3^2) + 21\left(\frac{\beta}{G}\right)^2\mu_2^2\mu_3 - 14\left(\frac{\beta}{G}\right)^3\cdot\mu_2^4,\\
\mu_6' &= \frac{1}{G}\cdot\mu_6 - 7\,\frac{\beta}{G}(\mu_2\mu_5 + \mu_3\mu_4) + 28\left(\frac{\beta}{G}\right)^2(\mu_2^2\mu_4 + \mu_2\mu_3^2) +\\
&\quad + 84\left(\frac{\beta}{G}\right)^3 a_2^3\,a_3 + 42\left(\frac{\beta}{G}\right)^4\mu_2^5.
\end{aligned} \tag{64}$$

Man erkennt aus Gl. (64), daß das quadratische Glied in der Potenzreihe proportional dem Gegenkopplungsfaktor abnimmt, während alle Glieder höherer Ordnung aus zwei Anteilen bestehen, einem durch jeweils das erste Glied dargestellten Anteil, welcher gleich dem um den Gegenkopplungsfaktor verringerten entsprechenden Koeffizienten der ursprünglichen Reihe ist, und den folgenden Gliedern, welche einen zusätzlichen Anteil höherer Ordnung bilden, der sich in komplizierter Weise aus den übrigen Koeffizienten zusammensetzt.

Daß solche zusätzlichen Verzerrungen auftreten, kann man auf verschiedene Weise sinnfällig machen: Angenommen, die ursprüngliche Kennlinie sei rein quadratisch. Dann entsteht bei einer angelegten Sinusspannung ein Strom, welcher einen verzerrten Anteil von doppelter Frequenz enthält. Von dieser Frequenz wird durch den Spannungsabfall am Widerstand ein Anteil der Sinusspannung aufgedrückt. Die einfache und die doppelte Frequenz bilden an der Kennlinie die dreifache Frequenz, die durch den linearen Spannungsabfall wieder der Spannung an der quadratischen Kennlinie beigemischt wird usw. Bei jedem „Durchlauf" entsteht eine zusätzliche Verzerrung von nächsthöherer Ordnung.

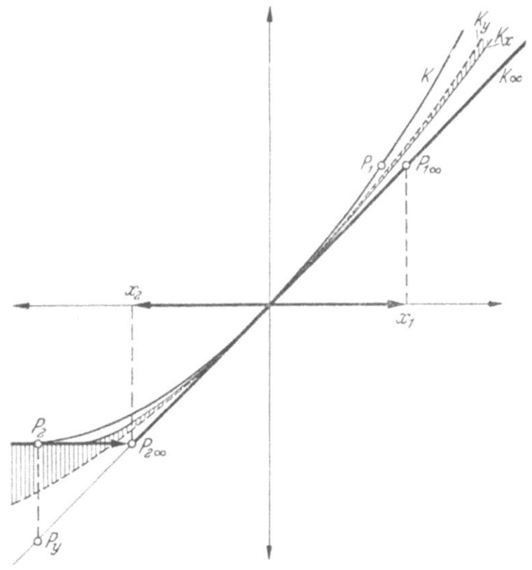

Abb. 93. Durch Scherung entstehende zusätzliche Verzerrungen. Bei einer streng proportionalen Fehlerverminderung müßte aus der Kennlinie K die Kennlinie K_y entstehen. Es entsteht aber in Wirklichkeit die Kennlinie K_x. Die Differenz zwischen beiden (schraffiert) bewirkt die zusätzlichen Verzerrungen.

Eine andere Möglichkeit, die Bildung der zusätzlichen Verzerrungsanteile höherer Ordnung zu klären, ist durch die „Scherung" der Kennlinie geometrisch gegeben (s. Abb. 93): Die Verzerrungen der Ausgangsgröße sind die Differenz zwischen dem *Ordinaten*wert der Kennlinie und dem seiner Nullpunktstangente für dieselbe Eingangsgröße, also denselben Abszissenwert. Diejenige Kennlinie K_y, welche gegenüber der ursprünglichen einen streng proportional verminderten Fehler besitzt, geht durch proportionale Verminderung der in Ordinatenrichtung gemessenen Abweichung aus der ursprünglichen Kennlinie K hervor. In Wirklichkeit bewirkt die Gegenkopplung aber eine Verschiebung in *Abszissen*richtung und erzeugt dabei die Kennlinie K. Die schraffiert angelegte Differenz zwischen K_x und K_y ist der zusätzliche Fehleranteil. Dieser wird dann besonders groß, wenn die Kennlinie eine bestimmte Grenzordinate überhaupt nicht übersteigt. Im Grenzfall unendlich hoher Gegenkopplung wird zwar ein Kennlinienabschnitt linearisiert, sie geht jedoch an der Grenze in eine horizontale Gerade (K_∞) über. Die verzerrungsfreie Aussteuerung bewegt sich zwischen x_1 und x_2, wodurch die Kennlinie K zwischen den Grenzpunkten $P_{1\infty}$ und $P_{2\infty}$ beansprucht wird. Die Punkte P_1 bezw. P_2 wandern bei unendlich hoher Gegenkopplung nach $P_{1\infty}$ bzw. $P_{2\infty}$. Bei $P_{2\infty}$ entsteht ein scharfer Knick, da der Punkt P_2 nicht nach P_y wandern kann.

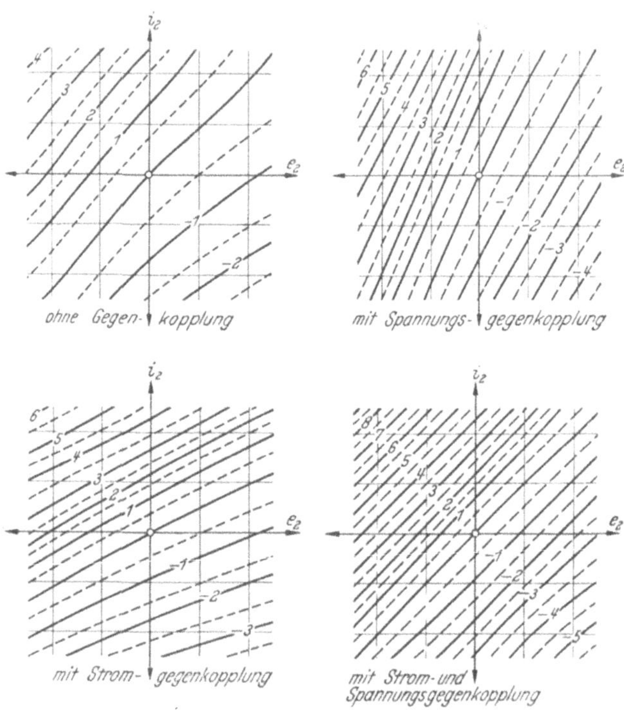

Abb. 94. Nichtlineares Kennlinienfeld (beliebige Annahme) der Ausgangsspannung und des Ausgangsstromes mit der Eingangsspannung als Parameter. (Nicht zu verwechseln mit dem Kennlinienfeld des Verstärkungsfaktors.) Durch eine Spannungsgegenkopplung, eine Stromgegenkopplung bzw. durch beide Gegenkopplungen gleichzeitig entstehen die übrigen gezeichneten Kennlinienfelder. Durch den Gegenkopplungsfaktor *2* (dargestelltes Beispiel) entsteht ein Verlust an Verstärkung, welcher bei Spannungsgegenkopplung nur bei Leerlauf, bei Stromgegenkopplung nur bei Kurzschluß und bei gemischter Gegenkopplung bei einem beliebigen Belastungswiderstand auftritt.

2. Linearisierung eines Kennlinienfeldes.

Durch die Anodenspannungs-Anodenstrom-Diagramme von Verstärkerröhren, bei denen die Eingangsspannung als Parameter auftritt, ist eine Darstellungsweise üblich geworden, die in entsprechender Weise auf ein beliebiges Feld nichtlinearer Kennlinien angewendet werden kann.

Diese Darstellung ist zweckmäßig, da sie die Möglichkeit offen läßt, mit einem beliebigen Belastungswiderstand zu rechnen (Belastungsgerade). Daher wird diese Darstellung auch hier für gegengekoppelte Verstärker übernommen (s. Abb. 94). Das dargestellte Feld ist ein ganz willkürliches und zufälliges Beispiel. Eine Spannungsgegenkopplung (A oder C) bewirkt durch Scherung eine

Linearisierung des Kennlinienfeldes in Richtung der Spannungsachse, eine Stromgegenkopplung (*B* oder *D*) eine Linearisierung des ursprünglichen Kennlinienfeldes in Richtung der Stromachse, eine Kombination beider Gegenkopplungen hat eine Linearisierung in beiden Achsenrichtungen zur Folge. Die Änderung der inneren Widerstände ist aus den Kennlinienfeldern ersichtlich.

Welche von den beiden Spannungsgegenkopplungen *A* bzw. *C* oder welche von den beiden Stromgegenkopplungen *B* bzw. *D* ausgewählt wird, hängt von den Forderungen ab, die vom Eingang des Verstärkers zu erfüllen sind. Die *A*- und die *C*-Gegenkopplung sind bei großen Belastungswiderständen besonders wirksam, die *B*- und die *D*-Gegenkopplung dagegen bei kleinen Belastungswiderständen, wie man aus den Kennlinienfeldern durch Vergleich erkennt.

Beim Belastungswiderstand 0 (Kurzschluß) stimmt das spannungsgegengekoppelte Kennlinienfeld und beim Belastungswiderstand ∞ (Leerlauf) stimmt das stromgegengekoppelte Kennlinienfeld an der jeweiligen Belastungsgeraden mit dem ursprünglichen Kennlinienfeld überein, da keine Gegenkopplungsspannung mehr erzeugt wird.

IV. Einfluß der Gegenkopplung auf die abgebbare Leistung.

Die durch Gegenkopplung an den Kennlinien bewirkten Änderungen kommen durch zusätzliche Steuerspannungen am Eingang zustande. Für die Leistung, die ein Verstärker abgeben kann, ist es aber gleichgültig, woher die zusätzlichen Steuerspannungen kommen. Man könnte sich also z. B. einen zusätzlichen Generator denken oder einen nichtlinearen Vorverzerrer, der die Eingangsspannung gerade so verzerrt, daß dadurch die folgende Verzerrung aufgehoben wird. Dem Verstärker geht nur die Leistung verloren, welche vom Verstärkerausgang für die Gegenkopplung abgezweigt und im Gegenkopplungsweg oder im Eingangswiderstand R_{ve} des Verstärkers, sofern dieser eine Wirkkomponente hat, verbraucht wird. Dieser echte Verlust ist meist relativ klein.

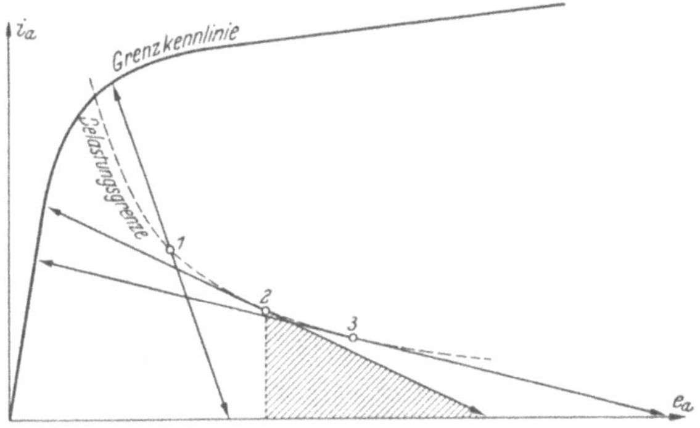

Abb. 95. Die Ausgangsleistung bei Gegenkopplung. Die Belastungsgerade muß im Kennlinienfeld so untergebracht werden, daß bei Linearisierung der entnommenen Spannung das Leistungsdreieck möglichst groß wird. Der Höchstwert wird etwa bei der Belastungsgeraden *2* erreicht.

Man kann daher in erster Näherung rechnen, daß die abgebbare Leistung durch die Gegenkopplung keine Änderung erfährt.

Ein scheinbarer Leistungsrückgang tritt dann ein, wenn ein harter Einsatz der Verzerrungen unangenehmer ist als nichtlineare Verzerrungen von im Mittel höherem Wert, weil dann ein höherer Sicherheitsabstand von der Übersteuerungsgrenze eingehalten werden muß.

Da der Ausgangswiderstand des Verstärkers mit Hilfe der Gegenkopplung eingestellt werden kann, ist die Möglichkeit gegeben, die Leistungsanpassung ohne Nebenrücksichten auf den Ausgangswiderstand vorzunehmen. Gegenüber der nicht gegengekoppelten Endröhre ist die günstigste Belastungsgerade u. U. ein wenig anders:

In dem i_a/e_a-Diagramm einer Röhre (s. Abb. 95) führt eine starke Gegenkopplung dazu, daß alle Belastungsgeraden vom Arbeitspunkt aus gleich weit nach beiden Seiten ausgesteuert werden. Läßt man den Arbeitspunkt die Belastungshyperbel entlangwandern, so wird sich das Leistungsdreieck der jeweils günstigsten Arbeitsgeraden ändern. Es nimmt genau wie beim nicht gegengekoppelten Verstärker im allgemeinen in Richtung auf höhere Betriebsspannungen zu.

Um einen guten Wirkungsgrad zu erzielen, sollte die Belastungsgerade so durch den gewählten Arbeitspunkt gelegt werden, daß das zwischen der Grenzkennlinie für einsetzenden Gitterstrom und der Abszissenachse liegende Stück durch den Arbeitspunkt halbiert wird. Trotzdem kann ein anderer Kennlinienverlauf günstiger sein, wenn bei unsymmetrischer Teilung das über den ungünstigsten Abschnitt der Arbeitsgeraden errichtete Leistungsdreieck größer ist als bei symmetrischer Teilung der Arbeitsgeraden durch den Arbeitspunkt.

Wenn dem Verstärker nicht nur Wirkleistungen, sondern auch erhebliche Scheinleistungen entnommen werden sollen, kann die Größe des Leistungsdreiecks allein eine Täuschung bewirken. Bei einer sinusförmigen Belastung wird die tatsächliche Aussteuerung im i_a/e_a-Feld nicht entlang der Arbeitsgeraden, sondern entlang einer Ellipse erfolgen: Es sollte der Winkel zwischen der Arbeitsgeraden und der Abszissenachse nicht zu spitz werden, da sonst nur noch Ellipsen mit zu kleinem Achsenverhältnis unterzubringen sind.

C. Auf den Verstärkungsfaktor bezogene Fehlerverminderung durch Gegenkopplung.

I. Allgemeine Übersicht.

Die Überlegungen des Abschnittes A ergeben, daß die dort behandelten Fehler eines Verstärkers, unter denen die linearen Verzerrungen fehlen, sämtlich als Störspannungen aufgefaßt werden können. Diese Störspannungen zerfallen in zwei Gruppen, 1. solche, welche aus Quellen stammen, die von der Nutzspannung unabhängig sind (Brummen und Rauschen), und 2. von der Nutzspannung gesteuerte Störspannungen. (Nichtlineare Verzerrung, aufmoduliertes Brummen oder Rauschen.)

Im Abschnitt B II wurde festgestellt, daß durch die Gegenkopplung in einer als Beispiel gewählten einfachen Anordnung Nutzspannungen und Störspannungen um denselben Faktor gesenkt werden. Die von der Nutzspannung erzeugten bzw. gesteuerten Störspannungen sinken bei kleinen Aussteuerungsgraden mit dem Quadrat des Gegenkopplungsfaktors, denn sie verringern sich *relativ zur Nutzspannung* mit dem Gegenkopplungsfaktor, und die Nutzspannung selbst verringert sich ebenfalls proportional dem Gegenkopplungsfaktor.

Wird durch eine zusätzliche technische Maßnahme, von der bisher nicht die Rede war, der Nutzpegel am Eingang um denselben Faktor hinaufgesetzt, um den der Verstärkungsfaktor durch die Gegenkopplung gesunken ist, so wird am Ausgang wieder derselbe Nutzpegel erreicht. Die unabhängigen Störspannungen sind — *sofern sie nicht mit angehoben werden* — nun relativ zum Nutzpegel um den Gegenkopplungsfaktor geringer. Die gesteuerten Störspannungen wachsen dagegen zunächst proportional mit der Erhöhung der Nutzspannung an. Da sie um das Quadrat des Gegenkopplungsfaktors gesenkt worden waren und nunmehr wieder proportional dem Gegenkopplungsfaktor gehoben werden, sind sie, bezogen auf denselben Ausgangspegel, ebenfalls um den Gegenkopplungsfaktor gesenkt worden. Dabei ist vorausgesetzt, daß die gesteuerten Störspannungen klein gegenüber der Nutzspannung sind.

II. Anwachsen der Fehler mit dem Verstärkungsfaktor.

Eine Verringerung von Störspannungen durch Gegenkopplung tritt nur ein, wenn die Eingangsspannung um den Verstärkungsverlust gehoben wird, ohne daß sich der Fehler auch entsprechend verstärkt. Diese zusätzliche Verstärkung kann z. B. durch einen *fehlerfreien* Verstärker bewirkt werden, welcher vor den Eingang des hier betrachteten gegengekoppelten Verstärkers geschaltet wird. Ebensogut kann man davon ausgehen, daß der gegenzukoppelnde Verstärker einen Verstärkungsfaktor hat, der um den beabsichtigten Gegenkopplungsfaktor zu groß ist.

Ein Verstärker bestehe aus n Stufen, wobei dem Eingang einer jeden Stufe mit dem Verstärkungsfaktor μ_n je eine Störspannung e_{st_n} von außen zugeführt wird, die man sich ersatzweise als durch je einen in Reihe mit dem betreffenden Eingang eingeschalteten Generator erzeugt denken kann (s. Abb. 96). Dann ist die gesamte Störspannung am Ausgang:

$$e_{st} = \mu \cdot \left(e_{st_1} + e_{st_2} \cdot \frac{1}{\mu_1} + e_{st_3} \cdot \frac{1}{\mu_1 \cdot \mu_2} + \cdots + e_{st_n} \cdot \frac{1}{\mu_1 \cdots \mu_{n-1}}\right),$$

wobei

$$\mu = \mu_1 \cdot \mu_2 \cdots \mu_n. \tag{65}$$

Wenn der Verstärkungsfaktor durch Erhöhung der Stufenzahl wächst, so wächst der Beitrag der ersten Stufe zur Gesamtstörung proportional dem Verstärkungsgrad, die Beiträge der anderen Stufen sind aber geringer. Zwar wächst die *Zahl* der einzelnen Quellen. Trotzdem kann man sich durch ein Zahlenbeispiel leicht davon überzeugen, daß die Zahl an Stufen kein wesentliches Wachsen der Störspannung mit sich bringt: Angenommen, jede Stufe besitze den gleichen Verstärkungsfaktor 10 und die gleiche nicht weiter zu verringernde Störspannung $e_{st_n} = e_{st_1}$ wie die erste Röhre. Dann ergibt sich aus Gl. (67) im Grenzfall unendlich vieler Röhren: $e_{st} = e_{st_1} \cdot \mu \cdot \frac{10}{9}$. Hierbei ist der ungünstigste Fall angenommen, daß sich alle Störspannungen mit der gleichen Phase addieren. Wenn in jeder Stufe eine Phasenumkehr erfolgt, würde sich $e_{st} = e_{st_1} \cdot \mu \cdot \frac{10}{11}$ ergeben.

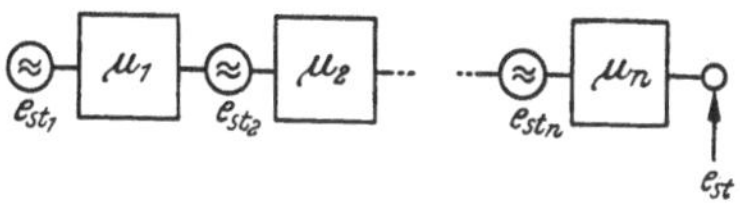

Abb. 96. Zusammensetzung der am Ausgang gemessenen Störspannung e_{st} aus den Anteilen der einzelnen Stufen.

Allgemein gilt im Grenzfall n

$$e_{st} = e_{st_1} \cdot \mu \cdot \frac{\mu_n}{\mu_n - 1}. \tag{66}$$

Dieser Wert wird also bei einer endlichen Anzahl von Stufen nicht überschritten. Hierbei ist μ_n der Verstärkungsfaktor der *einzelnen* Stufe und muß negativ oder positiv eingesetzt werden, je nachdem ob Phasenvertauschung erfolgt oder nicht. Man kann also bei hinreichend hohen Verstärkungsfaktoren im Mittelwert durchaus so rechnen, als ob nur ein Beitrag für die Störspannung von der ersten Röhre geliefert würde.

Will man berücksichtigen, daß die Verringerung der Störspannungen aus wirtschaftlichen Gründen nur in der Anfangsstufenröhre so hoch getrieben werden kann, so kann man die zweifellos vernünftige Annahme machen, daß die Spannung des Ersatzgenerators für die Störung von Stufe zu Stufe um den

Faktor k wachse, es sei also $e_{st_2} = k \cdot e_{st_1}$, $e_{st_3} = k \cdot e_{st_2}$ usw. Dann ist die gesamte Störspannung am Ausgang für $n \to \infty$:

$$e_{st} = e_{st_1} \cdot \mu \cdot \frac{\mu_n}{\mu_n - k}, \tag{67}$$

welche bei einer endlichen Stufenzahl ebenfalls nicht überschritten wird.

Da es nicht schwierig ist, die Bedingung $k \ll \mu_n$ zu erfüllen, ist die gesamte Störspannung am Ausgang eines praktisch möglichen Verstärkers im Grenzfall nur wenig größer (z. B. 20%) als der aus der ersten Stufe allein herrührende Anteil. Diese Überlegung gilt, wie man leicht nachweisen kann, in ganz ähnlicher Weise auch für Rauschspannungen.

Gesteuerte Störspannungen, wie nichtlineare Verzerrungen, auf die Nutzspannung aufmoduliertes Brummen oder Rauschen, entstehen praktisch nur in der letzten Stufe. Bei einer Erhöhung der Stufenzahl bleiben also die gesteuerten Störspannungen praktisch unverändert, sofern der Ausgangspegel konstant gehalten wird.

Einen Sonderfall gesteuerter Störspannungen stellen die Verstärkungsschwankungen dar, eine Modulation der Nutzspannung mit einer extrem niedrigen Frequenz. Da es nicht in derselben Weise möglich ist, diese „niedrige Modulationsfrequenz" den Röhren durch Siebung fernzuhalten, es sei denn mit Eisenwasserstoff- und/oder Glimmstreckenstabilisatoren, so treten diese „Störspannungen" praktisch an allen Röhren in ungefähr derselben relativen Stärke auf. Natürlich wird die Wirkung dieser Störung nicht mehr als Störspannung, sondern als Verstärkungsschwankung empfunden. (Die „Störspannung" hat hier nur eine fiktive Bedeutung und ist die Differenz zwischen der wirklichen Nutzspannung und derjenigen Nutzspannung, welche bei normalen Verstärkungsfaktoren vorhanden sein müßte.) Die Verstärkungsschwankung ist aus

$$\mu + \Delta\mu = (\mu_1 + \Delta\mu_1)(\mu_2 + \Delta\mu_2) \ldots (\mu_n + \Delta\mu_n) \tag{68}$$

zu berechnen.

Bei kleinen Fehlern kann man auch statt dessen schreiben:

$$\log\mu = \log\mu_1 + \log\mu_2 + \cdots \log\mu_n$$

bzw.

$$\Delta V = \Delta V_1 + \Delta V_2 + \cdots + \Delta V_n, \tag{69}$$

wobei V bekanntlich die „Verstärkung" (in db) bedeuten soll. Es ist also eine praktisch vernünftige Annahme, eine Zunahme dieses Fehlers proportional der Zahl von Verstärkerstufen, d. h. der Verstärkung V, zugrunde zu legen. Allerdings bezieht sich diese Annahme nur auf gleichartige Stufen (z. B. sämtliche Stufen seien Trioden oder Pentoden) und auf dieselbe relative Schwankung der einzelnen Betriebsspannungen.

Wenn in dem vorgesehenen Verstärkungsfaktor μ der Faktor G enthalten ist, um den bei der Gegenkopplung die Fehler wieder gesenkt werden, also $\mu = \mu' \cdot G$, so entsteht durch entsprechende Verstärkungserhöhung und Gegenkopplung folgende Wirkung auf die Fehler:

a) *Die Störspannungen aus unabhängigen Quellen (Brummen, Rauschen) können um den Gegenkopplungsfaktor bis auf den Wert gesenkt werden, der aus der Eingangsröhre stammt. Das auf das Gitter bezogene Brummen und Rauschen der Eingangsröhre kann durch die Gegenkopplung nicht mehr verringert werden.*

b) *Die durch Modulation verursachten Störungen, z. B. die nichtlinearen Verzerrungen, ausgenommen jedoch die Verstärkungsschwankungen, sinken um den Gegenkopplungsfaktor, sofern die ursprüngliche Störspannung bei derselben Ausgangsspannung bereits klein war gegenüber der Nutzspannung.*

c) Die Verstärkungsschwankungen (in db) nehmen mit dem Logarithmus des Verstärkungsfaktors, dividiert durch den Gegenkopplungsfaktor, zu. Wenn also ein Verstärker mit 40 db Verstärkung eine hundertfache Gegenkopplung erhält, so verringern sich die Schwankungen (in db) aus derselben Ursache um den Faktor 50. Diese Zahlen gelten allerdings nur dann, wenn die Verstärkungserhöhung durch eine zusätzliche Zahl gleichartiger Röhren bewirkt wird. Bei Verwendung einer bereits vorhandenen Verstärkungsreserve für die Gegenkopplung verringern sich auch die Schwankungen proportional dem Gegenkopplungsfaktor.

III. Die wirksamste Gegenkopplungsschaltung.

Die Überlegungen des Abschnittes II beziehen sich nur auf das dabei zugrunde gelegte allgemeine Schema. Man kann daher nicht bei allen Schaltungen, in denen eine Gegenkopplung enthalten ist, eine Verminderung der Fehler um denselben Faktor erwarten, um den der Verstärkungsfaktor durch die Gegenkopplung gefallen ist.

Beispiele sollen zur Erklärung dessen, was gemeint ist dienen:

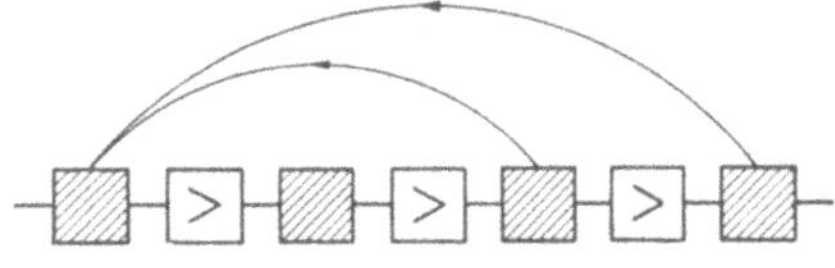

Abb. 97. Schema eines dreistufigen Verstärkers mit zwei Gegenkopplungen.

a) Angenommen, ein dreistufiger Verstärker (s. Abb. 97) besitze zwei Gegenkopplungen, von denen die eine alle drei Stufen und die zweite nur die ersten beiden Stufen umfaßt. Jede Stufe besitze einen ursprünglichen Verstärkungsfaktor 10, alle drei Stufen zusammen also einen solchen von 1000. Der Fehler, dessen Verminderung erreicht werden soll, sei im wesentlichen durch die dritte Stufe verursacht. Wenn man nur einen Verstärkungsfaktor 10 braucht, so kann man den Gegenkopplungsfaktor über alle drei Stufen gleich 100 wählen. Nach den bisherigen Überlegungen wird dadurch der Fehler auch um den Faktor 100 gemindert. Hatten aber die ersten beiden Stufen bereits durch ihre eigene Gegenkopplung eine Verstärkungsverminderung, z. B. um den Faktor 10, so wird dadurch der von der gemeinsamen Gegenkopplung umschlossene Verstärkungsfaktor von 1000 auf 100 fallen, ohne daß der Fehler überhaupt dadurch vermindert wird, da ja innerhalb des zunächst gegengekoppelten Teiles des Verstärkers ohnehin keine zu vermindernden Fehler vorhanden waren. Für die gemeinsame Gegenkopplung hat sich jetzt der ursprüngliche Verstärkungsfaktor um den Faktor 10 gemindert. Es steht also der gemeinsamen Gegenkopplung, welche allein eine Fehlerverminderung in der Stufe 3 bewirkt, nur eine unnötig um den Faktor 10 verminderte Verstärkungsreserve zur Verfügung.

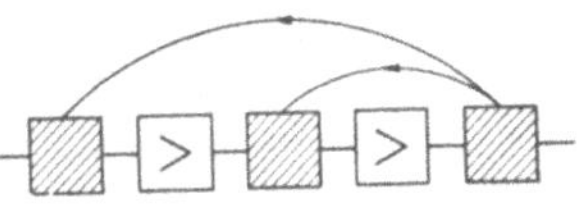

Abb. 98. Schema eines zweistufigen Verstärkers mit zwei Gegenkopplungen.

b) Es seien zwei Stufen mit der Verstärkung 100 bzw. 10 vorgesehen (siehe Abb. 98). Durch eine 10fache Gegenkopplung werde der Fehler der letzten Stufe um den Faktor 10 gesenkt, gleichzeitig aber auch sein Verstärkungsfaktor, so daß der Ausgangspegel der ersten Röhre um denselben Faktor gehoben werden muß. Da nun die Vorröhre denselben Ausgangspegel wie die Endröhre hat, wird sie nun auch einen nichtlinearen Fehler von derselben Größenordnung liefern wie bis dahin die Endröhre allein. Also ist für eine zweite, gemeinsame Gegenkopplung nichts gebessert, ganz im Gegenteil die Verstärkungsreserve nutzlos um den Faktor 10 verringert worden.

Mehrfache Gegenkopplungen verbrauchen offensichtlich unnötig Verstärkungsreserve, ohne dafür eine entsprechende Verminderung des Fehlers zu bieten.

Die günstigste Gegenkopplungsschaltung enthält daher einen gemeinsamen Gegenkopplungsweg vom Ausgang der letzten Röhre mit dem höchsten Fehler bis zum Eingang einer Vorröhre. Die gesamte umschlossene Verstärkung muß so hoch sein, daß

a) der erforderliche Verbesserungsfaktor als Verstärkungsreserve zur Verfügung steht und

b) nach Einschaltung der Gegenkopplung ein hinreichender Verstärkungsfaktor erreicht wird, so daß von derjenigen Röhre, welche die Eingangsspannung liefert, nur ein gegenüber der Endröhre hinreichend niedriger Ausgangspegel verlangt wird.

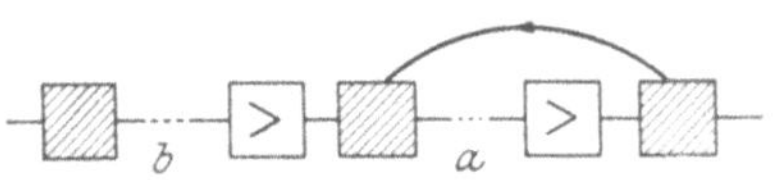

Abb. 99. Schema zur günstigsten Schaltung eines gegengekoppelten Verstärkers. Die Verstärkungsreserve, welche durch die Gegenkopplung verbraucht wird, kann sowohl innerhalb des Gegenkopplungskreises bei *a* als auch vor dem gegengekoppelten Verstärker bei *b* geschaffen werden. Beide Möglichkeiten sind praktisch gleichwertig, wenn durch den nicht gegengekoppelten Vorverstärker keine zusätzlichen Fehler hineingebracht werden. Daher muß die Verstärkungsreserve bei *a* mindestens so groß gemacht werden, daß nach der vorgenommenen Gegenkopplung noch ein genügend großer Verstärkungsfaktor übrigbleibt.

Falls diese Bedingung erfüllt ist, kann zur Erreichung einer noch höheren vorgeschriebenen Gesamtverstärkung nach Wahl entweder die ursprüngliche Verstärkung innerhalb der gemeinsamen Gegenkopplung um den fehlenden Faktor erhöht werden, oder es kann vor der gegengekoppelten Schaltung ein im allgemeinen nicht gegengekoppelter Vorverstärker geschaltet werden, dessen Verstärkungsfaktor die fehlende Größe hat (s. Abb. 99). Die beiden Möglichkeiten, den Vorverstärker mit in die Gegenkopplung einzubeziehen (*a*) oder nicht (*b*), sind dann gleichwertig, wenn alle Fehler des Vorverstärkers genügend klein sind.

D. Das passive Netzwerk.

I. Die Anpassung des Hauptverstärkers.

Die Anschlüsse des Hauptverstärkers sollen für die Außenstromkreise eine möglichst günstige Anpassung liefern. Bei der Anpassung, d. h. der Umformung des Generatorwiderstandes und der in ihm wirksamen Leerlaufspannung mit Hilfe eines Anpassungsvierpoles, um eine vorteilhaftere Zusammenschaltung mit dem eigentlichen Verstärker zu erreichen, sind eine Reihe von verschiedenartigen Gesichtspunkten mitbestimmend.

1. Die Anpassung im allgemeinen.

Bei Verstärkern ohne Gegenkopplung fordert der Wunsch nach möglichst hoher Verstärkung eine möglichst hohe Übersetzung der Eingangsspannung auf das Gitter der ersten Röhre. Dadurch wird außerdem eine hohe Nutzspannung in bezug auf die von der ersten Röhre erzeugten Störspannung erreicht.

Ein gewisser, aber praktisch meist nicht interessanter Nachteil der hohen Übersetzung besteht in einer Erhöhung der Laufzeitverzerrung, denn der 1. und 3. Flächensatz (s. S. 21 u. 25) erlauben nur dann eine hohe Übersetzung, wenn außerhalb des Übertragungsbereiches an Verstärkungsfläche gespart wird. Das bedeutet einen entsprechend steilen Abfall bei der Grenzfrequenz und infolge der Beziehungen zwischen Betrag und Phase auch eine entsprechend große und zur Grenze hin wachsende Laufzeit.

Einen geringen Übersetzungsfaktor verlangt man von dem Eingangsnetzwerk solcher Verstärker, welche einen Vierpol zur Vermeidung von Reflexionen ohmisch abschließen sollen, denn es ist unmöglich, mit einem Anpassungsnetzwerk, das aus einer verlustfreien Schaltung und der Eingangskapazität der Röhre, also aus rein imaginären Größen besteht, einen Ohmschen Widerstand zu bilden. Die Lösung besteht also darin, den Generator mit einem Ohmschen Widerstand zu belasten und den imaginären Eingangswiderstand des eigentlichen Anpassungsnetzwerkes im Übertragungsbereich dem Betrag nach durch Wahl eines kleinen Übersetzungsverhältnisses groß gegen diesen Widerstand zu machen.

Auch aus anderen Gründen können hohe Eingangswiderstände notwendig sein, so z. B., wenn ein Verstärker mit verschiedenartigen Generatoren zusammenarbeiten muß, die bei gleicher Frequenzabhängigkeit in der Leerlaufspannung Abweichungen im Verlauf ihres Widerstandes aufweisen, oder wenn auf einen Generator eine schwankende Anzahl von am Eingang parallelgeschalteter Verstärker (Verteilerverstärker) folgt. *Wenn Überanpassung vorliegt, sind größere fertigungsmäßige Toleranzen im Eingangswiderstand des Verstärkers zulässig, weil die durch frequenzabhängige Anpassungsdämpfung entstehenden Schwankungen der Frequenzkurve geringer werden.*

Schließlich ist Überanpassung durch einen Verstärker besser als ein Abschluß mit Hilfe eines eingebauten Widerstandes, sofern diese Lösung wegen der auftretenden Reflexionen möglich ist, weil die Belastung eines Ohmschen Generators mit einem Widerstand einen Verlust an Nutzspannung um 6 db und einen Verlust an Rauschspannung um 3 db mit sich bringt, insgesamt also einen *Empfindlichkeitsverlust von 3 db* zur Folge hat, sofern das thermische Rauschen die einzige Störspannung ist.

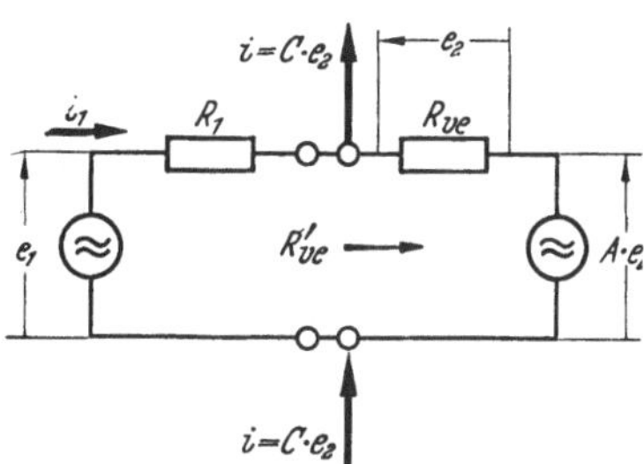

Abb. 100. Eingangswiderstand bei Spannungsgegenkopplung.

Die der Eingangsschaltung entsprechende Umkehrung des Problems liegt vor, wenn eine Pentode mit kapazitivem Ausgangswiderstand auf einen Ohmschen Verbraucher angepaßt werden soll. Meistens kommt es aber in einem solchen Fall mehr auf eine möglichst hohe entnehmbare Leistung als auf alle anderen Gesichtspunkte an.

Bei einem praktischen Übertrager können die optimalen Werte eines idealen Übertragers niemals erreicht werden. In den zugrunde gelegten Flächensätzen sind die unvermeidlichen Streuinduktivitäten, Kapazitäten und Ohmschen Widerstände der Übertragerwicklungen nicht berücksichtigt. Daher liegen die praktisch erreichbaren Übersetzungsfaktoren meist weit unterhalb der durch die Flächengesetze gegebenen Obergrenze.

2. Die Anpassung bei Gegenkopplung.

Die Wirkung der Gegenkopplung auf die Anpassung betrachtet man am besten getrennt nach Eingang und Ausgang. Der eigentliche Generator und das Anpassungsnetzwerk können zusammen in bezug auf den Ausgang als ein neuer Generator mit einer übersetzten Leerlaufspannung aufgefaßt werden, welcher erst an seinem Ausgang mit den Einflüssen der Gegenkopplung in Berührung kommt. Genauso kann später der Verbraucher zusammen mit seinem Anpassungsnetzwerk auf dessen Eingangsseite als ein neuer Verbraucher betrachtet werden.

Ein Generator R_1 (s. Abb. 100) mit der Spannung e_1 sei mit dem Verbraucher R_{ve} verbunden. Die Spannungsgegenkopplung komme durch eine Spannung $A \cdot e_2$ zum Ausdruck, welche in Reihe zum Verbraucherwiderstand geschaltet sei, und die Stromgegenkopplung durch eine Einströmung $C \cdot e_2$. Beide durch die Gegenkopplung entstandenen elektrischen Größen[1] sind also dem *Spannungsabfall e_2 am Verbraucher R_{ve} proportional.* Es wird derjenige Ersatzwiderstand R'_{ve} gesucht, welcher für die Stromquelle R_1 eine äquivalente Belastung darstellt.

Offenbar gilt die Äquivalenz unabhängig von den Eigenschaften des Generators. Daher darf zur Vereinfachung auch $R_1 = 0$ gewählt werden.

Es fließt dann ein Strom

$$i_1 = \frac{1}{R_{ve}} \cdot e_1 - \frac{A}{R_{ve}} \cdot e_2 + C \cdot e_2, \tag{70}$$

wobei

$$e_2 = e_1 - A \cdot e_2. \tag{71}$$

Also ist nach dem Eliminieren von e_2:

$$R'_{ve} = \frac{e_1}{i_1} = R_{ve} \frac{1 + A}{1 + C \cdot R_{ve}}. \tag{72}$$

Statt durch den Spannungsabfall an R_{ve} kann man sich die Gegenkopplungsgeneratoren auch *durch den Strom gesteuert* denken, der den Verbraucher durchfließt (s. Abb. 101). Dann liefert der Spannungsgenerator die Zusatzspannung $B \cdot i_2$ und der Stromgenerator den Zusatzstrom $D \cdot i_2$.

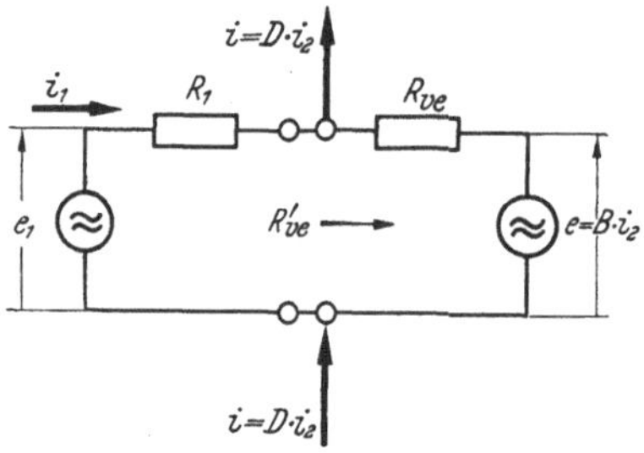

Abb. 101. Eingangswiderstand bei Stromgegenkopplung.

Dann ist der Strom

$$i_1 = \frac{1}{R_{ve}} \cdot e_1 - \frac{B}{R_{ve}} \cdot i_2 + D \cdot i_2, \tag{73}$$

wobei

$$i_2 = \frac{1}{R_{ve}} \cdot e_1 - \frac{B}{R_{ve}} \cdot i_2. \tag{74}$$

Nach dem Eliminieren von i_2 entsteht also

$$R'_{ve} = \frac{e_1}{i_1} = R_{ve} \cdot \frac{1 + \frac{B}{R_{ve}}}{1 + D}. \tag{75}$$

Beide Wirkungen der Gegenkopplung, die in Gl. (72) und Gl. (75) zum Ausdruck kommen, kann man in den Satz zusammenfassen:

Wird durch Gegenkopplung eine der Eingangsspannung entgegenwirkende Spannung erzeugt, so wird der Eingangswiderstand erhöht und bei einem dem Eingangsstrom entgegenwirkenden Strom erniedrigt. Dabei ist es gleichgültig, ob die Gegenkopplung proportional der Ausgangsspannung oder dem Ausgangsstrom erfolgt.

Wenn sowohl eine Gegenspannung als auch ein Gegenstrom erzeugt werden, so strebt der Eingangswiderstand mit wachsender Gegenkopplung dem Wert A/C bzw. B/D zu, wird also vom ursprünglichen Eingangswiderstand unabhängig. In dem Sonderfall: $R_{ve} = \frac{A}{C}$ bzw. $R_{ve} = \frac{B}{D}$ bleibt der Eingangswiderstand bei jedem Gegenkopplungsfaktor unverändert.

Die Änderung des Ausgangswiderstandes kann in ähnlicher Form behandelt werden. Der Generator bestehe aus einem Widerstand R_{va}, welcher von einem Strom i_a durchflossen werde (s. Abb. 102). Parallel zu diesem Widerstand liege ein Belastungsstromkreis, wobei die Spannung e bzw. der Strom i entnommen werde. Der Stromquelle für i_a mit dem inneren Widerstand ∞ mögen durch die Gegenkopplung zwei weitere Stromquellen parallelgeschaltet werden, welche je

[1] Wenn auf den *Eingang* eines Verstärkers mit dem Verstärkungsfaktor μ gegengekoppelt wird, tritt zu den Größen A, B, C, D jeweils der Faktor μ hinzu [s. Gln. (46) bis (49)]. In Abb. 100 und 101 ist $\mu = 1$.

einen Strom i_σ und i_δ in Gegenrichtung liefern, so daß der gesamte Kurzschlußstrom nunmehr $i_a - i_\sigma - i_\delta$ beträgt. Dabei werden die beiden Zusatzstromquellen von der *entnommenen* Spannung bzw. dem *entnommenen* Strom gesteuert, also:

$$i_\sigma = \sigma \cdot e, \quad i_\delta = \delta \cdot i. \tag{76}$$

Die Wirkung dieser Einrichtung ist einem Generator mit einem inneren Widerstand R'_{va} äquivalent. Dieser ist zunächst rein formal:

$$R'_{va} = R_{va} \cdot \frac{1+\delta}{1+\sigma \cdot R_{va}}. \tag{77}$$

Nach Einsetzen von

$$\begin{aligned} \delta &= (B + D \cdot R_{ve})/R_{va}; \\ \sigma &= (A + C \cdot R_{ve})/R_{va}, \end{aligned} \tag{78}$$

wobei R_{ve} ein zum Widerstand R_{va} hinzugeschalteter Widerstand im Außenstromkreis ist, entsteht hieraus für $R_{ve} = 0$ bzw. $R_{ve} = \infty$ der Ausgangswiderstand:

$$R'_{va} = R_{va} \cdot \frac{1 + \frac{B}{R_{va}}}{1+A} \quad \text{bzw.} \quad = R_{va} \cdot \frac{1 + D \cdot \frac{R_{ve}}{R_{va}}}{1 + C \cdot R_{ve}}. \tag{79}$$

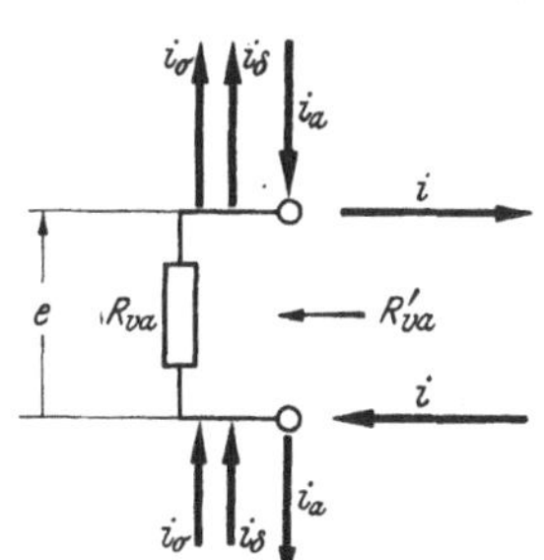

Abb. 102. Ausgangswiderstand bei Spannungs- und Stromgegenkopplung.

Bei $R_{ve} = 0$ liegen A- und B-Gegenkopplungen und bei $R_{ve} = \infty$ liegen C- und D-Gegenkopplungen vor.

Die der Ausgangsspannung proportionalen Gegenkopplungen (A und C) verringern also den Ausgangswiderstand, während die dem entnommenen Strom proportionalen Gegenkopplungen (B und D) den Widerstand erhöhen.

Wenn beide Arten der *Steuerung* der Gegenkopplung gleichzeitig verwendet werden, so strebt der Ausgangswiderstand mit wachsender Gegenkopplung einem Wert A/B bzw. C/D zu, wird also vom ursprünglichen Ausgangswiderstand unabhängig. In dem Sonderfall $R_{va} = A/B$ bzw. $R_{va} = C/D$ bleibt der Ausgangswiderstand bei jedem Gegenkopplungsfaktor unverändert.

Die praktische Bedeutung der Beeinflussung der Anpassungswiderstände durch Gegenkopplung besteht darin, daß es möglich ist, die nach außen hin erscheinenden Widerstände noch frei zu wählen, wenn die Anpassungsübersetzung bereits nach anderen Gesichtspunkten bestimmt ist.

Diese idealisierten Überlegungen genügen allerdings nur für den ersten rohen Überschlag. Praktisch sind selten die Elemente, deren Einschaltung die Zuführung der Gegenkopplung bewirkt, so klein bzw. so groß, daß sie vernachlässigt werden können. Man kann dann diese Elemente dem Eingangs- bzw. dem Ausgangswiderstand hinzurechnen und dann allerdings die durch Gegenkopplung entstehenden Widerstände genau ermitteln.

II. Realisierung der Gegenkopplung.

Je nachdem, ob die Gegenkopplung durch einen am Eingang wirkenden Spannungs- oder einen Stromgenerator dargestellt werden kann und ob dieser proportional der am Ausgang herrschenden Spannung oder dem am Ausgang entnommenen Strom gesteuert zu denken ist, entstehen vier Grundtypen der Gegenkopplung:

Spannungs-Spannungs-Gegenkopplung . . . . A — Gegenkopplung
Strom-Spannungs-Gegenkopplung . . . . . . B — Gegenkopplung
Spannungs-Strom-Gegenkopplung . . . . . . C — Gegenkopplung
Strom-Strom-Gegenkopplung . . . . D — Gegenkopplung

Die vier Koeffizienten A, B, C, D bezeichnen die Schaltung und werden außerdem als komplexe und frequenzabhängige Parameter verwendet. Die erste elektrische Größe auf der linken Seite der obigen Gegenüberstellung bezieht sich auf den Ausgang und die zweite elektrische Größe auf den Eingang. Eine Spannungs-Strom-Gegenkopplung z. B., mit C-Gegenkopplung abgekürzt, bewirkt also eine Erhöhung des Eingangsstromes proportional der Ausgangsspannung, wobei C den Proportionalitätsfaktor bezeichnet.

Die Grundtypen können auch untereinander kombiniert werden, zusammen mit den Grundtypen ergeben sich dadurch insgesamt zunächst elf verschiedene Möglichkeiten.

Die Ersatzquellen verleiten zu falschen Eindrücken:

1. Bei einer wirklichen Gegenkopplung stehen die Gegenkopplungselemente mit dem Ausgang in Verbindung. Dadurch ergeben sich Einschränkungen gegenüber einer „in der Luft schwebenden" Quelle.

2. Durch die Gegenkopplungselemente wird Energie verbraucht. Diese Eigenschaft macht sich als Dämpfung im Kreis- und im Hauptverstärker bemerkbar.

Die Größe der durch die Gegenkopplungselemente eintretenden Dämpfung kann man an einer Schaltung bestimmen, bei der der Gegenkopplungsweg unterbrochen und beide Trennstellen richtig abgeschlossen werden. Die Dämpfung durch die Gegenkopplungselemente muß auf die Schaltung bezogen werden, welche ohne Gegenkopplungselemente optimal bemessen ist.

Die theoretische Verbesserung durch Gegenkopplung bezieht sich daher auf die gleiche Schaltung mit geschlossenem und unterbrochenem Gegenkopplungsweg und bezieht sich dabei nicht auf die optimale Schaltung, welche ohne Gegenkopplung möglich wäre.

1. Realisierung durch Übertrager.

Auf den ersten Blick hat die Verwendung von Übertragern im Gegenkopplungsweg große Vorzüge, da man durch sie die Spannungs- bzw. Stromgeneratoren so herstellen kann, daß ein Mindestmaß an zusätzlicher Dämpfung auftritt. Man kann mit Übertragern eine Spannung hinauf oder herab übersetzen und die Phase umkehren. Außerdem sind diese Generatoren scheinbar frei von einer schaltungsmäßigen Verbindung mit ihrer Umgebung. Bei genauerer Betrachtung muß man allerdings die Kapazität der Übertragerwicklungen untereinander und gegen ihre räumliche Umgebung in Betracht ziehen. Ein Übertrager im Gegenkopplungsweg würde der gesamten Schaltung seine linearen und nichtlinearen Fehler aufzwingen, sofern die Stabilität erhalten bleibt.

2. Realisierung durch Widerstände.

Die durch einen Spannungsgenerator dargestellte Art der Gegenkopplung kann praktisch durch den Spannungsabfall an einem (niedrigen) Reihenwiderstand im Gitterkreis realisiert werden. Die Gegenkopplungsspannung wird von einem Strom verursacht, der vom Ausgang des Verstärkers abgezweigt ist. Dabei muß es betriebsmäßig zulässig sein,

1. eine Erdung durch Einschaltung eines Widerstandes aufzuheben, und

2. dem an den Eingang angelegten Generator des zu verstärkenden Signals die Gegenkopplungsspannung zu überlagern.

Die bisher ersatzweise durch einen Stromgenerator im Gitterkreis dargestellte Art der Gegenkopplung erfordert einen (hohen) Widerstand, welcher an den nicht geerdeten Pol des Signalgenerators angeschlossen wird. Der andere Pol muß geerdet sein.

Die vier Grundtypen der Gegenkopplung entstehen dadurch, daß man den „Spannungsgenerator" bzw. den „Stromgenerator" am Eingang proportional der Spannung bzw. dem Strom an den Ausgangsklemmen des Verstärkers „steuert" (s. Abb. 103) A—D.

Die Schaltungen kann man auch miteinander kombinieren, z. B. $A + B$ oder $C + D$ (s. Abb. 104). Um das Verhältnis $A : B$ bzw. $C : D$ nach Wunsch bemessen zu können, muß man einen weiteren Widerstand am Eingang einschalten.

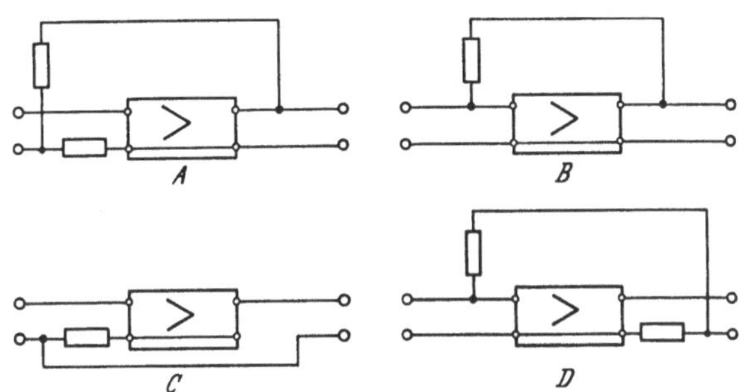

Abb. 103. Realisierung der vier Grundtypen der Gegenkopplung mit Widerständen.

Bei der Schaltung $A + B$ erfolgt eine Steuerung durch die Ausgangsspannung und bei der Schaltung $C + D$ durch den Ausgangsstrom. Man kann auch beide Arten der „Steuerung" miteinander kombinieren und erhält so die Schaltungen $A + C$ und $B + D$.

Besonders einfach sind die Kombinationen $A + D$ und $B + C$, bei denen beide Einzelmaßnahmen nebeneinander vorgesehen sind. Bei diesen beiden

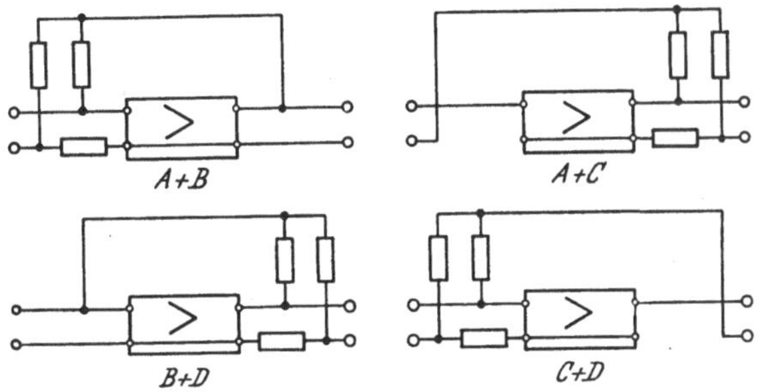

Abb. 104. Mögliche Kombinationen je zweier Grundtypen.

Schaltungen ist jedoch Vorsicht am Platze, da auf diese Weise *zwei* Gegenkopplungswege geschaffen werden. Das bedeutet im allgemeinen eine zusätzliche Phasendrehung durch den entstehenden Allpaß.

Schaltungen, welche drei Grundtypen umfassen (z. B. $A + B + C$), enthalten entweder Allpässe oder es entsteht die alle vier Grundtypen umfassende Schaltung $A + B + C + D$ (s. Abb. 105).

3. Einfluß der (kapazitiven) Widerstände der Außenstromkreise gegen das Bezugspotential.

Bei allen dargestellten Schaltungen mit Widerständen als Gegenkopplungselementen wird angenommen, daß beim Generator und beim Verbraucher des Signals keine Rücksicht auf die Symmetrie gegen Erde genommen zu werden braucht, und daß man daher beliebig Anschlüsse erden oder einen Widerstand in eine geerdete Leitung einschalten kann. Im allgemeinen sind sowohl Generator als auch Verbraucher über Streukapazitäten mit dem Nullpotential verbunden.

Berücksichtigt man diese Widerstände gegen Erde, so bilden die beiden Anschlüsse eines nicht geerdeten Generators oder Verbrauchers einen Vierpol, wobei

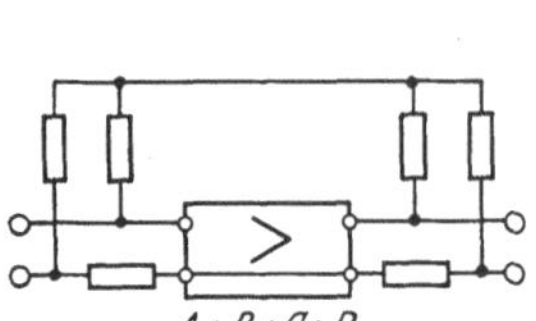

Abb. 105. Kombination aller vier Grundtypen.

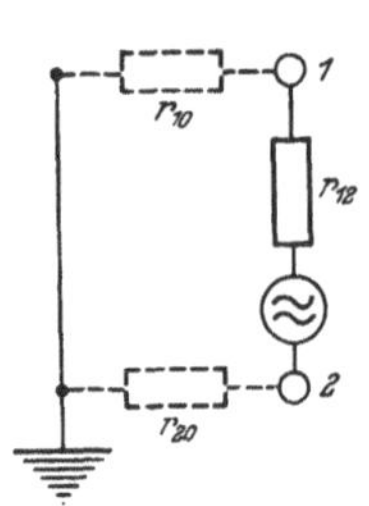

Abb. 106. Generator mit Widerständen gegen Erde.

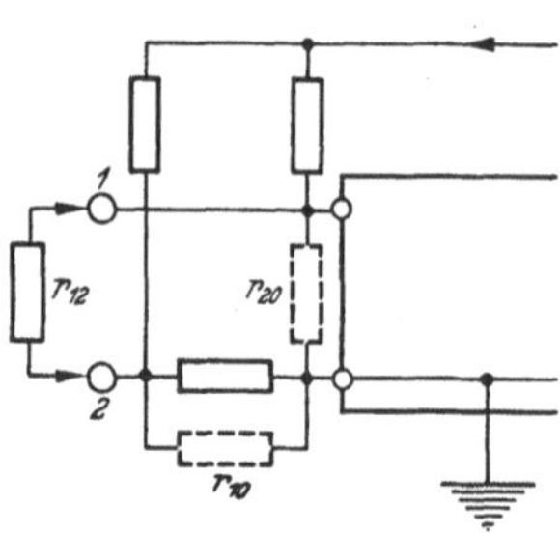

Abb. 107. Eingehen der Widerstände gegen Erde in die Gegenkopplungsschaltung.

der eine Anschluß und das Nullpotential das eine Klemmenpaar und der andere Anschluß und dasselbe Nullpotential das andere Klemmenpaar sind (s. Abb. 106). Die Außenstromkreise sind daher keine Widerstände, sondern müssen als Vierpole dargestellt werden. Erst wenn man einen von beiden Anschlüssen des Generators oder Verbrauchers erdet, geht der Vierpol in einen Zweipol über.

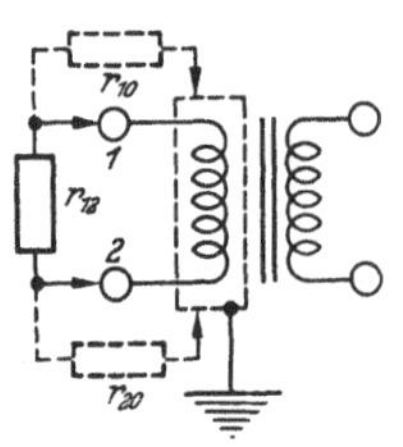

Abb. 108. Unschädlichmachung der Widerstände gegen Erde durch einen geschirmten Trennübertrager.

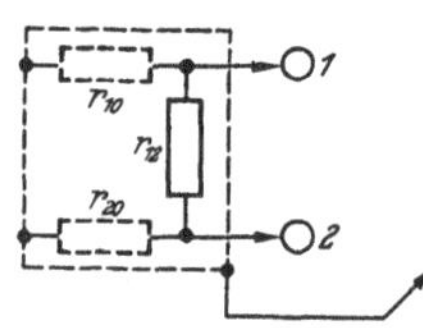

Abb. 109. Unschädlichmachung der Widerstände gegen Erde durch Schirmung des gesamten Generators.

Es gibt mehrere Wege, diese Widerstände gegen Erde, welche im Normalfall kapazitiv sind, zu beherrschen bzw. unschädlich zu machen:

1. Die Widerstände gegen Erde werden mit in die Schaltung aufgenommen. Sie liegen dann einzelnen Gegenkopplungselementen parallel (s. Abb. 107).

2. Der Generator bzw. der Verbraucher werden über Symmetrierübertrager angeschlossen. Dann gilt dieselbe Überlegung wie bisher für die dem Verstärker zugewandten Wicklungen der Übertrager, welche nunmehr die Außenstromkreise bilden (s. Abb. 108).

3. Die Verstärkerschaltung wird symmetrisch gegen Erde ausgeführt. Das hat nur Sinn, wenn beide Anschlüsse des Generators bzw. des Verbrauchers gleiche Widerstände gegen Erde besitzen.

4. Um von zufälligen, durch räumliche Anordnungen bedingte Änderungen der Widerstände gegen Erde frei zu werden, kann man zuweilen den Generator bzw. den Verbraucher mit einem geschlossenen Schirm umgeben und diesen in definierter Weise mit der Schaltung verbinden (s. Abb. 109). Der Anschluß an die Schaltung muß dann so gewählt werden, daß die kapazitiven Einflüsse der Umgebung auf den Schirm unschädlich sind.

Jede dieser Methoden hat Vorzüge und Nachteile. Welche von ihnen gewählt wird, muß daher von Fall zu Fall entschieden werden. Der Einfluß dieser Widerstände gegen Erde ist praktisch meist im Übertragungsbereich des Frequenzbandes zu vernachlässigen, stört dagegen umso mehr im Bereiche der Frequenzen oberhalb des Übertragungsbereiches und kann hierbei die Stabilität gefährden.

4. Zusammenschaltung der Anpassungsnetzwerke mit den Gegenkopplungselementen.

Man kann die Anpassungsnetzwerke entweder den Außenstromkreisen oder dem Verstärker zuordnen, ohne daß das bisherige Schema dadurch grundsätzlich beeinflußt wird. Im ersten Fall umfaßt die Gegenkopplung nur den eigentlichen Verstärker (s. Abb. 110) und im zweiten Fall auch die Anpassungsnetzwerke (s. Abb. 111). Beide Arten der Zusammenschaltung der Anpassungsnetzwerke mit den Gegenkopplungselementen können auch miteinander kombiniert werden. Hierbei erfolgt anstatt des ursprünglichen Anpassungsnetzwerkes eine Anpassung in zwei Stufen (s. Abb. 112), zwischen denen die Gegenkopplungselemente eingeschaltet sind.

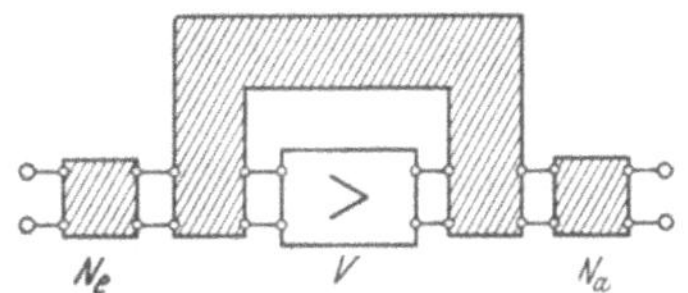

Abb. 110. Verstärker mit Gegenkopplung über die Anpassungsnetzwerke.

Unter diesen grundsätzlichen Möglichkeiten in der Zusammenschaltung von Gegenkopplungselementen und Anpassungsnetzwerken können die günstigsten Schaltungen für den Eingang und den Ausgang des Verstärkers unabhängig voneinander gewählt werden.

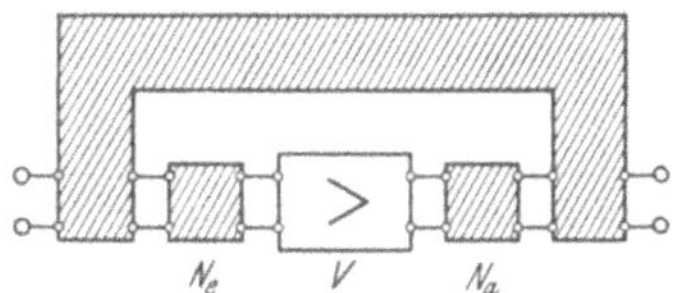

Abb. 111. Verstärker mit Gegenkopplung ohne Einschluß der Anpassungsnetzwerke.

Gegenkopplungsschaltungen mit Übertragern im Gegenkopplungskreis sind praktisch unangenehm. Man kann zwar eine Phasenumkehr für gerade Stufenzahlen damit bewirken, muß aber eine größere Breite des Phasenstreifens dafür in Kauf nehmen. Nichtlineare Verzerrungen im Übertrager werden in diesem Falle durch die Gegenkopplung nicht vermindert, sondern im Gegenteil einer sonst linearen Schaltung aufgezwungen.

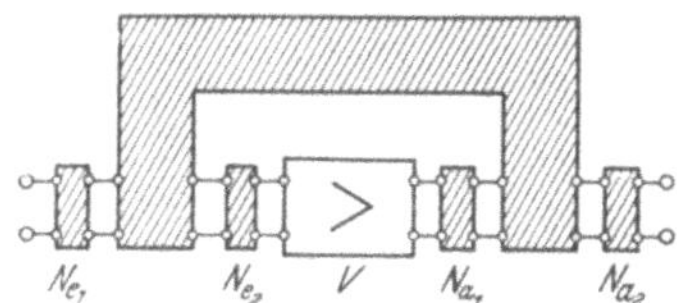

Abb. 112. Verstärker mit Gegenkopplung über einen Teil des Eingangs- bzw. Ausgangsnetzwerkes.

Alle üblichen Gegenkopplungsschaltungen kann man in einem Schema zusammenfassen (s. Abb. 113), welches sich aus der allgemeinen Schaltung für die Gegenkopplungswiderstände (Abb. 105) und der allgemeinen Schaltung für die Anpassungsnetzwerke (s. Abb. 112) zusammensetzt. Es ist offensichtlich identisch mit der sogenannten Brückenschaltung.

Diese Schaltung erlaubt eine getrennte Behandlung der Anpassungsprobleme: Trennt man den Gegenkopplungsweg auf und schließt dabei die Trennstelle richtig ab, so kann man das Anpassungsproblem am Eingang von dem am Aus-

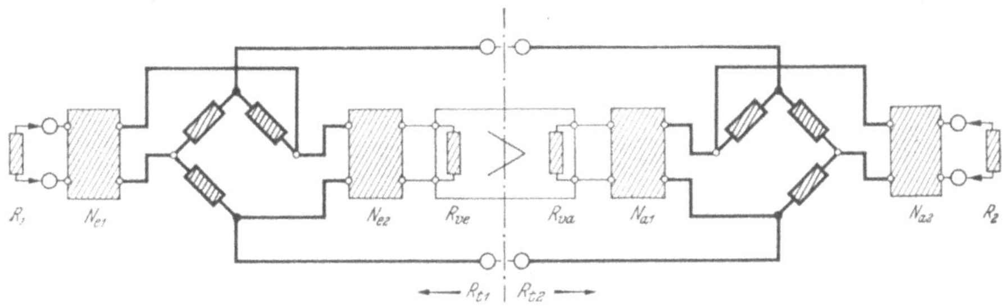

Abb. 113. Allgemeines Schema des einfach gegengekoppelten Verstärkers, entstanden durch Kombination von Abb. 105 mit Abb. 112.

gang trennen. Für die Anpassung am Eingang bzw. am Ausgang stellen die Gegenkopplungselemente einen störenden Vierpol dar. Diese Störung (zusätzliche Dämpfung, Frequenzabhängigkeit) wird ein Minimum, wenn beiderseitig möglichst gut an diesen Vierpol angepaßt wird.

E. Die Hauptverstärkung.

I. Stabilität bei nichtlinearen Verzerrungen.

Die bisherige Behandlung aller Eigenschaften des Verstärkers soll jetzt fallengelassen werden. Das System soll nunmehr außer einer nichtlinearen Kennlinie auch solche linearen Eigenschaften besitzen, daß die Stabilitätsbedingungen erfüllt werden. Besitzt es dabei an *einer* Stelle ein nichtlineares Element, so wird ein langsamer Vorgang auf der Kennlinie Punkte wechselnder Steilheit durchlaufen. Dabei wird die logarithmische Stabilitätskurve sich entsprechend parallel nach oben und unten verschieben (s. Abb. 114). Daher muß der Ausschnitt im Phasenstreifen so bemessen werden, daß bei keiner dieser Verschiebungen Instabilität eintritt.

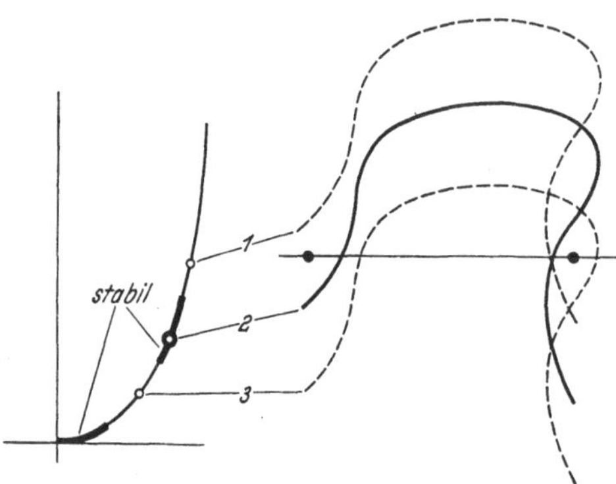

Abb. 114. Stabilitätsbereiche bei begrenzter Stabilität und nichtlinearer Kennlinie. Die Ortskurve verschiebt sich entsprechend der logarithmischen Steilheit der Kennlinie.

Dieser Fall liegt praktisch immer dann vor, wenn nur eine Röhre (Endröhre) nennenswerte nichtlineare Fehler liefert. Wenn zwei nichtlineare Elemente vorhanden sind, kann man sie nur dann zu einer Resultierenden zusammensetzen, wenn die Kopplung zwischen beiden ohne lineare Fehler geschieht.

Zum allgemeineren Fall endlich vieler nichtlinearer Elemente in einem linearen Netzwerk liegen anscheinend noch keine allgemeinen Untersuchungen vor.

II. Lineare Eigenschaften.

1. Komplexe Fehlerdämpfung.

Bei Betrachtung der linearen Eigenschaften eines stabilen gegengekoppelten Verstärkers kann man alle in diesem Kapitel eingeführten Größen weiterverwenden, sie sind nur in Zukunft komplex. Für die Kreisverstärkung ist dies durch die Stabilitätsbetrachtungen selbstverständlich. Auch die Überlegungen in den Abschnitten *B* und *C* können ohne zusätzliche Überlegungen auf komplexe Größen übertragen werden: Beispielsweise sind der Gegenkopplungsfaktor G und dessen Logarithmus, die Fehlerdämpfung F, nunmehr auch komplexe Größen: $Re\,F$ ist die Dämpfung des Betrages, den eine bestimmte in einer Störspannung enthaltene Frequenz erfährt, $Im\,F$ die entsprechende Änderung der Phase.

2. Lineare Eigenschaften im Grenzfall der Stabilität.

Vernachlässigt man den Anteil des Signals am Ausgang, der durch den im Nebenschluß liegenden Gegenkopplungsweg durchgelassen wird, so ist der Übertragungsfaktor des Hauptverstärkers, abgesehen von einer Konstanten, nach Gl. (28):

$$w(p) = \frac{w_0(p)}{1 - w_g(p) \cdot w_0(p)}, \tag{80}$$

wobei gegenüber Gl. (28) neue Bezeichnungen eingeführt sind. Es bedeuten: $w(p) = \mu'$ den Übertragungsfaktor der Hauptverstärkung, $w_0(p) = \mu$ den Übertragungsfaktor des umschlossenen Verstärkers V und $w_g(p) = \beta_{32}$ den Übertragungsfaktor des Gegenkopplungsweges.

Um den Grenzfall zu beschreiben, sei angenommen, daß im Gegenkopplungsweg nur eine frequenzunabhängige Dämpfung β liege, während der ideale Verstärker gerade den Grenzfall eines stabilen Kreisverstärkers darstelle, wobei die Funktion

$$w_0(p) = k\left(+\sqrt{1+p^2} - p\right)^2 \tag{81}$$

durch eine technische Schaltung zu approximieren sei. In diesem Grenzfall ist der Übertragungsfaktor des Hauptverstärkers nach einer einfachen Umformung durch

$$w(p) = \frac{k}{(+\sqrt{1+p^2}+p)^2 - \beta\cdot k}\,. \tag{82}$$

darstellbar. Hierbei ist ausnahmsweise normalisiert: $p = i\omega/\omega_{gr}$.

Der Logarithmus dieses Übertragungsfaktors mit den Komponenten, Verstärkung in db und dem Phasenwinkel zeigt für hinreichend große $\beta\cdot k$, daß auf der imaginären Achse Betrag und Phase nicht nur im Übertragungsgebiet praktisch konstant sind (s. Abb. 115), sondern noch weit darüber hinaus in einem Frequenzbereich eine Übertragung stattfindet, wo die Fehlerdämpfung bereits sehr stark abgenommen hat. Oberhalb des Übertragungsbereiches steigt der Betrag sehr stark an, insbesondere für die Frequenz, bei der die Ortskurve den geringsten Abstand vom kritischen Punkt hat.

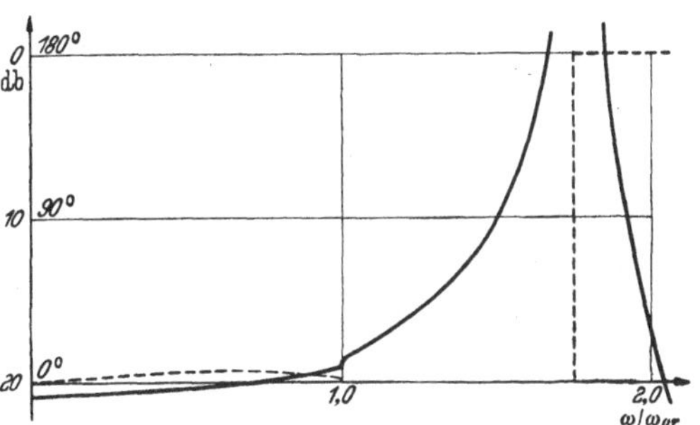

Abb. 115. Amplitudenkurve (ausgezogen) und Phasenkurve (gestrichelt) des Grenzfalles eines gegengekoppelten Verstärkers bei 10facher Gegenkopplung.

Die Ortskurve zeigt dieses Verhalten aus zwingenden funktionentheoretischen Gründen: Damit die durch die Gegenkopplung erzwungenen geraden Frequenz- und Phasengänge nebeneinander möglich sind, muß die Frequenzkurve zunächst ansteigen, da nur so die Wirkung des späteren Abfalles mit p^{-2} für $p \to \infty$ auf die Phase im Übertragungsbereich ausgeglichen werden kann.

3. Lineare Eigenschaften, allgemein.

Der Übertragungsfaktor $w(p)$ besitzt in Gl. (82) eine Singularität bei

$$p = \frac{1}{2}\left(\sqrt{\beta\cdot k} - 1/\sqrt{\beta\cdot k}\right), \tag{83}$$

da der Nenner bei diesem Wert verschwindet. Da $\beta\cdot k$ bei Gegenkopplung stets negativ ist, wird die Singularität bei einer ungedämpften normierten Frequenz

$$\frac{\omega_{kr}}{\omega_{gr}} = f_{kr} = \frac{1}{4\pi}\left(\sqrt{-\beta\cdot k} + 1/\sqrt{-\beta\cdot k}\right) \tag{84}$$

auftreten. Auch wenn Stabilität erreicht worden ist, wird bei hinreichender Ausnützung der möglichen Gegenkopplung eine Gegenkopplungsgefahr in der Nähe dieser Frequenz bestehen. Sie äußert sich darin, daß

1. der Gegenkopplungskreis zu gedämpften Schwingungen in der Nähe der Frequenz f_{kr} angestoßen wird und daß bei dieser Frequenz

2. eine resonanzartige Überhöhung des Amplitudenganges und eine hohe Steilheit des Phasenganges des statisch gemessenen Übertragungsfaktors eintritt.

Diese Erscheinung ist zwangsläufig mit starker Gegenkopplung verbunden. Sie kann nur nach außen hin unterdrückt werden, wenn dem gesamten Verstärker ein entsprechender Tief- oder Bandpaß vor- und oder nachgeschaltet wird, der den störenden Frequenzbereich sperrt. Dieses Filter darf natürlich nicht innerhalb des Gegenkopplungsweges liegen.

Für die Bemessung der beiden Übertragungsfaktoren $w_0(p)$ und $w_g(p)$ liegen folgende Grenzen vor:

1. *Im Übertragungsbereich:* a) Bei starker Gegenkopplung ist annähernd

$$w(p) \sim 1/w_g(p), \tag{85}$$

es muß also der Gegenkopplungskreis einen Amplituden- und Phasengang erhalten, der den gewünschten linearen Eigenschaften des Hauptverstärkers reziprok ist. Das gilt nicht nur für die Frequenzabhängigkeit, sondern auch für die absolute Größe.

b) Damit eine starke Gegenkopplung vorliegt, muß der Betrag $|w_0(p) \cdot w_g(p)|$ hinreichend groß sein. Eine Entzerrung durch frequenzabhängige Gegenkopplung, bei der der Betrag $|w_g(p)|$ in einem bestimmten Frequenzbereich vermindert wird, um dadurch den Amplitudengang anzuheben, führt zu einer Verminderung der Gegenkopplung und damit der Fehlerdämpfung, wenn nicht der Betrag des Verstärkungsfaktors $|w_0(p)|$ im gleichen Bereich entsprechend wächst. Das ist aber wegen des Betragsflächengesetzes mit Einbußen in anderen Frequenzbereichen verbunden.

2. *Außerhalb des Übertragungsbereiches:* a) Die Ortskurve von $w_0(p) \cdot w_g(p)$ muß allpaßfrei sein, damit die Stabilitätsgrenze erst bei starkem Gegenkopplungsgrad erreicht wird.

b) Der Betrag $|w_0(p) \cdot w_g(p)|$ darf wegen der Stabilitätsbedingungen im Abfallbereich höchstens mit p^{-2} fallen. Es kann also kein stärkerer Abfall erzwungen werden.

c) Ein stärkerer Abfall als mit p^{-2} im asymptotischen Bereich erfordert ein stabilisierendes Glied in der Nähe der kritischen Frequenz. Da es einen Amplitudenanstieg mit wachsender Frequenz besitzt, ist es zweckmäßigerweise nicht dem Übertragungsfaktor $w_0(p)$, sondern dem Übertragungsfaktor $w_g(p)$ zuzuordnen, damit es sich als Abfall der Hauptverstärkung $w(p)$ auswirkt, d. h. stabilisierende Netzwerke sind in den Gegenkopplungsweg einzuschalten.

3. *Zusammenfassung:* Die einzige Freiheit der Bemessung besteht bei gegebener Größe der Gegenkopplung $|w_0(p) \cdot w_g(p)|$ im Übertragungsbereich und einem Verlauf der Ortskurve $w_0(p) \cdot w_g(p)$ innerhalb der Grenze der Stabilität darin, das Produkt passend in $w_0(p)$ und $w_g(p)$ aufzuteilen. Man kann auf diese Weise aber nicht einen Abfall des Amplitudenganges schon da erzwingen, wo die Kreisverstärkung fällt und die Fehlerdämpfung unterhalb eines zulässigen Wertes drückt, sondern erst jenseits der kritischen Frequenz. Es entstehen also an den Grenzen des Übertragungsbereiches gegengekoppelter Verstärker zusätzliche Bereiche, in denen zwar die Fehlerdämpfung nicht mehr in geforderter Größe vorhanden ist, trotzdem aber noch eine mit entsprechend starken Fehlern behaftete Übertragung stattfindet. Wenn in diesen Randbereichen noch unerwünschte Eigenschaften auftreten, so kann man daran nur noch mit Hilfe der erwähnten Filter etwas ändern.

In der Umgebung der kritischen Frequenz werden die Verzerrungen sogar noch höher als beim Fehlen der Gegenkopplung, weil in diesem Bereich eine

Rückkopplung eintritt, die allerdings noch nicht zur Selbsterregung führt. Diese Eigenschaft ist deshalb beachtenswert, weil diese Fehlererhöhung sich auf benachbarten Frequenzbändern störend auswirken kann. Das trifft z.B. bei mehreren parallelgeschalteten Verstärkern zu, wenn der kritische Bereich des einen Verstärkers in den Durchlaßbereich eines anderen Verstärkers fällt. Auch die Anpassungswiderstände sind nichtlinear und können durch Rückwirkung Verzerrungen verursachen.

F. Sonderfälle gegengekoppelter Verstärker.

I. Verstärker mit mehrfacher Gegenkopplung.

Die bisherigen Betrachtungen ändern sich nicht, wenn der in Abb. 81 mit Verstärker *V* bezeichnete Teil der Schaltung in sich eine stabile Gegenkopplung besitzt. Es wurde jedoch bereits angeführt, daß eine solche Maßnahme wenig zweckmäßig ist, denn sie vernichtet unnötig Verstärkung.

Unter allen mehrfach gegengekoppelten Verstärkern sei eine Schaltung ihrer erheblichen praktischen Bedeutung wegen als Beispiel hervorgehoben: der zweistufige Verstärker mit Gegenkopplung auf die Kathode der Vorstufe (s. Abb. 116). Das passive Netzwerk besteht aus den drei Widerständen r_1, r_2 und r_3, von denen r_1 und r_2 Gegenkopplungselemente sind, während r_3 den Belastungswiderstand im Außenstromkreis darstellt. Die zurückgeführte Spannung e_1' wirkt der Eingangsspannung e_1 entgegen. Die *Mehrfachheit* der Gegenkopplung ist in dem Umstand zu erblicken, daß die Einspeisung sowohl durch den Strom i_1 als auch durch den Strom i_2 erfolgt.

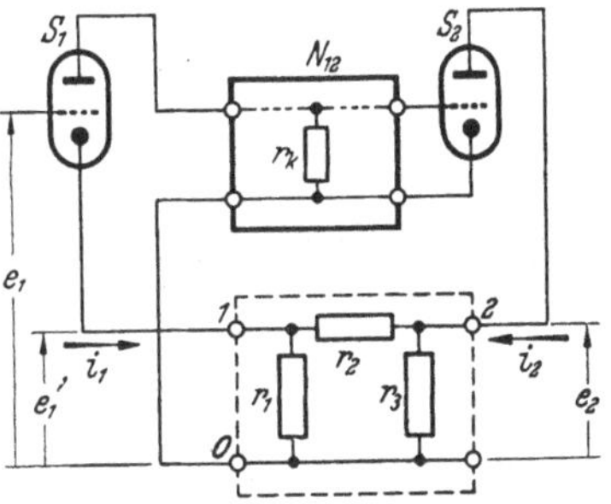

Abb. 116. Gegenkopplung auf die Kathode der Vorstufe. Der Widerstand r_3 ist der Belastungswiderstand im Außenstromkreis.

Der Strom aus der Kathode der ersten Röhre ist

$$i_1 = S_1 \cdot (e_1 - e_1') \tag{86}$$

und der aus der Anode der zweiten Röhre i_2 demgegenüber um den *Strom*verstärkungsfaktor der zweiten Stufe

$$\mu_s = \frac{i_2}{i_1} = r_k \cdot S_2 \tag{87}$$

höher.

Die in das passive Netzwerk hineinfließenden beiden Ströme i_1 und i_2 erzeugen die Gegenkopplungsspannung

$$e_1' = a \cdot i_1 + b \cdot i_2 \tag{88}$$

und die Ausgangsspannung

$$e_2 = c \cdot i_1 + d \cdot i_2, \tag{89}$$

wobei

$$a = \frac{r_1 (r_2 + r_3)}{r_1 + r_2 + r_3}, \qquad b = c = \frac{r_1 \cdot r_3}{r_1 + r_2 + r_3}, \qquad d = \frac{r_3 (r_1 + r_2)}{r_1 + r_2 + r_3}. \tag{90}$$

Man erhält damit für den Verstärkungsfaktor

$$\mu'' = \frac{e_2}{e_1} = \frac{(c + d \cdot \mu_s) \cdot S_1}{(a + b\,\mu_s)\left(\frac{1}{c + d \cdot \mu_s} + S_1\right)}. \tag{91}$$

Der Verstärkungsfaktor ohne Gegenkopplung ist

$$\mu_0 = d \cdot \mu_s \cdot S_1 , \tag{92}$$

und der Kreisverstärkungsfaktor in dem über Kathode der ersten Röhre, Anode der zweiten Röhre und dem passiven Netzwerk führenden Kreis:

$$\mu_{kr} = S_1 \mu_s \cdot b . \tag{93}$$

Der Verstärkungsfaktor des *einfach* gegengekoppelten Verstärkers würde, wenn der Kreis über die Endröhre allein wirksam wäre,

$$\mu' = \frac{\mu_0}{\mu_{kr}} = \frac{d}{b} = 1 + \frac{r_2}{r_1} \tag{94}$$

betragen müssen. Vernachlässigt man c neben $d \cdot u_2$ und a neben $b \cdot u_2$, so kommt dieses Ergebnis auch tatsächlich rechnerisch heraus, nur sind die Vernachlässigungen noch auf ihre Zulässigkeit zu prüfen. Die erste ist statthaft, wenn

$$\mu_s \gg \frac{c}{d} = \frac{r_1}{r_1 + r_2} , \tag{95}$$

und die zweite, wenn

$$\mu_s \gg \frac{a}{b} = 1 + \frac{r_2}{r_3} \tag{96}$$

ist.

Die erste Vernachlässigung ist nahezu stets zulässig, da in fast allen Schaltungen sogar $\mu_s \gg 1$ gilt. Da meistens auch $r_2 \gg r_1$, kann man die direkte Versorgung des Ausganges aus der Kathode der ersten Röhre praktisch stets gegenüber der Speisung aus der Endröhre vernachlässigen. Das ist der Sinn der ersten Vernachlässigung.

Die zweite Vernachlässigung ist weitaus seltener zulässig, da $r_2 \gg r_3$ angestrebt wird, um nicht allzuviel Energie im Nebenschluß zum eigentlichen Verbraucher r_3 zu verlieren. Es ist daher die rechte Seite der Ungleichung (95) meistens bereits eine große Zahl.

Setzt man ferner voraus, daß $\mu_{kr} \gg 1$, so kann man den Verstärkungsfaktor mit zweifacher Gegenkopplung aus Gl. (26) vereinfachen zu

$$\mu'' = \frac{\mu_0}{(a + b\,\mu_s) \cdot S_1} = \frac{\mu'}{1 + \frac{r_2 + r_3}{r_3 \cdot \mu_s}} . \tag{97}$$

Da $1 + \frac{r_2 + r_3}{r_3 \cdot \mu_s}$ stets größer als 1 ist, und da μ' gemäß Gl. (95) den Faktor angibt, um den der Fehler in der Endstufe vermindert worden ist, erkennt man, daß auch in diesem Fall mit mehrfacher Gegenkopplung der Verstärkungsfaktor um einen höheren Faktor abgenommen hat, als die anteilige Stärke der in der Endstufe entstandenen störenden Frequenzen verringert wurde.

Die praktische Bedeutung der viel angewendeten Gegenkopplung auf die Kathode der Vorröhre liegt in ihrer Einfachheit und in ihrer Stabilität. Außerdem sind praktisch nicht selten gerade zwei Röhren für den geforderten Zweck ausreichend, nämlich eine Vorröhre und eine Endröhre, während die für die Herstellung der richtigen Polung erforderliche ungerade Röhrenzahl entweder keine zufriedenstellende Lösung (1 Röhre) oder einen zu hohen Aufwand (3 Röhren) bedeutet. Nimmt man aber bei der 2-Röhren-Schaltung eine Phasenvertauschung mit Hilfe eines Übertragers vor, so entsteht auf jeden Fall ein Stabilisierungsverlust, weil die durch den Übertrager unvermeidlich entstehende zusätzliche Phasendrehung wieder aufgehoben werden muß. Dann ist einer einfachen Schaltung mit wenig Schaltelementen in vielen praktischen Fällen der Vorzug zu geben, obwohl sie wegen der zweifachen Gegenkopplung nicht „optimal" ist.

II. Verstärker mit regelbarer Gegenkopplung.

Im allgemeinen besteht keine Veranlassung, die Gegenkopplung eines Verstärkers veränderlich zu machen. Die Gegenkopplung wird man vernünftigerweise nicht wesentlich höher wählen, als es der zu fordernden Fehlerdämpfung entspricht. Daher kann man diesen Mindestwert nicht nachträglich verringern. Nach oben hin entsteht eine Schranke durch die schließlich erreichte stabile Amplitudenkurve. Außerdem kann die Übersetzung im Gegenkopplungskreis nicht unbegrenzt erhöht werden.

Trotzdem wird die Änderung der Gegenkopplung gern zur Regelung der Verstärkung vorgenommen: Die Änderung der Verstärkung durch Einbau des Reglers in den Gegenkopplungsweg (s. Abb. 117) hat gegenüber dem Einfügen in das Anpassungsnetzwerk am Eingang *b* den Vorzug, daß beim Herabregeln nicht das auf den Eingang bezogene Rauschen mit erhöht wird. Gegenüber dem Einfügen eines Reglers in das Anpassungsnetzwerk am Ausgang *c* hat der Gegenkopplungsregler den Vorzug, daß die entnehmbare Leistung nicht verringert wird.

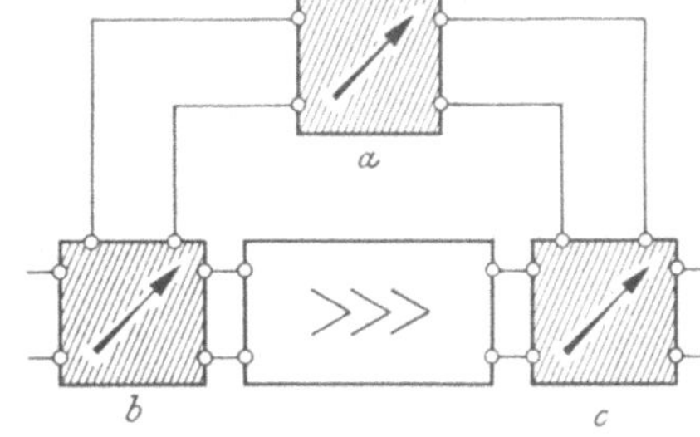

Abb. 117. Möglichkeiten der Verstärkungsregelung im Gegenkopplungskreis.

Eine Regelung der Verstärkung im Gegenkopplungskreis setzt entweder eine BODE-Stabilität oder eine Phasenrückdrehung im gesamten Regelbereich voraus. Eine mitlaufende Regelung der stabilisierenden Ausschnitte des Phasenstreifens ist zwar grundsätzlich denkbar, wenn in jeder Zwischenstellung das Optimum erreicht werden soll, dürfte aber praktisch einen zu hohen Aufwand bedeuten.

G. Hinweise für die praktische Ausführung.

I. Anwendungsbereich.

Die Möglichkeit, mit Hilfe der Gegenkopplung für einen gewissen Aufgabenbereich bessere Verstärker zu bauen, beruht im Grunde auf einem Überschuß an Bandbreite, hervorgerufen durch eine hohe Röhrengüte S/C. Dieser Überschuß kann dafür verbraucht werden, um andere Fehler, zu hohe nichtlineare Verzerrungen, Störspannungen, namentlich der Endröhre auszugleichen. Es ist jedoch im allgemeinen nicht sinnvoll, von diesem Überschuß auch für andere Zwecke abzugeben, die mit üblichen Mitteln leicht erfüllbar sind, es sei denn, daß die gestellten Forderungen nach ihrer Erfüllung noch einen verfügbaren Rest an Gegenkopplung übriglassen.

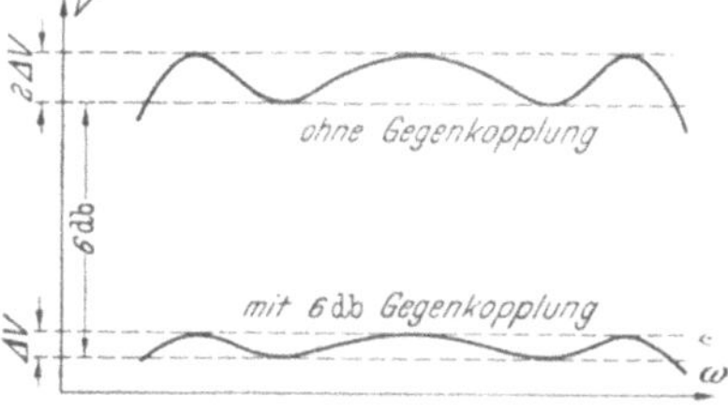

Abb. 118. Beispiel einer Verbesserung linearer Fehler durch Gegenkopplung. Eine Verbesserung kleiner Ungleichmäßigkeiten der (logarithmischen) Amplitudenkurve z. B. auf den zehnten Teil, würde 20 db Gegenkopplung erfordern.

Ähnliches gilt für die lineare Entzerrung mit Hilfe der Gegenkopplung. Man kann einen unerwünschten Amplitudengang eines Verstärkers natürlich durch eine entsprechend starke und frequenzunabhängige Gegenkopplung begradigen (s. Abb. 118), oder man kann erwünschte Amplitudengänge dadurch bewirken, daß man den Gegenkopplungsweg mit dem zum gewünschten Amplitudengang umgekehrt verlaufenden Amplitudengang versieht.

Gegen alle diese Möglichkeiten ist wenig einzuwenden, wenn dadurch nicht die geforderte Mindestfehlerdämpfung unterschritten wird.

So kann man praktisch leicht kleinere Fehler im Amplitudengang (z. B. von einigen Dezibel) ausgleichen. Da man bei einem komplizierteren Aufbau der Kopplungsnetzwerke im umschlossenen Verstärker schwer eine gewisse Welligkeit im Amplitudengang sowie einen gewissen Spielraum im absoluten Pegel vermeiden kann, sollte man ohne Bedenken von der Möglichkeit Gebrauch machen, diese auf eine große Zahl von Elementen verteilten Schwankungen durch eine *genaue* Bemessung an *einer* Stelle, nämlich im Gegenkopplungsweg, auszugleichen. Hierbei ist natürlich ebenfalls vorausgesetzt, daß ein vorher festgelegtes Mindestmaß an Fehlerdämpfung nicht unterschritten wird.

Es ist nur sehr bedingt richtig, daß ein gegengekoppelter Verstärker gegen Schwankungen in den Röhrendaten sowie gegen Schwankungen der Betriebsbedingungen unempfindlicher sei als ein Verstärker ohne Gegenkopplung. Tatsächlich haben solche Abweichungen nur dann keine Störung durch Selbsterregung zur Folge, wenn sie von vornherein durch entsprechend große Sicherheitszuschläge bei der Bemessung der stabilen Amplitudenkurve berücksichtigt sind. Jedoch kann ein Aufwand nach dieser Richtung hin nicht ohne eine anderweitige Einbuße betrieben werden.

Gegengekoppelte Verstärker mit mehr als drei Stufen haben keinen Sinn.

Ebenso sind Verstärker mit mehrfacher Gegenkopplung und Verstärker mit nach unten begrenzter Stabilität meistens vom betrieblichen Standpunkt abzulehnen. Die sich hierdurch ergebenden zusätzlichen Möglichkeiten haben daher nur eine eingeschränkte Bedeutung.

II. Konstruktive Hinweise.

Ein gegengekoppelter Verstärker muß in Schaltung und Aufbau als ein Breitband-Hochfrequenzverstärker behandelt werden. Es sollten daher Röhren mit einem hohen S/C-Verhältnis ausgewählt werden und dabei im Aufbau alles getan werden, um schädliche Kapazitäten zu vermeiden. Es wäre ein großer Fehler, wenn die Sorgfalt im Aufbau nur nach der höchsten Frequenz im Übertragungsbereich bemessen würde.

Da Störspannungen in und vor der Eingangsröhre nicht durch Gegenkopplung vermindert werden können, ist hier eine besondere Sorgfalt nötig.

H. Zusammenfassung.

1. Bei einem rein nichtlinearen System tritt an die Stelle des Übertragungsfaktors die nichtlineare Kennlinie.

2. Eine Verallgemeinerung der Kennlinie ist das Kennlinienfeld. Es beschreibt dann den Zusammenhang, wenn dieser von dem Vorzeichen der Änderung (Zunahme oder Abnahme) abhängig ist.

3. Die technischen Maße und Meßverfahren für nichtlineare Verzerrungen sind immer dann unzulänglich, wenn die Bewertung eine Zahl liefert. Der Klirrfaktor ist bei einfachen Kennlinien, wie sie praktisch vorkommen, ein hinreichend genaues Maß für die mittlere quadratische Abweichung der Kennlinie von einer Geraden.

4. Alle Fehler eines Verstärkers außer den linearen Fehlern können durch Ersatzgeneratoren dargestellt werden. Dabei sind zwei Arten zu unterscheiden,

solche, die durch die Nutzspannung gesteuert werden und nicht gesteuerte Ersatzgeneratoren.

5. Durch *gesteuerte* Ersatzgeneratoren können dargestellt werden:
a) nichtlineare Verzerrungen,
b) auf die Nutzspannung aufmodulierte Störspannungen,
c) Verstärkungsschwankungen.

6. *Nicht gesteuerte* Störspannungen zerfallen in Eigenstörungen, die innerhalb des Verstärkers entstehen (Röhrenrauschen, Widerstandsrauschen), und von außen eindringende Störspannungen (Netzbrummen, Übersprechen aus anderen Übertragungssystemen).

7. Die Gegenkopplung senkt die nicht gesteuerte Störspannung um denselben Faktor wie die Nutzspannung, während die gesteuerte Störspannung mit dem Quadrat des Gegenkopplungsfaktors fällt.

8. Setzt man voraus, daß die Nutzeingangsspannung um den Verstärkungsverlust erhöht wird, so sind die nicht gesteuerten Störspannungen relativ um den Gegenkopplungsfaktor geringer geworden. Die gesteuerten Störspannungen sind relativ ebenfalls um den Gegenkopplungsfaktor gefallen, wenn sie von vornherein klein in bezug auf die Nutzspannung waren.

9. Die Erhöhung der Eingangsspannung setzt einen einwandfreien Vorverstärker voraus. Fehler im und vor der ersten Verstärkerstufe können durch Gegenkopplung nicht beseitigt werden. Die mögliche Fehlerverringerung findet daher ihre Grenze in den unvermeidlichen Fehlern der Eingangsstufe.

10. Mehrfache Gegenkopplungen verbrauchen unnötige Verstärkungsreserve und haben keine Vorzüge von gleichem Gewicht (s. auch Pkt. 12).

11. Die unter Vernachlässigung der linearen Eigenschaften angestellten Überlegungen sind auch allgemein mit gewissen Einschränkungen gültig, wenn der Verstärker stabil ist. Die eingeführten reellen Größen werden dadurch komplex.

12. Nichtlineare Elemente machen zusätzliche Stabilisierungsschwierigkeiten, namentlich bei Systemen mit mehrfacher Gegenkopplung oder mit nach unten begrenzter Stabilität.

13. Die Gegenkopplung kann man als eine Transformation auffassen, bei der ein Überschuß an linearer Qualität (= Bandbreite) dazu benutzt wird, um einen Mangel in anderen Anforderungen auszubessern.

14. Die linearen Eigenschaften eines gegengekoppelten Verstärkers können außerhalb des Übertragungsbereiches nicht mehr zusätzlich vorgeschrieben werden, da die im Übertragungsbereich verlangten Eigenschaften und die Stabilitätsbedingungen bereits alle Größen festlegen. Es kann daher nur noch eine Korrektur durch Filter in den Anpassungsnetzwerken geschehen.

Fünftes Kapitel.

Mechanische, elektrische und mechanisch-elektrische Übertragungssysteme.

Einführung.

Im Bereiche der Mechanik und im Bereiche der Elektrotechnik gibt es Apparate und Einrichtungen, die sich trotz ihrer technischen Verschiedenheit in ihren Grundlagen sehr weitgehend entsprechen; es sind dies alle Verstärker und Einrichtungen mit Rückkopplung. Daher ist es bedauerlich, daß für einen Regeltechniker die Literatur über gegengekoppelte Verstärker und für einen Verstärkerfachmann die Literatur über Regeltechnik meist nur mit Schwierigkeiten lesbar ist. In beiden Fällen stehen verschiedene Gesichtspunkte im Vordergrund. Außerdem sind die Bezeichnungen, welche die Praxis für analoge Begriffe wählt, einander vielfach sehr verschieden.

Dieses vergleichende Kapitel soll einen doppelten Zweck erfüllen: 1. die Anwendung der vorangegangenen Ausführungen auf nichtelektrische Probleme erleichtern und 2. auch die gemischten Systeme, die mechanisch-elektrischen Wandler, mit in den Kreis der Betrachtungen einbeziehen.

A. Schaltelemente und Systeme ohne räumliche Ausdehnung.

I. Bezeichnungen.

Schaltelemente ohne räumliche Ausdehnung gibt es strenggenommen nicht. Es sollen unter dieser Bezeichnung nur solche Bauelemente verstanden werden, bei denen es die vorliegende Aufgabe gestattet, daß die Geschwindigkeit des Ausbreitens eines mechanischen oder elektrischen Vorganges innerhalb seiner räumlichen Ausdehnung vernachlässigt werden kann. Das Element kann dabei, je nach Aufgabenstellung, z. B. die Erdkugel oder auch nur ein Molekül sein.

Sind auch die Verbindungen der Schaltelemente untereinander so kurz, daß der Vorgang von einem zum anderen Element praktisch ohne zeitliche Verzögerung übergeht, so kann man von *Systemen ohne räumliche Ausdehnung* sprechen.

Bei einem Schaltelement ohne räumliche Ausdehnung sind infolge dieser Vernachlässigung Ursache und Wirkung vertauschbar: Wenn ein kleiner Körper (= Massenpunkt) an einem relativ großen Körper befestigt ist, so macht er zwangsläufig dessen Bewegungen mit. In der einen möglichen Darstellung erhält der Massenpunkt eine „eingeprägte" Geschwindigkeit v. Diese Geschwindigkeit ist die Ursache für die durch den Massenpunkt mit der Masse m hervorgerufene Gegenkraft (= Wirkung):

$$\underset{\text{Wirkung}}{k} = m \cdot \underset{\text{Ursache}}{\frac{dv}{dt}}\,. \tag{1}$$

Genau so richtig ist die Darstellung, daß durch die mechanische Verbindung mit dem großen Körper eine Kraft k übertragen wird, die erst die Bewegung erzwingt, also

$$\underset{\text{Wirkung}}{v} = \frac{1}{m}\int\limits_{-\infty}^{t} \underset{\text{Ursache}}{k}\, d\tau\,. \tag{2}$$

Wenn Ursache und Wirkung an demselben Punkt angreifen, kann man beide miteinander vertauschen. Diese Vertauschbarkeit besteht dagegen nicht mehr, wenn die Ursache und die Wirkung an zwei ganz getrennten Punkten beobachtet werden, wie wohl ohne Beispiel offensichtlich ist.

II. Elektrische Schaltelemente.

Die Analyse denkt sich alle nicht räumlich ausgedehnten elektrischen Systeme aus drei Typen von elementaren Zweipolen zusammengesetzt, deren Eigenschaften der Reihe nach beschrieben werden sollen.

1. Ohmsche Zweipole.

Ohmsche Zweipole sind solche Zweipole, welche streng das Ohmsche Gesetz

$$e = R \cdot i \tag{3}$$

oder dessen Umkehrung

$$i = G \cdot e \tag{4}$$

erfüllen. Hierbei bezeichnet R den Ohmschen Widerstand und G den Ohmschen Leitwert, wobei $G = R^{-1}$.

2. Kapazitive Zweipole.

Ein kapazitiver Zweipol liegt dann vor, wenn zwischen Ladung q und Spannung e streng die Beziehung

$$q = C \cdot e \tag{5}$$

oder deren Umkehrung

$$e = \frac{1}{C} \cdot q \tag{6}$$

gelten. Dabei ist C die Kapazität. Da man bei den meisten Aufgaben nicht gern mit der Ladung, sondern lieber mit dem Strom

$$i = \frac{dq}{dt} \tag{7}$$

rechnet, sind die Gleichungen

$$i = C \cdot \frac{de}{dt} \tag{8}$$

bzw.

$$e = \frac{1}{C} \cdot \int_{-\infty}^{t} i \, d\tau \tag{9}$$

im allgemeinen vorzuziehen.

3. Induktive Zweipole.

Bei einem induktiven Zweipol gilt kraft Definition die Gleichung

$$e = L \cdot \frac{di}{dt}. \tag{10}$$

Es wird hier das übliche negative Vorzeichen nicht verwendet, da e nicht die vom Zweipol erzeugte Gegenspannung, sondern die von außen anzulegende Spannung bedeutet. In Gl. (10) ist die Induktivitätskonstante mit L bezeichnet. Man kann Gl. (12) auch umkehren und

$$i = \frac{1}{L} \int_{-\infty}^{t} e \, d\tau \tag{11}$$

schreiben.

4. Induktive Vierpole.

Induktive Kreise können eine besondere Eigenart aufweisen, die sie von Ohmschen und kapazitiven Kreisen unterscheidet, nämlich *wechselseitige* Widerstände. Zwei Induktivitäten L_1 und L_2, die induktiv miteinander gekoppelt sind, besitzen dadurch eine *wechselseitige* Induktivität $L_{12} = L_{21}$, wobei

$$e_2 = \pm L_{21} \cdot \frac{d i_1}{d t}, \tag{12}$$

$$e_1 = \pm L_{12} \cdot \frac{d i_2}{d t} \tag{13}$$

ist. Auch dieses Gleichungspaar kann man umkehren, wobei

$$i_1 = \pm H_{21} \cdot \frac{d e_2}{d t}, \tag{14}$$

$$i_2 = \pm H_{12} \cdot \frac{d e_1}{d t} \tag{15}$$

ist. Hierbei ist $H_{12} = L_{12}^{-1}$, $H_{21} = L_{21}^{-1}$. Beide Vorzeichen sind möglich, da eine Vertauschung eines Anschlußpaares vorgenommen werden kann.

Eine ausführliche Darstellung induktiver Kreise, die nebeneinander induktive Zweipole und wechselseitige Induktivitäten enthalten, ist im Zweiten Kapitel Gl. (22) gebracht worden.

III. Mechanische Schaltelemente (Geradeausbewegung).

Es mag ungebräuchlich sein, bei einer Anordnung von mechanischen Elementen von einer Schaltung zu sprechen. Wenn z. B. ein Kolben fest mit einer Kolbenstange verbunden ist, so daß beide dieselbe Geschwindigkeit haben, so ist diese mechanische Anordnung der Parallelschaltung zweier elektrischer Elemente analog, an denen dieselbe Spannung liegt. Um die Analogie stärker zu betonen und um möglichst bei analogen Untersuchungen dieselbe Sprache verwenden zu können, sei die Ausdrucksweise erlaubt, der Kolben sei mit der Kolbenstange „zusammengeschaltet".

Als Vorgänge seien bei mechanischen Schaltungen vorzugsweise die Kraft k und die Geschwindigkeit v verwendet. Der Weg s oder die Beschleunigung a seien Zwischengrößen, welche stets zum Schluß mit Hilfe der Gleichungen

$$v = \int_{-\infty}^{t} a\, d\tau, \tag{16}$$

$$v = \frac{d s}{d t} \tag{17}$$

in die Geschwindigkeit v überführt werden sollen.

1. Die Masse.

Die Bewegungsgesetze für die Masse wurden bereits als Beispiel in den Gln. (1) und (2) aufgestellt. Es muß jedoch mit Rücksicht auf spätere „Zusammenschaltungen" darauf hingewiesen werden, daß die Geschwindigkeit der Masse nicht etwa die *Relativ*geschwindigkeit zu dem Körper bedeutet, mit dem die betrachtete Masse in Verbindung steht, sondern die Absolutbewegung zum Hauptbezugssystem. Mit dieser Bedeutung seien die Gleichungen nochmals wiederholt:

Es ist mit Bezug auf das Hauptbezugssystem (Erdoberfläche)

$$k = m \cdot \frac{dv}{dt} \tag{18}$$

bzw.

$$v = \frac{1}{m} \int_{-\infty}^{t} k \, d\tau . \tag{19}$$

2. Die Federung.

Eine als massefrei angenommene ideelle Feder leistet beim Zusammendrücken eine Kraft, welche die Gegenkraft

$$k = c \cdot s \tag{20}$$

erfordert. Mit der Gl. (17) wird hieraus entweder

$$k = c \cdot \int_{-\infty}^{t} v \, d\tau \tag{21}$$

oder

$$v = \frac{1}{c} \cdot \frac{dk}{dt}, \tag{22}$$

wobei c die Federkonstante bedeutet.

Diese beiden Gln. (21) und (22) gelten in jedem Bezugssystem.

3. Die Reibung.

Die komplizierteste Verknüpfung zwischen Kraft und Geschwindigkeit tritt praktisch bei der Reibung auf. Ein auf einer festen Unterlage ruhender fester Körper bewegt sich relativ zu ihr im allgemeinen erst dann, wenn eine bestimmte Mindestkraft (Ruhereibung) aufgebracht ist. Tritt unter dem Einfluß dieser Kraft eine Bewegung ein, so nimmt die Reibung im allgemeinen wieder ab. Ein auf einer Flüssigkeit schwimmender fester Körper hat keine Ruhereibung, sondern erfordert eine Kraft proportional der Geschwindigkeit, solange die Geschwindigkeit klein ist. Auch ein Ölfilm zwischen zwei festen Körpern verhält sich so. Ähnlich verhält sich auch ein Gas einem bewegten Körper gegenüber, solange die Bewegung ohne Wirbelbildung vor sich geht. Bei höheren Geschwindigkeiten wächst die zur Überwindung der Reibung erforderliche Kraft stärker als proportional an. Betrachtet man nur einen mittleren Geschwindigkeitsbereich, so kann man mit hinreichender Näherung

$$k = \varrho \cdot v \tag{23}$$

bzw.

$$v = \sigma \cdot k \tag{24}$$

schreiben, wobei ϱ den Reibungskoeffizienten und σ den umgekehrten Wert davon bezeichnet.

IV. Mechanische Schaltelemente (Drehungen).

Geradeausbewegungen gehen in Drehbewegungen über, wenn die beschriebene Bahn gekrümmt ist. Wenn der Krümmungsradius r ist, so tritt an die Stelle der Kraft k das Drehmoment

$$M = k \cdot r \tag{25}$$

und an die Stelle der Geschwindigkeit v die Winkelgeschwindigkeit

$$\Theta = \frac{v}{r}. \tag{26}$$

Die Gl. (17) geht somit in

$$M = R \cdot \Theta \tag{27}$$

über, wobei

$$R = \varrho \cdot r^2 \tag{28}$$

das Reibungsmoment bezeichnet.

Statt Gl. (21) entsteht

$$M = F \cdot \int_{-\infty}^{t} \Theta \, d\tau , \tag{29}$$

wenn das Federungsmoment

$$F = c \cdot r^2 \tag{30}$$

eingeführt wird.

Und schließlich tritt an die Stelle von Gl. (18) die neue Gleichung

$$M = T \cdot \frac{d\Theta}{dt} , \tag{31}$$

wobei das Trägheitsmoment T durch

$$T = m r^2 \tag{32}$$

bezeichnet ist.

V. Mechanisch-elektrische Analogien.

Zwei Vorgänge, Schaltelemente, Systeme, von denen ein Teil mechanisch und der andere Teil elektrisch ist, sollen ohne Rücksicht auf ihre physikalische Bedeutung dann analog genannt werden, wenn sie in mathematischen Formeln von derselben *Form* durch homologe Formelgrößen bezeichnet werden. Wegen der Möglichkeit, die bisherigen Gleichungen umzukehren, können die mechanischen Größen Kraft und Geschwindigkeit den elektrischen Größen Spannung und Strom einander auf zwei verschiedene Arten zugeordnet werden:

Tabelle 4. *Gegenüberstellung sich entsprechender Gleichungen.*

	Elektrisches System		Mechanisches System: Geradeaus		Mechanisches System: Drehbewegung	
I.	$e = R \cdot i$	(3)	$v = k$	(24)	$\Theta = \frac{1}{R} \cdot M$	(27)
	$e = L \cdot \frac{di}{dt}$	(10)	$v = \frac{1}{c} \cdot \frac{dk}{dt}$	(22)	$\Theta = \frac{1}{F} \cdot \frac{dM}{dt}$	(29)
	$e = \frac{1}{C} \int_{-\infty}^{t} i \, d\tau$	(9)	$v = \frac{1}{m} \int_{-\infty}^{t} k \, d\tau$	(19)	$\Theta = \frac{1}{T} \int_{-\infty}^{t} M \, d\tau$	(31)
II.	$e = R \cdot i$	(3)	$k = \varrho \cdot v$	(23)	$M = R \cdot \Theta$	(27)
	$e = L \cdot \frac{di}{dt}$	(10)	$k = m \cdot \frac{dv}{dt}$	(18)	$M = T \cdot \frac{d\Theta}{dt}$	(31)
	$e = \frac{1}{C} \cdot \int_{-\infty}^{t} i \, d\tau$	(9)	$k = c \int_{-\infty}^{t} v \, d\tau$	(21)	$M = F \int_{-\infty}^{t} \Theta \, d\tau$	(29)

Diese Gegenüberstellung zeigt, daß es zwei Analogien gibt, die willkürlich als Analogie I und Analogie II bezeichnet worden sind. Die entsprechenden Elemente der mechanischen Geradeausbewegung und des elektrischen Stromkreises sind in Abb. 119 zusammengestellt. Die Drehbewegungen werden nicht besonders behandelt werden, da sie sich aus den translatorischen Bewegungen auf einfache Weise ergeben.

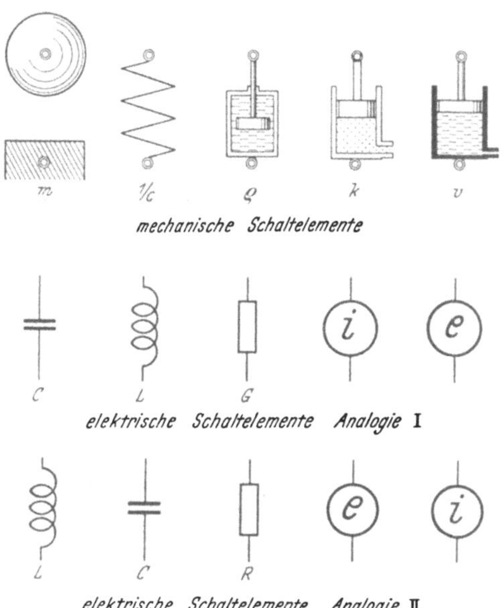

Abb. 119. Analoge mechanische und elektrische Schaltelemente. Analoge Elemente sind untereinander angeordnet.

Geradeausbewegung und Drehbewegung sind einander in folgender Weise zugeordnet:

Tabelle 5.

Geradeausbewegung		Drehung	
Geschwindigkeit	v	Winkelgeschwindigkeit	Θ
Kraft	k	Drehmoment	M
Reibung	ϱ	Reibungsmoment	R
Masse	m	Trägheitsmoment	T
Federkonstante	C	Federungsmoment	F

B. Differentialgleichungen einfacher Schaltungen.

I. Elektrische Schaltungen.

1. Elektrische Parallelschaltungen.

Eine Parallelschaltung von elektrischen Elementen (s. Abb. 120, 121) ist dadurch gekennzeichnet, daß an allen die gleiche Spannung liegt, während sich die Ströme addieren. Für die Parallelschaltung eines Widerstandes, eines Kondensators und einer Induktivität erhält man durch Addieren der Gln. (4), (8) und (11) die Differentialgleichung

$$i = G \cdot e + C \cdot \frac{de}{dt} + \frac{1}{L} \cdot \int_{-\infty}^{t} e\, d\tau . \tag{33}$$

Auch diese Gleichung läßt eine Vertauschung von Ursache und Wirkung zu, da es sich um einen Zweipol handelt. Es bestehen nur Schwierigkeiten in der Schreibweise. Um das bestehende Bedürfnis, nach der gesuchten Größe aufzulösen, formal zu erfüllen, kann man schreiben

$$e = i \cdot \frac{1}{G + C \cdot \frac{d}{dt} + \frac{1}{L} \int\limits_{-\infty}^{t} d\tau} . \tag{34}$$

Diese Schreibweise erhält ihre Legalisierung durch die LAPLACE-Transformation, bei der eine Gleichung der Form $e(p) = i(p) \Big/ \left(G + pC + \frac{1}{pL}\right)$ entstehen würde.

2. Elektrische Reihenschaltung.

Die elektrische Reihenschaltung (s. Abb. 121, 120) besteht umgekehrt aus Elementen, die vom gleichen Strom durchflossen werden und bei der sich die Spannung addiert. Die Integro-Differentialgleichung der gesamten Schaltung entsteht also durch Addition von Gl. (3), (10) und (9):

$$e = R \cdot i + L \cdot \frac{di}{dt} + \frac{1}{C} \int\limits_{-\infty}^{t} i\, d\tau \tag{35}$$

bzw. nach Vertauschung von Ursache und Wirkung:

$$i = \frac{e}{R + L \cdot \frac{d}{dt} + \frac{1}{C} \int\limits_{-\infty}^{t} d\tau} \tag{36}$$

über die Bedeutung dieser Gleichung kann dasselbe gesagt werden wie bei Gl. (34).

II. Mechanische Schaltungen.

1. Kraftquelle und Geschwindigkeitsquelle.

In der Theorie elektrischer Schaltungen kann man eine Energiequelle, also eine Batterie oder einen Generator, auf zwei verschiedene Weisen einführen, entweder als Spannungsquelle, bestehend aus der Hintereinanderschaltung einer widerstandsfreien Spannungsquelle mit dem inneren Widerstand oder als Stromquelle, bestehend aus der Parallelschaltung eines den Kurzschlußstrom liefernden Stromgenerators (mit dem inneren Leitwert Null) und dem Leitwert der Stromquelle.

Genau entsprechend könnte man in der Mechanik mit Geschwindigkeitsquellen und mit Kraftquellen rechnen:

Eine *Kraftquelle* ist eine Einrichtung, welche zwischen einem Angriffspunkt und einem Bezugspunkt eine bestimmte mechanische Spannung schafft, die beide zum Zusammen- oder Auseinanderstreben bringt. Die Kraftquelle selbst hat keine sonstige mechanischen Eigenschaften. Man kann sich eine solche Einrichtung am ehesten noch durch einen masselosen Kolben in einem masselosen Zylinder realisiert vorstellen. Wird eine widerstandslose Verbindung mit einem

Preßluftbehälter hergestellt, der auf konstantem Druck gehalten wird, so streben Kolben und Zylinder mit konstantem Druck auseinander.

Eine *Geschwindigkeitsquelle* ist die dual entsprechende Einrichtung, welche (im Gegensatz zur Kraftquelle) zwischen einem Angriffspunkt und einem Bezugspunkt eine bestimmte Geschwindigkeitsdifferenz erzeugt. Hierbei werden Kolben und Zylinder durch eine unaufhaltsam einströmende und nicht kompressible Flüssigkeit auseinandergetrieben.

Mehrere Kraftquellen können nur dann in mechanischem Sinne hintereinandergeschaltet werden, wenn sie einander gleich sind. Die zwischen den äußersten Punkten der Hintereinanderschaltung wirksame Kraft ist gleich der einer einzelnen Quelle. Schaltet man mehrere Kraftquellen mechanisch parallel, so entsteht zwischen den gemeinsamen äußeren Anschlüssen die Summe der Einzelkräfte.

Wenn mehrere Geschwindigkeitsquellen in Reihe geschaltet werden, so addieren sich die Geschwindigkeiten; eine Parallelschaltung setzt gleiche Geschwindigkeiten voraus, und es entsteht kein Unterschied gegenüber einer einzelnen Geschwindigkeitsquelle.

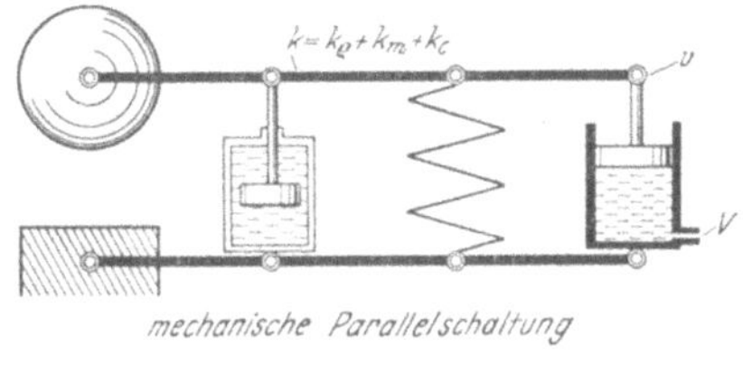

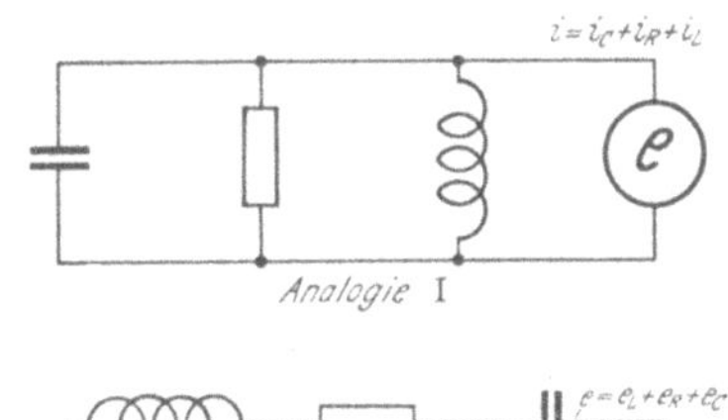

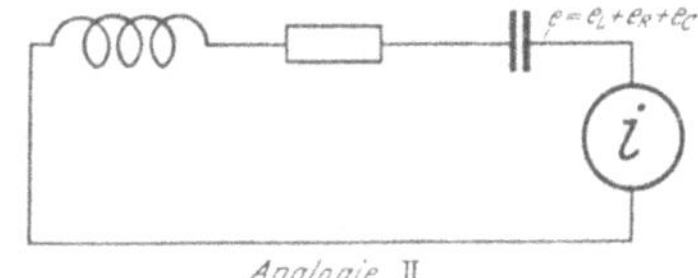

Abb. 120. Analogien zur mechanischen Parallelschaltung. Es wird angenommen, daß die mechanische Parallelschaltung nur eine Parallelverschiebung der mechanischen Verbindung gestattet.

2. Mechanische Parallelschaltung.

Alle mechanischen Schaltelemente haben genauso wie die elektrischen Schaltelemente zwei Anschlüsse. Die Besonderheit an der Masse als Schaltelement besteht nur darin, daß der eine seiner Anschlüsse mit dem Hauptbezugssystem verbunden, also „mechanisch geerdet" ist.

Schaltet man alle drei Elemente, die Masse, die Federung und die Reibung, mechanisch parallel, verbindet man also die Anschlüsse paarweise untereinander, so ist zwangsläufig wegen der Ausnahmestellung der Masse der eine gemeinsame Anschluß das Hauptbezugssystem (s. Abb. 120). Der andere gemeinsame Anschluß hat dieselbe Geschwindigkeit v. Die Gegenkräfte, welche die einzelnen Elemente gegen das Bewegtwerden entwickeln, addieren sich. Die von außen aufzubringende Kraft ist für die Parallelschaltung die Summe der Gl. (23), (18) und Gl. (21):

$$k = \varrho \cdot v + m \cdot \frac{dv}{dt} + c \int_{-\infty}^{t} v\, d\tau . \tag{37}$$

Schaltet man eine Geschwindigkeitsquelle zwischen den Hauptbezugspunkt und den gemeinsamen mechanischen Anschluß, so wird diese Geschwindigkeitsquelle mit einer Kraft nach Gl. (37) beansprucht.

Nimmt man in Abb. 120 statt der Geschwindigkeitsquelle eine Kraftquelle, so muß die Geschwindigkeit errechnet werden, welche am freien Anschluß der Parallelschaltung bei Erregung mit einer Kraft entsteht. Das Ergebnis kann man rein formal durch Umkehrung von Gl. (37) zu

$$v = \frac{k}{\varrho + m \cdot \frac{d}{dt} + c \cdot \int\limits_{-\infty}^{t} d\tau} \tag{38}$$

angeben.

3. Mechanische Reihenschaltung.

Eine mechanische Reihenschaltung, die eine Masse enthält, ist nur möglich mit einem Anschluß jeder Masse an das Hauptbezugssystem, während die beiden Anschlüsse der Reibung und der Federung beliebig angeschlossen werden können. An das freie Ende einer mechanischen Reihenschaltung greife eine Kraftquelle an (s. Abb. 121).

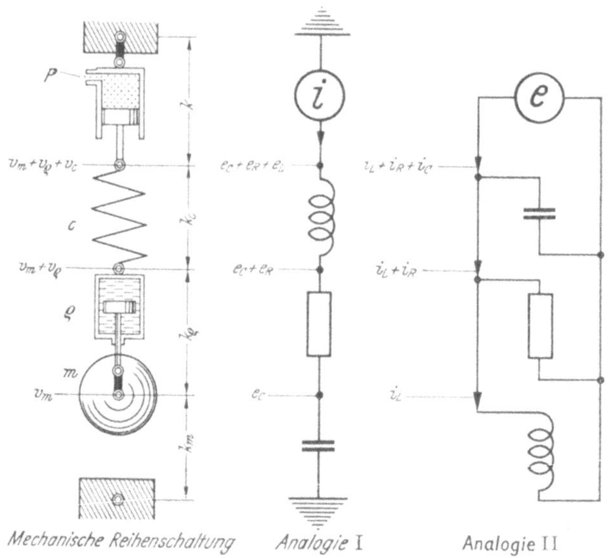

Abb. 121. Analogien zur mechanischen Reihenschaltung.

Mit den in Abb. 121 eingetragenen Bezeichnungen gilt für die Kräfte und Geschwindigkeiten:

$$k = k_c = k_\varrho = k_m,$$

$$v = v_c + v_\varrho + v_m.$$

Die Gleichung für den passiven Teil der Gesamtschaltung entsteht dann durch Addition der Gln. (24), (22) und (19) zu

$$v = \sigma \cdot k + \frac{1}{c} \cdot \frac{dk}{dt} + \frac{1}{m} \int\limits_{-\infty}^{t} k\, d\tau. \tag{39}$$

Verwendet man wieder statt der Kraftquelle eine Geschwindigkeitsquelle, so entstehe die Gleichung

$$k = \frac{v}{\sigma + \frac{1}{c}\frac{d}{dt} + \frac{1}{m} \int\limits_{-\infty}^{t} d\tau}. \tag{40}$$

4. Übersetzung der mechanischen Schaltungen in analoge elektrische Schaltungen.

Zu jeder der beiden mechanischen Schaltungen, der Parallel- und der Serienschaltung, lassen sich zwei elektrische Analogien finden, entweder eine elektrische Parallel- oder eine elektrische Reihenschaltung.

a) Elektrische Parallelschaltung. Die der Gl. (37) entsprechenden analogen elektrischen Gleichungen sind die Gl. (33) und (35). Die dazugehörigen elektrischen Schaltungen sind in Abb. 120 und 121 angegeben worden. Die Analogie I überführt die mechanische Parallelschaltung, die Analogie II in die dazu duale Reihenschaltung.

b) Elektrische Reihenschaltung. Der Gl. (39) entsprechen ebenfalls die Gl. (35) und (33): Die mechanische Serienschaltung wird daher durch die Analogie I in eine elektrische Serienschaltung und durch die Analogie II in die dazu duale elektrische Reihenschaltung übersetzt.

Da man durch eine Folge von Parallel- und Reihenschaltungen jede beliebige Schaltung aufbauen kann, kann man jede mechanische Schaltung auf die beschriebene Weise ins Elektrische übersetzen. Das Umgekehrte gilt nur mit einer wesentlichen Einschränkung:

Da jede Masse gem. Abschnitt III 1 einpolig „mechanisch geerdet“ ist, gilt für die durch Analogie gewonnenen elektrischen Ersatzschaltungen, daß im Fall I jede Kapazität einpolig geerdet sein muß. Im Fall II gilt dasselbe für die Induktivitäten. Entscheidend ist dabei nicht die Tatsache der Erdung an sich, sondern die sich daraus ergebende Konsequenz, daß diese Kapazitäten oder Induktivitäten dann einpolig miteinander verbunden sind.

C. Schaltungen mit elektromechanischen Wandlern.

Die Möglichkeit, eine mechanische Schaltung ins Elektrische übersetzen zu können, ergibt bei gemischten mechanisch-elektrischen Systemen besondere Annehmlichkeiten. Der Überblick über die physikalischen Eigenschaften eines solchen Systems wird erhöht, und die Durchrechnung konkreter Aufgaben wird erleichtert, wenn man die gesamten Überlegungen zunächst in einem einheitlichen System durchführen kann.

I. Elektromechanische Wandler.

Elektromechanische Wandler sind Umformer, welche elektrische Energie in mechanische (und umgekehrt) umformen können. Ein Elektromotor ist ein elektromechanischer Wandler, eine Dynamomaschine ein mechanisch-elektrischer Wandler. Wie dieses Beispiel bereits zeigt, sind diese Wandler nach beiden Richtungen hin verwendbar. Betrachtet man den gesamten Umformungsvorgang von der elektrischen Seite aus, so kann man den Umformer, wenn er mechanische Energie aus elektrischer Energie erzeugt, auch als *Sender* und dann, wenn er die umgekehrte Umformung vornimmt, auch als *Empfänger* bezeichnen.

1. Elektrodynamischer Wandler.

An einem vom Strom i durchflossenen Leiter, von dem sich ein Abschnitt der Länge l in einem magnetischen Feld der Stärke H befindet (s. Abb. 122), entsteht eine Kraft

$$k = H \cdot l \cdot i \qquad \text{(Sender).} \tag{41}$$

Die Richtungen des Stromes, der Kraftlinien und der Kraft stehen dabei senkrecht aufeinander. Wenn der Wandler in Gegenrichtung benutzt wird, so entspricht der mechanisch erzeugten Geschwindigkeit v seines Leiters die Spannung

$$e = H \cdot l \cdot v \qquad \text{(Empfänger)}. \tag{42}$$

2. Elektromagnetischer und magnetostriktiver Wandler.

Ein permanenter Magnet erzeugt in dem Luftspalt, welcher zwischen einem seiner Pole und dem davor beweglich angeordneten Anker entsteht (s. Abb. 123), den magnetischen Fluß Φ. Dieser nimmt mit der Breite des Luftspaltes s ab. Führt man den Widerstand des magnetischen Kreises als äquivalenten Luftspalt s_0 ein und herrsche beim Verschwinden des äußeren Luftspaltes $s = 0$ der Fluß $\frac{1}{s_0} \cdot \Phi_0$, so entsteht mit Luftspalt (Ursache) der Fluß (Wirkung):

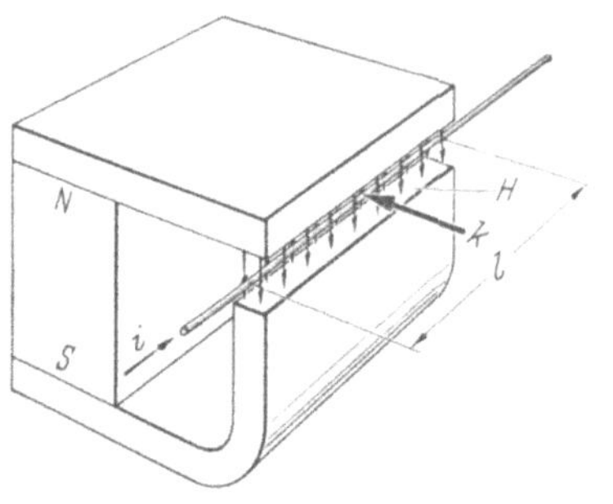

Abb. 122. Elektrodynamischer Wandler.

$$\Phi = \frac{\Phi_0}{s_0 + s}, \tag{43}$$

oder nach Differentiation:

$$\frac{d\Phi}{dt} = -\frac{\Phi_0}{(s_0 + s)^2} \cdot \frac{ds}{dt}. \tag{44}$$

In der Wicklung mit der Windungszahl n wird also die Spannung (Wirkung)

$$e = n \cdot \frac{\Phi}{s_0 + s} \cdot v \qquad \text{(Empfänger)} \tag{45}$$

induziert, wenn der Anker von außen mit der Geschwindigkeit v (Ursache) bewegt wird.

Für die umgekehrte Übertragungsrichtung kann man folgende Überlegung anstellen:

Der Anker wird von dem Magneten mit einer Kraft $k_0 = \frac{1}{2}\Phi^2$ angezogen. Dieser Kraft hält eine vom mechanischen System aufgebrachte elastische Gegenkraft von gleicher Größe die Waage. Wenn die Spule von einem Strom i durchflossen wird, erhöht sich der permanente Fluß Φ um

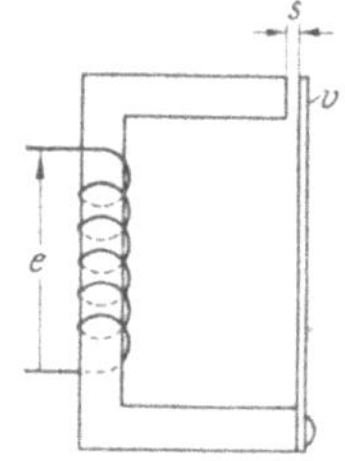

Abb. 123. Elektromagnetischer Wandler.

$$\Phi = \frac{n \cdot i}{s_0 + s}. \tag{46}$$

Die dabei auftretende Zunahme der Kraft, welche bisher nicht durch eine elastische Gegenkraft ausgeglichen wurde, ist die nach außen hin wirksame Kraft $k = \frac{1}{2}(\Phi + \Delta\Phi)^2 - \frac{1}{2}\Phi^2$. Wenn man $\Delta\Phi$ neben Φ vernachlässigt, entsteht $k = \Phi \cdot \Delta\Phi$. Mit der Gl. (46) ist dann

$$k = n \cdot \frac{\Phi}{s + s_0} \cdot i \qquad \text{(Sender)}. \tag{47}$$

Diese gleiche Kraft tritt entlang des gesamten magnetischen Weges auf, und zwar unabhängig von der Breite des Luftspaltes, sofern dabei derselbe magnetische Fluß aufrechterhalten wird. Die Kraft k tritt auch innerhalb des Eisens auf, und zwar besonders stark dann, wenn der Luftspalt fehlt. Ein nach diesem Prinzip arbeitender Wandler benutzt die elastische Verkürzung, die das Eisen unter der Einwirkung dieser Kraft erfährt. Er wird zur Unterscheidung als magnetostriktiver Wandler bezeichnet, ist aber seiner grundsätzlichen Wirkungsweise halber unter die elektromagnetischen Wandler einzuordnen.

3. Piezoelektrischer Wandler.

Eine Reihe von Kristallen werden elektrisch geladen, wenn auf sie eine Kraft ausgeübt wird, oder, richtiger gesagt, wenn sie durch diese Kraft verformt werden. Ein typischer Vertreter dieser Kristalle ist der Quarz. Die Si- und die O-Atome ordnen sich darin zu spiraligen Wendeln um die z-Achse an, welche innerhalb desselben Kristalls denselben Drehsinn haben (s. Abb. 124). Jedes Si-Atom gehört zwei solchen Wendeln gleichzeitig an. Betrachtet man eine solche Wendel in Richtung der neutralen z-Achse, so kann man die Anordnung in projektiver Vereinfachung durch das Schema nach Abb. 125 ersetzen. Durch Druck in y-Richtung oder in x-Richtung kann man es erreichen, daß sich eine Gruppe von Si-Atomen in x-Richtung und eine entsprechende Gruppe von O-Atomen entgegengesetzt dazu bewegt. Beide Verschiebungen sind zusammengenommen einer Ladungsverschiebung entlang der x-Achse gleichwertig. Daher kann man die elektrische Wirkung der Verformung auch durch das rechts schematisch dargestellte Modell veranschaulichen:

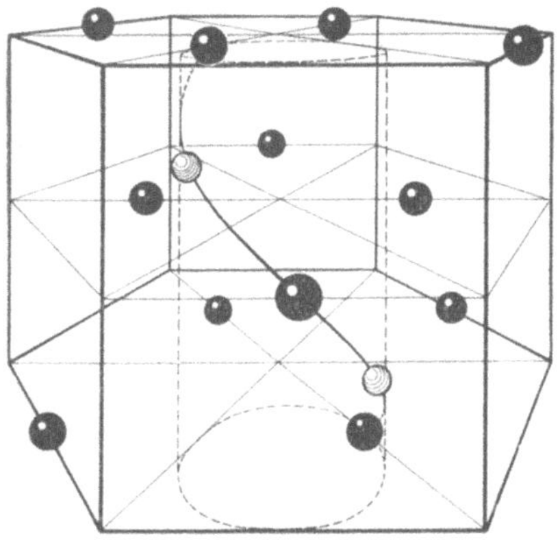

Abb. 124. Aufbau des Quarzgitters. Die Si-Atome (dunkel) liegen auf einer Wandel, und zwar so, daß jedes Si-Atom auf zwei Wandeln gleichzeitig liegt. Zwischen je zwei Si-Atomen liegt ein O-Atom (die Darstellung enthält nur eine Wandel mit zwei O-Atomen).

Zwischen zwei voneinander isolierten Elektroden befindet sich eine verschiebbare Ladung Q. Wenn die Elektroden außen miteinander elektrisch verbunden sind, so fließt bei einer Bewegung von der einen Platte zur anderen Platte die Ladung q durch den äußeren Leiter. Waren hierzu t Sekunden erforderlich, so war die mittlere Stromstärke in dieser Zeit $i = Q/t$. Wenn die Platten einen Abstand s_0 voneinander haben, so ist diese Zeit $t = \frac{s_0}{v}$. Die Stromstärke (Wirkung) ist damit

$$i = \frac{Q}{s_0} \cdot v \qquad \text{(Empfänger)}, \tag{48}$$

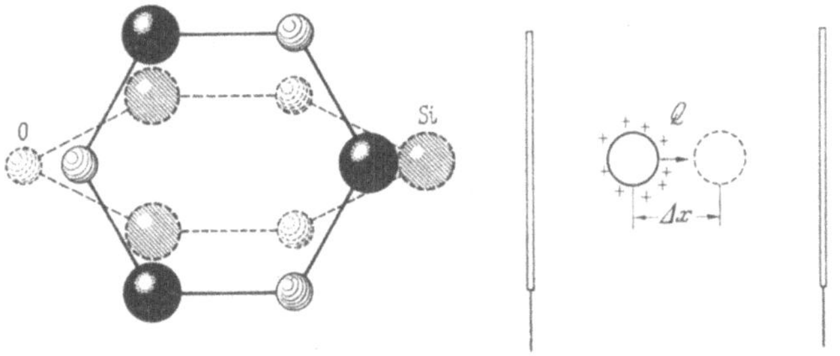

Abb. 125. Eine Quarzwendel, von oben gesehen. Bei Druck wird die elektrische Ladung Q um die Strecke Δx verschoben. Daher ist der Quarz dem rechts daneben gezeigten Modell äquivalent.

und zwar gilt diese Beziehung nicht nur für die mittlere Geschwindigkeit und den mittleren Strom, sondern auch für deren Augenblickswerte innerhalb des Weges s_0.

Nun die umgekehrte Betrachtung:

Wenn an die Platten eine Spannung e angelegt wird (Ursache), so entsteht die Feldstärke $E = \frac{e}{s_0}$, welche auf die Ladung Q die Kraft (Wirkung)

$$k = \frac{Q}{s_0} \cdot e \qquad \text{(Sender)} \tag{49}$$

ausübt.

4. Der dielektrische Wandler.

Bei festgehaltenem Abstand s wird die bewegliche Elektrode eines dielektrischen Wandlers (s. Abb. 126) mit einer Kraft

$$k_0 + k = \frac{1}{4\pi} \cdot \frac{1}{2} F \cdot (E_0 + E)^2 \tag{50}$$

angezogen, wobei F die Fläche der Elektrode und E die elektrische Feldstärke bedeuten. Dabei ist auf der linken Seite von Gl. (50) die Kraft in eine Ruhekraft k_0 und in einen Kraftzuwachs k zerlegt worden. Die Ruhekraft, die bei der Ruhefeldstärke E_0 auftritt, wird vom mechanischen System aufgenommen. Der praktisch nur interessierende Zuwachs an Kraft wird durch einen Zuwachs an Feldstärke E verursacht. Wenn $E \ll E_0$, ist wegen $E_0 = \frac{e}{s_0}$ und $C_0 = \frac{F}{4\pi s_0}$

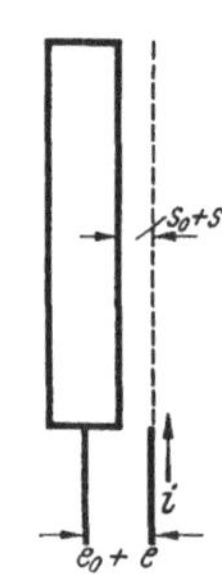

Abb. 126. Dielektrischer Wandler.

$$k = C_0 \cdot E_0 \cdot e. \tag{51}$$

Es bedeuten C_0 die Ruhekapazität und e den an den Elektroden gegen e_0 aufgetretenen Spannungszuwachs.

Wird umgekehrt die Elektrode bei festgehaltener Spannung von außen her bewegt, so entsteht eine Änderung der Kapazität, wodurch sich ein Strom

$$i = \frac{dq}{dt} = \frac{dC}{dt} \cdot e_0$$

ergibt. Da $dC = C_0 \cdot \frac{ds}{s_0}$, entsteht hieraus

$$i = C_0 \cdot E_0 \cdot v \qquad \text{(Empfänger).} \tag{52}$$

5. Gemeinsame Eigenschaften der Wandler.

Die bisherigen Betrachtungen liefern nur die Wechselbeziehungen zwischen dem elektrischen und dem mechanischen Teil eines Wandlers, welche, wie alle Sender- und Empfängergleichungen zeigen, umkehrbar sind. Daher seien diese Gleichungen noch einmal in der folgenden Tabelle zusammengefaßt:

Tabelle 6. *Wechselseitige Wandlergleichungen.*

	Elektrodynamisch	Elektromagnetisch, magnetostriktiv	Piezoelektrisch	Dielektrisch (= elektrostatisch)
Sender	$k = H \cdot l \cdot i$	$k = \frac{n \cdot \Phi}{s_0 + s} \cdot i$	$k = \frac{Q}{s_0} \cdot e$	$k = C_0 E_0 \cdot e$
Empfänger	$e = H \cdot l \cdot v$	$e = \frac{n \cdot \Phi}{s_0 + s} \cdot v$	$i = \frac{Q}{s_0} \cdot v$	$i = C_0 E_0 \cdot v$
	Gruppe 1		Gruppe 2	

Die Wandlergleichungen sagen nichts darüber aus, welche Eigenschaften der Wandler auf der elektrischen Seite zeigt, wenn hier ein entsprechender Strom zugeführt werden soll, auch nichts darüber, was auf der mechanischen Seite geschieht, wenn von dort her eine Bewegung aufgezwungen wird.

Die zusammenfassende Tabelle hat die Wandler in zwei Gruppen unterteilt, wobei die Gruppe 1 die elektrodynamischen und den elektromagnetischen Wandler umfaßt, während die Gruppe 2 aus dem piezoelektrischen und dem dielektrischen Wandler besteht.

Beide Gruppen erzeugen auf der mechanischen Seite eine Kraft k, wenn sie als Sender benutzt werden, und sprechen als Empfänger auf die Geschwindigkeit v an. Auf der elektrischen Seite spricht die erste Gruppe auf den Strom und die zweite auf die Spannung an; die erste Gruppe liefert dafür als Empfänger eine Spannung und die zweite einen Strom.

Es wird daran erinnert, daß bei der Ableitung der Wandler Gruppe 2 eine Verbindung der beiden Elektroden miteinander, also die Möglichkeit eines Stromflusses vorausgesetzt wurde.

Ein Wandler, dessen Eigenschaften nur durch die Sender- und Empfängergleichung bestimmt werden, soll in Zukunft ein *idealer Wandler* genannt werden. Er stellt einen nicht realisierbaren Grenzfall dar. Wirkliche Wandler sollen im Gegensatz dazu als *technische Wandler* bezeichnet werden. Technische Wandler haben stets noch zusätzliche Eigenschaften. Beim elektrodynamischen oder dem elektromagnetischen Wandler weist der Leiter einen Widerstand und eine Induktivität auf. Auch auf der mechanischen Seite weicht das Verhalten von den idealen Voraussetzungen ab. Beim piezoelektrischen Wandler kann man keinesfalls die Ladung so ideal leicht verschieben, wie das Modell es vortäuscht. Man muß erst die elastische Gegenkraft des Kristalls überwinden. Es ist also auch das mechanische Verhalten der mechanischen Seite des Wandlers zu berücksichtigen.

II. Analogie zwischen Wandler und Übertrager.

Unter einem idealen Übertrager sei eine streuungsfreie wechselseitige, unendlich große Induktivität verstanden. So entsteht ein fiktiver Vierpol, dessen Verhalten durch das Gleichungspaar

$$i_2 = \ddot{u}_{\mathrm{I}} i_1, \tag{53}$$

$$e_1 = \ddot{u}_{\mathrm{I}} e_2 \tag{54}$$

beschrieben wird. Mit Hilfe der Analogie I erhält man hierfür, wenn man die Sekundärseite mechanisch ausdrückt:

$$k = \ddot{u}_{\mathrm{I}} \cdot i \qquad \text{(Sender)}, \tag{55}$$

$$e = \ddot{u}_{\mathrm{I}} \cdot v \qquad \text{(Empfänger)}. \tag{56}$$

Die Analogie II würde das Gleichungspaar

$$k = \ddot{u}_{\mathrm{II}} \cdot e \qquad \text{(Sender)}, \tag{57}$$

$$i = \ddot{u}_{\mathrm{II}} \cdot v \qquad \text{(Empfänger)} \tag{58}$$

liefern, wobei $\ddot{u}_{\mathrm{II}} = \ddot{u}_{\mathrm{I}}^{-1}$.

Wie Tabellen 4 und 6 beim Vergleich miteinander zeigen, kann man den Wandlern in Gruppe 1 nur mit der Analogie I und den Wandlern in Gruppe 2 nur mit der Analogie II beikommen.

1. Übersetzung des idealen Wandlers ins Elektrische.

Wenn man über das Übersetzungsverhältnis des idealen Übertragers in Zahl und Dimension so verfügen würde, daß bei Analogie I, Gruppe 1:

$$\ddot{u}_{\mathrm{I}} = \begin{cases} H \cdot l & \text{(elektrodynamisch)} \\ \dfrac{n \cdot \Phi}{s_0 + s} & \text{(elektromagnetisch)} \end{cases} \tag{59}$$

und bei Analogie II, Gruppe 2:

$$\ddot{u}_{\mathrm{II}} = \begin{cases} \dfrac{Q}{s_0} & \text{(piezoelektrisch)} \\ C_0 E_0 & \text{(dielektrisch)} \end{cases} \tag{60}$$

ist, so könnte man den idealen Wandler in eine analoge elektrische Schaltung umwandeln. Den Weg dahin kann man in folgender Weise vereinfachen: Aus Sendergleichung und Empfangsgleichung erhält man bei allen Wandlern im absoluten Maßsystem:

$$k_{[\mathrm{dyn}]} \cdot v_{[\mathrm{cm/sec}]} = e_{[\mathrm{e.m.E.}]} \cdot i_{[\mathrm{e.m.E.}]} \,. \tag{61}$$

Die zu benutzende elektromagnetische Einheit der Spannung $[\mathrm{cm}^{3/2}\, \mathrm{g}^{1/2}\, \mathrm{sec}^{-2}]$ entspricht 10^{-8} Volt, die elektromagnetische Einheit des Stromes $[\mathrm{cm}^{1/2}\, \mathrm{g}^{1/2}\, \mathrm{sec}^{-1}]$ entspricht 10 Ampere. Daher geht die Berechnung der analogen elektrischen Schaltung in folgenden Schritten vor sich: 1. Aufsuchen der analogen elektrischen Gleichung und der analogen Schaltung, 2. Berechnung der analogen elektrischen Größen in cgs-Einheiten, wobei die Größen nach Gln. (59) und (60) in elektromagnetischen Einheiten eingesetzt werden, 3. Umrechnen der cgs-Einheiten in technische Einheiten.

a) Wandler der Gruppe 1. Vergleicht man in Gl. (37) und Gl. (33) die Dimensionen miteinander, so erhält man für die mechanische Gl. (37):

$$\underbrace{[\mathrm{cm}\cdot\mathrm{g}\cdot\mathrm{sec}^{-2}]}_{k} = [\underbrace{\mathrm{g}\cdot\mathrm{sec}^{-1}}_{\varrho}\cdot\underbrace{\mathrm{cm}\cdot\mathrm{sec}^{-1}}_{v}] = [\underbrace{\mathrm{g}}_{m}\cdot\underbrace{\mathrm{cm}\cdot\mathrm{sec}^{-2}}_{v/t}] = [\underbrace{\mathrm{g}\cdot\mathrm{sec}^{-2}}_{c}\cdot\underbrace{\mathrm{cm}\cdot\mathrm{sec}^{-1}}_{v}\cdot\underbrace{\mathrm{sec}}_{t}].$$

Die dazu analoge elektrische Gl. (33) liefert in e.m.E.:

$$\underbrace{[\mathrm{cm}^{1/2}\,\mathrm{g}^{1/2}\,\mathrm{sec}^{-1}]}_{i} = [G]\cdot\underbrace{[\mathrm{cm}^{3/2}\,\mathrm{g}^{1/2}\,\mathrm{sec}^{-2}]}_{e} = [C]\cdot\underbrace{[\mathrm{cm}^{3/2}\,\mathrm{g}^{1/2}\,\mathrm{sec}^{-2}\cdot\mathrm{sec}^{-1}]}_{e/t}$$

$$= \left[\frac{1}{L}\right]\cdot\underbrace{[\mathrm{cm}^{3/2}\cdot\mathrm{g}^{1/2}\cdot\mathrm{sec}^{-2}\cdot\mathrm{sec}]}_{e\cdot t}\,.$$

Daher ist

$$[G] = \mathrm{cm}^{-1}\cdot\mathrm{sec}\,,\quad [C] = \mathrm{cm}^{-1}\cdot\mathrm{sec}^2\,,\quad \left[\frac{1}{L}\right] = \mathrm{cm}^{-1}\,.$$

Bildet man die Quotienten von gleichgelegenen Größen in beiden analogen Dimensionsgleichungen, so haben diese die Dimensionen

$$\left[\frac{i}{k}\right] = \mathrm{cm}^{-1/2}\,\mathrm{g}^{-1/2}\cdot\mathrm{sec}\,,\qquad \left[\frac{G}{\varrho}\right] = \left[\frac{C}{m}\right] = \left[\frac{1}{Lc}\right] = \mathrm{cm}^{-1}\,\mathrm{g}^{-1}\,\mathrm{sec}^2\,,$$

$$\left[\frac{e}{v}\right] = \mathrm{cm}^{1/2}\,\mathrm{g}^{1/2}\,\mathrm{sec}^{-1}\,.$$

Wegen der Sender- und Empfänger-Gln. (55) und (56) der Gruppe 1 ist aber auch

$$[\ddot{u}_{\mathrm{I}}] = \left[\frac{k}{i}\right] = \left[\frac{e}{v}\right] = \sqrt{\left[\frac{\varrho}{G}\right]} = \sqrt{\left[\frac{m}{C}\right]} = \sqrt{[L\,C]} = \mathrm{cm}^{1/2}\,\mathrm{g}^{1/2}\,\mathrm{sec}^{-1}\,.$$

oder:

$$G = \frac{\varrho}{\ddot{u}_{\mathrm{I}}^2}\,;\qquad C = \frac{m}{\ddot{u}_{\mathrm{I}}^2}\,;\qquad \frac{1}{L} = \frac{c}{\ddot{u}_{\mathrm{I}}^2}\,.$$

Beispiel 1. Ein idealer elektrodynamischer Wandler besitze auf der mechanischen Seite folgende Eigenschaften (Parallelschaltung):

1. Eine Masse $m = 10$ g,
2. eine Reibung $\varrho = 100$ dyn/cm/sec,
3. eine Federung $c = 10000$ dyn/cm.

Ferner sei die Länge des im Feld befindlichen Leiters 10 cm und die Feldstärke $H = 2000$ Oersted. Die Frage lautet: Welche elektrische Schaltung hat denselben Eingangswiderstand wie dieser Wandler?

Dem Beispiel zufolge ist die Größe $\ddot{u}_{\mathrm{I}} = 2000 \cdot 10 = 20000\,\mathrm{cm}^{1/2}\,\mathrm{g}^{1/2}\,\mathrm{sec}^{-1}$. Dann sind die analogen Größen:

$$G = \frac{\varrho}{\ddot{u}_{\mathrm{I}}^2} = 100\ \mathrm{g\ sec^{-1}} \cdot 10^{-8} \cdot \mathrm{cm^{-1}\ g^{-1}\ sec^2} = \frac{1}{4} \cdot 10^{-6}\,\mathrm{cm^{-1}\ sec},$$

$$C = \frac{m}{\ddot{u}_{\mathrm{I}}^2} = 10\,\mathrm{g} \cdot \frac{1}{4} \cdot 10^{-8} \cdot \mathrm{cm^{-1}\ g^{-1}\ sec^2} = \frac{1}{4} \cdot 10^{-7}\,\mathrm{cm^{-1}\ sec^2},$$

$$\frac{1}{L} = \frac{c}{\ddot{u}_{\mathrm{I}}^2} = 10000\,\mathrm{g\ sec^{-2}} \cdot \frac{1}{4} \cdot 10^{-8}\,\mathrm{cm^{-1}\ g^{-1}\ sec^2} = \frac{1}{4} \cdot 10^{-4} \cdot \mathrm{cm^{-1}}.$$

Um technische Einheiten für die Ersatzschaltung zu erhalten, müssen diese Größen mit dem Faktor 10^7 multipliziert werden, also:

$$G = 2{,}5\ \mathrm{Ohm}^{-1}, \qquad C = 0{,}25\ \mathrm{Farad}, \qquad L = 4\ \text{Milli-Henry}.$$

Diese elektrischen Schaltelemente sind zueinander parallel zu schalten. Dasselbe Verfahren kann auch bei den elektromagnetischen und den magnetostriktiven Wandlern angewendet werden.

b) Wandler der Gruppe 2. Der Unterschied gegenüber Wandlern der Gruppe 1 besteht darin, daß nunmehr die Analogie II anzuwenden ist. Eine mechanische Parallelschaltung nach Gl. (37) wird also mit einer elektrischen Reihenschaltung nach Gl. (35) verglichen. Die Dimensionsgleichungen liefern:

$$\left[\frac{R}{\varrho}\right] = \left[\frac{L}{m}\right] = \left[\frac{1}{Cc}\right] = \mathrm{cm\,g^{-1}},$$

$$\left[\frac{e}{k}\right] = \mathrm{cm^{1/2}\,g^{-1/2}} \left[\frac{i}{v}\right] = \mathrm{cm^{-1/2}\,g^{1/2}}.$$

In den Gln. (57) und (58) ist $[\ddot{u}_{\mathrm{II}}] = \mathrm{cm^{-1/2}\,g^{1/2}}$.
Mithin ist

$$R = \frac{\varrho}{\ddot{u}_{\mathrm{II}}^2}, \quad L = \frac{m}{\ddot{u}_{\mathrm{II}}^2}, \quad \frac{1}{C} = \frac{c}{\ddot{u}_{\mathrm{II}}^2}.$$

Beispiel 2. Ein piezoelektrischer Wandler sei mechanisch in der gleichen Weise belastet wie der Wandler nach Beispiel 1. Die Ladung sei $Q = 10^{-3}$ Coulomb, der Abstand der Elektroden voneinander $s_0 = 1$ cm.

Mit den gewählten Einheiten ist der Übersetzungsfaktor

$$\ddot{u}_{\mathrm{II}} = \frac{10^{-3}\,\mathrm{A \cdot s}}{\mathrm{cm}} = \frac{10^{-2}\,\mathrm{e.m.E.} \cdot \mathrm{s}}{\mathrm{cm}} = 10^{-2}\,\mathrm{cm^{-1/2}\,g^{1/2}}.$$

Daher ist $R = 10^6$ e.m.E., $L = 10^5$ e.m.E., $C = 10^{-8}$ e.m.E., oder in technischen Einheiten: $R_t = 0{,}1$ Ohm, $L_t = 0{,}01$ Henry, $C_t = 0{,}1$ Farad. Die Ersatzschaltung ist eine Reihenschaltung dieser drei Schaltelemente.

Ein zwar praktisch nicht brauchbares, aber vielleicht gerade deshalb sehr interessantes und instruktives Modell eines dielektrischen Wandlers zeigt Abb. 127:

In einem elektrostatischen Feld befindet sich eine bewegliche Elektrode. Bei einer Feldstärke E wird auf diese Elektrode eine Kraft proportional der Ladung q ausgeübt, also

$$k = E \cdot q\,,$$

oder durch den Strom i ausgedrückt,

$$k = E \int_{-\infty}^{t} i\, d\tau \qquad \text{(Sender)}\,.$$

Wenn umgekehrt die Elektrode mechanisch mit der Geschwindigkeit v bewegt wird, so ändert sich die Spannung in jeder Zeiteinheit um die Potentialdifferenz des durchlaufenen Weges.

Da $E = \frac{de}{ds}$, gilt

$$de = E \cdot ds = E \cdot v\, dt\,,$$

oder nach Integration

$$e = E \int_{-\infty}^{t} v\, d\tau \qquad \text{(Empfänger)}\,.$$

Wenn man diesen dielektrischen Wandler mit mechanischen Schaltelementen belastet, so stößt man bei der Rechnung auf ziemlich unvorhergesehene Schwierigkeiten aus einer ganz anderen Richtung.

Um diese richtig zu erkennen, möge die LAPLACE-Transformation Gl. (110) S. 41 verwendet werden. Nach Transformation auf die p-Ebene lauten die Sender- und die Empfangsgleichung

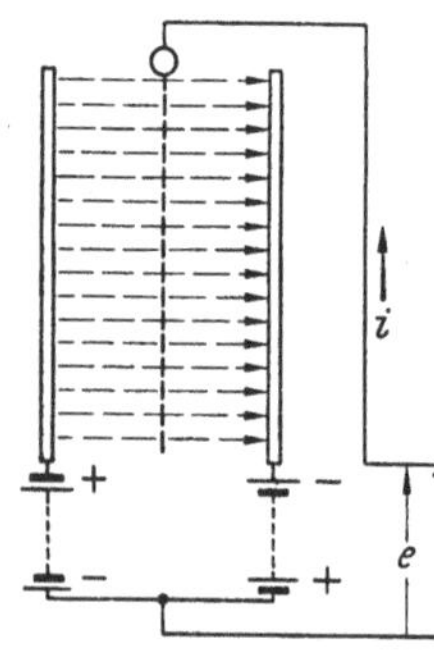

Abb. 127. Ein nicht möglicher Wandler. (Instabilität durch fehlende mechanische Richtkraft.)

$$k(p) = \frac{E}{p} \cdot i(p)\,,$$

$$e(p) = \frac{E}{p} \cdot v(p)\,.$$

Die Gl. (37), welche die mechanische Belastung angibt, geht in

$$k(p) = \left(\varrho + m \cdot p + \frac{c}{p}\right) \cdot v(p)$$

über. Der Eingangsleitwert des Wandlers läßt sich aus diesen drei Gleichungen bestimmen:

$$\frac{i(p)}{e(p)} = \frac{p^2}{E^2} \cdot \left(\varrho + m \cdot p + \frac{c}{p}\right).$$

Ein solcher Eingangsleitwert ist nach grundsätzlichen Überlegungen bei einem Zweipol nicht möglich. Schaltet man die Schaltelemente der mechanischen Last probehalber in Reihe, so entsteht nunmehr aus Gl. (39):

$$v(p) = \left(\sigma + \frac{p}{c} + \frac{1}{m \cdot p}\right) \cdot k(p)$$

und erhält damit den Eingangsleitwert des Wandlers:

$$\frac{i(p)}{e(p)} = \frac{p^2}{E^2} \cdot \frac{1}{\sigma + \frac{p}{c} + \frac{1}{m \cdot p}}\,.$$

Auch dieser Leitwert ist nicht möglich.

Physikalisch ist dieses Versagen deshalb zu erwarten, weil die bewegliche Elektrode in dem zugrunde gelegten Modell keine stabile Mittellage hat. Daher kann die Eigenschaft dieser Anordnung auch nicht mit einer stabilen Schaltung übereinstimmen. Hält man die Elektrode aber durch elastische Kräfte in der Mittellage fest, so entsteht ein dielektrischer Wandler.

2. Berücksichtigung der einseitigen Eigenschaften des Wandlers.

Entsprechend einer beim Übertrager üblichen Betrachtungsweise kann man daher auch den technischen Wandler als einen idealen Wandler auffassen, dem ein elektrischer oder ein mechanischer Vierpol oder ein elektrischer und ein mechanischer Vierpol hinzugeschaltet worden sind. Es gibt jedoch viele einander äquivalente Zerlegungsmöglichkeiten, so daß man nicht nur die elektrischen

Eigenschaften auf den elektrischen und die mechanischen Eigenschaften auf den mechanischen Teil des Wandlers zu verteilen braucht. Genau entsprechend einem Übertrager kann man z. B. einen technischen Wandler entweder als einen idealen Wandler mit einem vorgeschalteten elektrischen Vierpol oder als einen idealen Wandler mit einem nachgeschalteten mechanischen Vierpol darstellen. Will man diese Vieldeutigkeit beseitigen, um z. B. konstruktive Anregungen zu gewinnen, so muß man bei der Messung in den Wandler selbst eingreifen.

Aus den wechselseitigen Wandlergleichungen ersieht man, daß ein idealer Wandler der Gruppe 1, wenn er mechanisch blockiert würde ($v = 0$), bei einem hindurchgeschickten Strom keine Gegenspannung erzeugen würde. Der Eingangs*widerstand* ist also Null. Dasselbe geschieht, wenn statt der Blockierung das Magnetfeld beseitigt wird. Unter denselben Umständen verschwindet bei Wandlern der Gruppe 2 der Eingangs*leitwert*. Wenn man unter den bezeichneten Bedingungen trotzdem einen elektrischen Widerstand mißt, so ist es vernünftig, statt eines Vierpoles bei der Gruppe 1 näherungsweise den gemessenen Widerstand als einen Reihenwiderstand und bei Gruppe 2 als einen Parallelwiderstand zu einem elektrisch verlustfreien Wandler anzusehen.

Bewegt man umgekehrt den Ausgang eines idealen Wandlers von außen her mechanisch, so wird bei Gruppe 1 keine mechanische Gegenkraft hinzukommen, wenn der Strom verschwindet, also die Eingangsklemmen leerlaufen. Mißt man trotzdem eine Gegenkraft, so rührt diese von einer mechanischen Parallelschaltung her. Bei den Wandlern der Gruppe 2 müssen umgekehrt bei mechanischen Messungen die Eingangsklemmen kurzgeschlossen werden, damit die Spannung verschwindet, welche hier die mechanische Kraft hervorruft. Der unter diesen Umständen gemessene mechanische Widerstand liegt zu dem von außen angelegten Leistungsverbrauch mechanisch in Reihe.

Damit entsteht ein vereinfachtes Schema eines technischen Wandlers. Es gleicht dem einfacheren Schema für einen technischen Übertrager, das aus einem idealen Übertrager und einem zum Reihenwiderstand des Vierpoles besteht. Dieses Schema gilt auch beim Übertrager nur näherungsweise, solange z. B. keine Wicklungskapazitäten berücksichtigt zu werden brauchen. Auch beim Wandler kann ein auf diese Weise vereinfachtes Ersatzschaltbild über erheblichen Teil des gesamten Frequenzbandes genügend genau gültig sein.

Für genauere Messungen muß man aber berücksichtigen, daß trotz des Leerlaufes der Klemmen ein Strom in der Wicklung möglich ist, der durch die Wicklungskapazität geschlossen wird. Von einem Strom infolge schlechter Isolation kann man wohl bei praktischen Fällen absehen. Außerdem ist es praktisch ebenso sehr unmöglich, den mechanischen Teil in einer vollkommenen Weise zu blockieren.

D. Schaltelemente mit verteilten Eigenschaften.

I. Elektrische Schaltelemente.

1. Einfluß der Verdrahtung.

Bei den bisherigen Überlegungen wurde angenommen, daß die Verbindungsdrähte zwischen den Schaltelementen ideale Eigenschaften besitzen. Diese Annahmen bestehen darin, daß erstens alle Punkte, die miteinander verbunden sind, stets gleiches Potential besitzen, und zweitens, daß derselbe Strom, der in einen Draht hineinfließt, auch am anderen Ende wieder herauskommt.

Diese Vernachlässigung bedeutet einen Draht, der keinen Ohmschen Widerstand, keine Ableitung, keine Induktivität und keine Kapazität besitzt, dabei aber auch jedes Signal unendlich schnell überträgt.

Welche der Vernachlässigungen am wenigsten zulässig ist, ergibt sich stets aus dem besonderen Fall:

Ein blanker Draht von $d = 0{,}6$ mm Durchmesser hat je cm Länge, wenn er in einem Abstand von $h = 3$ mm von einer Nullpotentialebene (Chassis) gespannt ist, eine Kapazität je cm Länge entsprechend der Formel

$$C' = \frac{2\pi\varepsilon}{\ln\frac{4h}{d}} \text{ cgs-Einheiten} = 2{,}3 \text{ pF}.$$

Dieser Draht bildet bei einer Länge von 5 cm und bei einer Frequenz von 100 MHz einen kapazitiven Nebenschluß von 140 Ohm.

Überlegungen dieser Art leiten zu Fehlschlüssen, da sie für sehr hohe Frequenzen nicht mehr gelten. Sie führen zu der falschen Vorstellung, daß der Widerstand eines jeden Schaltelementes schließlich durch den kapazitiven Nebenschluß der Schaltkapazitäten nach hohen Frequenzen hin verschwindet. Da diese Annahme, daß das Verhalten eines jeden Schaltelementes bei hohen Frequenzen schließlich nur durch die Schaltkapazität bestimmt sei, auch in Untersuchungen mit funktionentheoretischen Methoden eine Rolle spielt, ist eine genauere Betrachtung wichtig.

2. Die Schaltdrähte als Leitungen.

Wenn man das Problem der Zuleitung durch die Annahme vereinfacht, daß die kapazitive Belegung C' (= Kapazität/Länge) und die induktive Belegung L' (= Iduktivität/Länge) an jedem Punkt des Schaltdrahtes dieselbe sei (homogene Leitung), so kann man die Zuleitung als ein Kabel mit dem Wellenwiderstand Z auffassen, das an einem Ende mit dem Schaltelement belastet ist und am anderen Ende einen von dem des Schaltelementes abweichenden elektrischen Widerstand besitzt. Führt man außerdem noch die Widerstandsbelegung R' und die Ableitungsbelegung G' ein, so kann man ein kleines Stück der Leitung von der Länge Δx elektrisch durch einen Vierpol ersetzen.

Für diesen gilt die sogenannte Telegraphengleichung:

$$\left.\begin{aligned} \frac{\partial^2 i}{\partial x^2} &= G'R' \cdot i + (G'L' + C'R') \cdot \frac{\partial i}{\partial t} + C'L' \cdot \frac{\partial^2 i}{\partial t^2}, \\ \frac{\partial^2 e}{\partial x^2} &= G'R' \cdot e + (G'L' + C'R') \cdot \frac{\partial e}{\partial t} + C'L' \cdot \frac{\partial^2 e}{\partial t^2}. \end{aligned}\right\} \tag{62}$$

Legt man an den Anfang einer Leitung, die sich von $x = 0$ bis $x = \infty$ entlang einer Abszissenachse erstrecken möge, eine Spannung $e = \cos\omega t$, so gilt für alle Punkte auf der Leitung

$$e(x, t) = \cos\omega\left(t - \frac{x}{v_0}\right). \tag{63}$$

Diese Spannung ist von einem Strom

$$i(x, t) = \frac{1}{Z} \cdot \cos\omega\left(t - \frac{x}{v_0}\right) \tag{64}$$

begleitet. Die Leitung benimmt sich also am Anfang und an jedem anderen Punkt, solange die Ausbreitung von Spannung und Strom nur in positiver Richtung erfolgt, wie ein Ohmscher Widerstand $Z = \sqrt{\frac{L'}{C'}}$. Ferner ist die Ausbreitungsgeschwindigkeit $v_0 = \frac{1}{\sqrt{L'C'}}$.

Wenn die Leitung bei $x = l$ aufhört und wenn man die Laufzeit $\tau = \frac{l}{v_0}$ und den zunächst noch unbestimmten Reflexionskoeffizienten q einführt, so entsteht an diesem Ende die Spannung

$$e = \cos\omega(t - \tau) + q \cdot \cos(t - \tau) \tag{65}$$

und der Strom

$$i = \frac{1}{Z}\left(\cos\omega(t - \tau) - q \cdot \cos\omega(t - \tau)\right). \tag{66}$$

Der Quotient beider Gleichungen muß mit dem Außenwiderstand R übereinstimmen und dient zur nachträglichen Berechnung des Reflexionskoeffizienten:

$$R = Z \cdot \frac{1+q}{1-q}; \tag{67}$$

es ergibt sich daraus zu:

$$q = \frac{R-Z}{R+Z}. \tag{68}$$

Im Punkt $x = 0$ sind

die Spannung: $$e = \cos\omega t + k \cdot \cos\omega(t - 2\tau) \tag{69}$$

und

der Strom: $$i = \frac{1}{Z}\left(\cos\omega t - k \cdot \cos\omega(t - 2\tau)\right). \tag{70}$$

Verwendet man statt $\cos t$ den Ausdruck $e^{i\omega t}$, so erhält man den komplexen Widerstand im Punkte $x = 0$:

$$R_1 = Z \cdot \frac{1 + q \cdot e^{-i\omega 2\tau}}{1 - q \cdot e^{-i\omega 2\tau}}. \tag{71}$$

Setzt man für q den Wert nach Gl. (68) ein, so erhält man für den normalisierten Eingangswiderstand

$$\frac{R_1}{Z} = \frac{(R_2 + Z) + (R_2 - Z) \cdot e^{-i\omega 2\tau}}{(R_2 + Z) - (R_2 - Z) \cdot e^{-i\omega 2\tau}} = \frac{\frac{R_2}{Z} + 1 + \left(\frac{R_2}{Z} - 1\right) \cdot e^{-i\omega 2\tau}}{\frac{R_2}{Z} + 1 - \left(\frac{R_2}{Z} - 1\right) \cdot e^{-i\omega 2\tau}}$$

$$= \frac{i \cdot \sin\omega\tau + \frac{R_2}{Z} \cdot \cos\omega\tau}{\cos\omega\tau + i \cdot \frac{R_2}{Z} \cdot \sin\omega\tau} = \frac{\frac{R_2}{Z} + i\,\mathrm{tg}\,\omega\tau}{1 + \frac{R_2}{Z} \cdot i \cdot \mathrm{tg}\,\omega\tau}. \tag{72}$$

Mit den Additionstheoremen

$$\mathrm{tg}(\alpha + \beta) = \frac{\mathrm{tg}\alpha + \mathrm{tg}\beta}{1 - \mathrm{tg}\alpha \cdot \mathrm{tg}\beta}; \qquad \mathfrak{Tg}(\alpha + \beta) = \frac{\mathfrak{Tg}\alpha + \mathfrak{Tg}\beta}{1 + \mathfrak{Tg}\alpha \cdot \mathfrak{Tg}\beta}$$

und der Formel

$$\mathfrak{Tg}\, i\alpha = i \cdot \mathrm{tg}\alpha$$

kann man schließlich aus Gl. (72) den formal einfachsten Ausdruck

$$\frac{R_1}{Z} = \mathfrak{Tg}\left(i\omega\tau + \mathfrak{Arc}\,\mathfrak{Tg}\frac{R_2}{Z}\right) \tag{73}$$

gewinnen.

Wie die Nullstellen von $\sin\omega\tau$ bzw. $\cos\omega\tau$ in Gl. (72) angeben, ist $R_1 = R_2$, wenn in $\omega = \frac{\pi n}{2\tau}$ der positive Faktor n gerade ist ($n = 0, 2, 4, \ldots$) und $R_1 = \frac{Z^2}{R_2}$, wenn der Faktor n ungerade ist ($n = 1, 3, 5, \ldots$).

Die häufig anzutreffende Ansicht, ein beliebiger Widerstand würde schließlich durch die Streukapazitäten kurzgeschlossen, gilt nur, wenn *im betrachteten Punkt* eine praktisch induktionsfreie Kapazität parallel geschaltet ist. Zuleitungen können jedoch nicht bedenkenlos nur mit ihrer Kapazität eingesetzt werden, insbesondere dann nicht, wenn sich die Betrachtung mit auf sehr hohe Frequenzen erstrecken soll.

3. Über Zuleitungen angeschlossene Schaltelemente.

a) Eingangswiderstand bei tiefen und mittleren Frequenzen. Wenn man bei den Untersuchungen die ganz hohen Frequenzen vernachlässigt, kann man Gl. (72) dadurch vereinfachen, daß $\cos\omega\tau$ durch 1 und $\sin\omega\tau$ durch $\omega\tau$ ersetzt wird. Diese Vereinfachung ist nur in einem Frequenzbereich zulässig, für den $\omega \ll \frac{\pi}{2\tau}$ ist. Physikalisch ausgedrückt, muß die Länge der Zuleitung klein sein gegen ein Viertel der Wellenlänge, die von der höchsten Frequenz auf dieser Leitung eingenommen würde, wenn diese lang genug wäre.

Mit dieser Vereinfachung entsteht

$$\frac{R_1}{Z} = \frac{i\,\omega\tau + \frac{R_2}{Z}}{1 + i\,\frac{R_2}{Z}\cdot\omega\tau}. \tag{74}$$

Sonderfälle:

1. Es sei $\frac{R_2}{Z} \gg \omega\tau$.

Man kann *im Zähler* von Gl. (57) den imaginären Anteil streichen und erhält

$$\frac{R_1}{Z} = \frac{R_2}{Z}\cdot\frac{1}{1 + i\,\frac{R_2}{Z}\cdot\omega\tau}$$

bzw.

$$R_1 = R_2\cdot\frac{1}{1 + i\,\frac{R_2}{\sqrt{\frac{L'}{C'}}}\cdot\omega\, l\sqrt{L'C'}} = \frac{R_2}{1 + i\,\omega\, l\, C'\cdot R_2}. \tag{75}$$

Dem Widerstand R_2 wird näherungsweise nur die Leitungskapazität $l\cdot C'$ parallel geschaltet.

2. Es sei $\frac{Z}{R_2} \gg \omega\tau$.

In diesem Fall kann man den imaginären Teil *im Nenner* vernachlässigen und erhält dadurch

$$R_1 = R_2 + i\,\omega\tau Z = R_2 + i\,\omega\sqrt{L'C'}\,l\cdot\sqrt{\frac{L'}{C'}} = R_2 + i\,\omega\, l\, L'. \tag{76}$$

Dem Widerstand R_2 wird näherungsweise nur die Induktivität $l\cdot L'$ vorgeschaltet (!).

In Worten: *Die Leitung kann für tiefe und mittlere Frequenzen sowohl als Parallelkapazität als auch als Serieninduktivität wirken; sie ist eine Parallelkapazität, wenn der Belastungswiderstand groß ist gegen den Z-Wert, und sie wirkt als Reiheninduktivität, wenn der Belastungswiderstand klein ist in bezug auf den Z-Wert.*

Das Anpassungsverhältnis ist bei der höchsten Frequenz zu beurteilen, die bei dem betreffenden Übertragungsproblem auftritt.

Musterbeispiele für diese beiden Sonderfälle sind

für 1. eine Induktivität L } als Belastungswiderstand.
für 2. eine Kapazität C }

Setzt man in Gl. (75) für R_2 den Wert $i\omega L$ ein, so entsteht:

$$R_1 = i\,\omega\,L \cdot \frac{1}{1 - \omega^2\, l\, C' \cdot L}, \tag{77}$$

setzt man dagegen in Gl. (76) für R_2 den Wert $\frac{1}{i\,\omega\,C}$ ein, so entsteht:

$$R_1 = \frac{1}{i\,\omega\,C} + i\,\omega\, l\, L'. \tag{78}$$

In Worten: *Bei mittleren Frequenzen wirkt eine mit einer Induktivität abgeschlossene Leitung mit ihrer Gesamtkapazität, und wenn sie mit einer Kapazität abgeschlossen ist, wirkt sie mit ihrer Gesamtinduktivität.*

Es bleibt noch die Feststellung interessant, welches Verhalten die Leitung bei tiefen Frequenzen und induktivem oder kapazitivem Abschluß zeigt. Hierbei sei zu der ursprünglichen Gl. (74) zurückgekehrt. Mit $R_2 = i\,\omega\,L$ entsteht:

$$R_1 = i\,\omega \cdot \frac{\tau Z + L}{1 - \omega^2 L \cdot \frac{\tau}{Z}} \cdot i\,\omega\,(l \cdot L' + L), \tag{79}$$

und mit $R_2 = \frac{1}{i\,\omega\,C}$:

$$R_1 = \frac{1}{i\,\omega \cdot (l\,C' + C)}, \tag{80}$$

wenn man alle Glieder vernachlässigt, welche ω^2 enthalten.

In Worten: *Bei tiefen Frequenzen und induktivem Abschluß addiert sich die Leitungsinduktivität zur Abschlußinduktivität bzw. die Leitungskapazität zu einer Abschlußkapazität.*

b) Eingangswiderstand bei hohen Frequenzen. Wenn man die Abkürzung $\frac{L}{Z} = T$ benützt, entsteht durch Einsetzen in Gl. (73) bei induktivem Abschluß die Gleichung:

$$R_1 = i\,Z \cdot \operatorname{tg}(\omega\,\tau + \operatorname{arc\,tg} \omega\,T); \tag{81}$$

bei kapazitivem Abschluß und der Abkürzung $C \cdot Z = T$ entsteht dagegen:

$$R_1 = \frac{Z}{i \cdot \operatorname{tg}(\omega\,\tau + \operatorname{arc\,tg}\omega\,T)}. \tag{82}$$

Vergleicht man die Fälle, in denen ein induktiver Abschluß vorhanden ist, mit denen eines kapazitiven Abschlusses, so stellt man eine vollkommene Symmetrie aller Gleichungen in bezug auf den Wellenwiderstand Z fest. *Es ist daher keineswegs ein Naturgesetz, daß alle Impedanzen mit wachsender Frequenz einer Kapazität zustreben.* Wenn dies wirklich in der Praxis bis zu einem gewissen Grade beobachtet wird, so ist dies auf zwei Gründe zurückzuführen:

1. Es treten häufiger nahezu punktförmige störende Parallelkapazitäten als störende Vorschaltinduktivitäten auf (bei Klemmen, Sockeln, Lötösenstreifen, Verteilern usw.).

2. Der Wellenwiderstand der Leitungen ist bei den üblichen Verkabelungen meistens niedrig gegenüber den Impedanzen der angeschlossenen Schaltung. Dadurch bekommt die Leitung von selbst einen im wesentlichen kapazitiven Charakter.

4. Fehler der elektrischen Schaltelemente.

Die Begriffe Ohmscher Widerstand, Kapazität und Induktivität sind Abstraktionen, welche genaugenommen nur auf differentiell kleine Volumenelemente bezogen werden können. Die Leitfähigkeit, die Permeabilität und die Dielektrizitätskonstante bezeichnen Materialeigenschaften, welche stets nebeneinander vorhanden sind. Eine besondere Aufgabe besteht darin, solche Materialien zu entwickeln, welche jeweils die von den drei Eigenschaften gerade gewünschte Eigenschaft in einem besonders ausgeprägten Maße und ohne unerwünschte Nebeneigenschaften besitzen. Je nach dem beabsichtigten technischen Zweck wird eine solche Aufgabe stets nur eine günstige Kompromißlösung haben können. Daneben ist die Entwicklung von Schaltelementen auch ein Problem der Formgebung. Jeder elektrische Strom ist mit magnetischen Kraftlinien und jeder Potentialunterschied mit statischen Kraftlinien verbunden. Will man das magnetische Feld klein halten, so muß man die von hohen Strömen durchflossenen Leiterteile so anordnen, daß entgegengesetzt gleiche Stromrichtungen möglichst eng zusammenfallen; will man das elektrische Feld verringern, so muß man die Leiterteile mit den höchsten Potentialunterschieden möglichst weit voneinander entfernen. Diese Richtlinien sind offenbar Gegensätze.

Die geringsten Schwierigkeiten entstehen in dieser Beziehung beim Ohmschen Schaltelement, wenn man dieses als eine Lecherleitung mit Dämpfung ausbildet. Verteilt man gleichmäßig in die Längsinduktivität einen Ohmschen Reihenwiderstand R_1' und parallel zur Querkapazität eine Ohmsche Ableitung mit dem Leitwert $G_2' = 1/R_2'$, so kann man einen Ohmschen Eingangswiderstand für alle Frequenzen erreichen, wenn dabei für jedes Längenelement Δx die beiden Zeitkonstanten L'/R_1' und C'/G_2' einander gleichgemacht werden.

Wenn diese Leitung elektrisch genügend lang ist, so kann man einen fehlerhaften Abschlußwiderstand am Ende in Kauf nehmen. Es ist dann

$$R = \sqrt{\frac{L'}{C'}} = \sqrt{\frac{R_1'}{G_2'}}. \tag{83}$$

Außer der Anordnung in Form einer Doppelleitung ist auch die konzentrische Ausführungsform möglich. Die Widerstände selbst können progressiv wachsen oder fallen, sofern dabei nur die Gl. (83) eingehalten bleibt.

Man kann hierbei für besondere Aufgaben auch daran denken, mit Hilfe von künstlichen Leitungen technische Einzelteile zu schaffen, welche absichtlich Eigenschaften besitzen, die mit idealen Schaltelementen nicht realisierbar sind. Bemüht man sich in der Leitung, deren Wellenwiderstand bei verschiedenen Zeitkonstanten im Zähler und Nenner allgemein

$$Z = \sqrt{\frac{i\,\omega\,L' + R_1'}{i\,\omega\,C' + G_2'}} \tag{84}$$

lautet, entweder die Induktivität und die Ableitung oder aber die Kapazität und den Widerstand (alle Größen bezogen auf die Länge) relativ zu den anderen Größen klein zu halten, so erhält man bei genügend langer Leitung im ersten Fall eine „halbe" Induktivität, deren Scheinwiderstand mit $\sqrt{\omega}$ steigt und eine konstante Phase von 45° hat, und im zweiten Fall eine „halbe" Kapazität, die einen mit $1/\sqrt{\omega}$ fallenden Scheinwiderstand und eine Phase von —45° für alle Frequenzen hat.

Die Umgehung der Schwierigkeiten dadurch, daß das gesuchte Schaltelement als Wellenwiderstand einer Leitung realisiert wird, ist bei einer Induktivität und bei einer Kapazität grundsätzlich nicht möglich. Infolgedessen bleibt hierbei nur das Verfahren übrig, durch Material und Formgebung die gewünschte von beiden Eigenschaften hervorzuheben. Zur Vergrößerung der Induktivität eines Leiters kann man auf einen Draht einen Mantel aus einem Material mit möglichst hoher Permeabilität aufbringen und den Leiter zur Unterbringung der Länge zu einer möglichst weitläufigen Spule aufwickeln.

Um die Kapazität eines Leiters gegen ein Bezugspotential zu erhöhen, wird man eine kurze gedrungene Anordnung möglichst ohne Zuleitungen anstreben, wobei zwischen den plattenförmigen Leitern ein Material mit möglichst hoher Dielektrizitätskonstante gebracht wird.

II. Mechanische Schaltelemente.

1. Zwei Einschränkungen.

Es ist im allgemeinen eher möglich, eine elektrische Schaltung in einzelne räumlich konzentriert zu denkende Schaltelemente zu zerlegen als eine mechanische Anordnung.

Der erste einschneidende Grund, der bei mechanischen Anordnungen zur Vorsicht rät, wenn elektrische Schaltungen zur Analogie herangezogen werden sollen, ist die geringere Ausbreitungsgeschwindigkeit: Gegenüber der Lichtgeschwindigkeit von 300000 km/sec pflanzt sich der Schall nur mit einer Geschwindigkeit zwischen etwa 0,1 und 10 km/sec fort. Damit man eine Masse noch als in einem Punkt konzentriert ansehen darf, muß ihre größte Längsausdehnung klein sein in bezug auf eine Viertelwellenlänge der höchsten zu betrachtenden Schwingungszahl. Will man z. B. die Kräfte untersuchen, welche durch die Geradverzahnung eines Zahnrades hervorgerufen wird, wenn dieses mit 1500 Umdr./min umläuft und 100 Zähne besitzt, so ist bei einem Material mit einer Schallgeschwindigkeit von 5000 m/sec die Viertelwellenlänge 50 cm für die Grundschwingung, welche in den Zahnstößen enthalten ist.

Der zweite einschneidende Grund gegen die bedenkenlose Übernahme mechanischer Vorstellungen besteht darin, daß mechanische Elemente nicht immer mechanisch untereinander so fest verbunden sind, wie dies bei elektrischen Elementen der Fall zu sein pflegt. Zahnräder, Gelenke und Lager haben meistens ein gewisses Spiel und stehen daher bei einer Hin- und Herbewegung für eine zwar kleine, aber doch endliche Zeit nicht miteinander in Eingriff. Unter bestimmten Voraussetzungen kann man ein System trotzdem über solche „nichtlinearen“ Verbindungen hinweg als ein zusammengehöriges Ganzes ansehen. Beispielsweise kann das Spiel durch eine mechanische Vorspannung aufgehoben werden, wenn der Dauerdruck zwischen den Flächen stets größer ist als der Höchstwert einer Kraft, welche die Flächen auseinanderdrücken könnte.

2. Mechanische Laufzeitglieder.

Mechanische Gebilde, deren Dimensionen nicht mehr vernachlässigt werden können, lassen sich in ähnlicher Weise wie die elektrischen Schaltungen mit räumlicher Ausdehnung in einzelne Elemente von differentiell kleiner Ausdehnung zerlegen. Mechanische Gebilde, welche ähnlich den Leitungen nur in einer Richtung nicht mehr eine Vernachlässigung der Dimension zulassen, sind Stäbe und gespannte Saiten. Bei Stäben sind Längsschwingungen, Biegeschwingungen, Schubschwingungen und Torsionsschwingungen möglich. Längsschwingungen treten auch bei Gas- und Flüssigkeitssäulen auf, wenn diese in Röhren eingeschlossen sind.

3. Differentialgleichungen verlustfreier mechanischer Laufzeitglieder.

Im allgemeinen sind die inneren Verluste mechanischer Anordnungen gering. Es entsteht daher viel stärker als bei Leitungen ein die Wirklichkeit gut annähernder Überblick, wenn man die Verluste vernachlässigt. Um Längsschwingungen zu untersuchen, sei aus einem Stab ein Element von der Länge Δx herausgeschnitten (s. Abb. 128).

Die Kräfte an beiden Enden des Abschnittes halten sich das Gleichgewicht; der scheinbare Überschuß auf der einen Seite dient zur Beschleunigung der in der Länge Δx enthaltenen Masse $m'\Delta x$, also

$$k = m' \Delta x \cdot \frac{v}{t}, \tag{85}$$

wobei mit m' die Massen*belegung* des Stabes, also Masse pro Längeneinheit, bezeichnet worden ist.

Bei einem bestimmten mechanischen Druck k in Längsrichtung ist für einen Abschnitt der Länge Δx die Verkürzung $\Delta s = E^{-1} \cdot \Delta x \cdot k$. Hierbei ist E der Elastizitätsmodul. Durch Differenzieren nach der Zeit entsteht der Geschwindigkeitszuwachs entlang Δx:

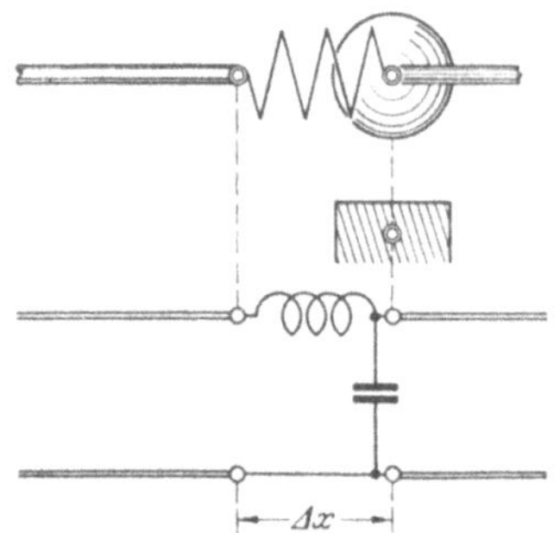

Abb. 128. Analogie zu einem Abschnitt eines Stabes und seiner mechanischen Ersatzschaltung durch einen Abschnitt einer elektrischen Leitung und ihrer elektrischen Ersatzschaltung (Analogie I).

$$\Delta v = E^{-1} \Delta x \cdot \frac{\partial k}{\partial t}. \tag{86}$$

Im Grenzfall $\Delta x \to 0$ entsteht aus Gl. (85) und Gl. (86) das Gleichungspaar:

$$\frac{\partial k}{\partial x} = m' \cdot \frac{\partial v}{\partial t}; \qquad \frac{\partial v}{\partial t} = E^{-1} \cdot \frac{\partial k}{\partial t}. \tag{87}$$

4. Die Analogie zu elektrischen Leitungen.

Man kann einen Abschnitt der Länge Δx als mechanische Schaltung aus konzentrierten Elementen aufbauen und ins Elektrische übersetzen. Gleichgültig, ob man Analogie I oder II wählt, bekommt man in jedem Fall einen Abschnitt einer verlustfreien Leitung. Da es gleichgültig ist, ob dieser differentiell kurze Abschnitt mit einem Kondensator beginnt oder aufhört, besteht der wesentliche Unterschied darin, daß einem mechanischen Widerstand k/v bei Analogie I ein elektrischer Leitwert i/e und bei Analogie II ein elektrischer Widerstand e/i entspricht.

Denkt man sich bei einem elektromechanischen Wandler der Gruppe 1 den mechanischen Ausgang mit einer Masse m belastet, so ist die Analogie I anzuwenden. Die Masse m geht daher in einen Kondensator über. Wenn diese Masse nicht unmittelbar mit dem mechanischen System verbunden ist, sondern erst über einen verlustfreien Stab, so ist dem mechanischen Gebilde eine verlustfreie elektrische Leitung äquivalent, die am Ausgang mit einer Kapazität belastet ist (s. Abb. 129).

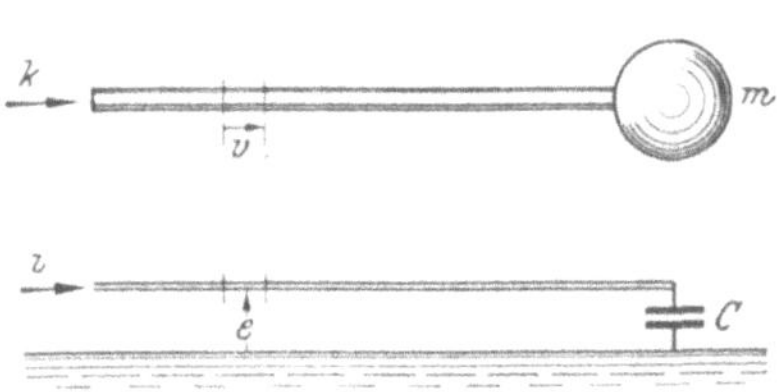

Abb. 129. Analogie eines mit Masse mechanisch belasteten Stabes durch eine kapazitiv belastete Leitung (Analogie I).

Wenn m' und E sowie die Länge l des Stabes gegeben ist, so ist die Schallgeschwindigkeit

$$v_m = \sqrt{\frac{E}{m'}} \tag{88}$$

und der mechanische Wellenwiderstand

$$\frac{k}{v} = Z_m = \sqrt{E \cdot m'}. \tag{89}$$

Wenn die Schallgeschwindigkeit v_m und die Masse pro Längeneinheit m' gegeben sind, kann man für den Wellenwiderstand auch die Formel

$$Z_m = m' \cdot v_m \tag{90}$$

benutzen.

Auch diese Formel läßt eine Veranschaulichung zu: Wenn auf den Anfang des Stabes während der Zeit Δt eine Kraft k ausgeübt wird, so bewirkt sie eine Beschleunigung der Masse $m' \cdot \Delta x$. Die in der Zeit Δt erreichte Geschwindigkeit v ergibt sich aus

$$\underbrace{k}_{\text{Kraft}} = \underbrace{m' \Delta x}_{\text{Masse}} \cdot \underbrace{\frac{v}{\Delta t}}_{\text{Beschleunigung}}$$

zu

$$v = \frac{k}{m' \cdot v_0}. \tag{91}$$

Beispiel. Länge des Stabes: $l = 10$ cm,
Massenbelegung: $m' = 1$ g/cm,
Endmasse: $m = 10$ g,
Schallgeschwindigkeit im Stab: $v_m = 500000$ cm/sec.

Aus diesen Werten ergibt sich eine Laufzeit von

$$\tau = \frac{l}{v_m} = 20\ \mu\text{sec}.$$

Der Wellenwiderstand ist

$$Z_m = 5 \cdot 10^5 \left[\text{g} \cdot \text{sec}^{-1} = \frac{\text{g cm sec}^{-2}}{\text{cm sec}^{-1}}\right].$$

Eine plötzlich auftretende Kraft von 10^6 dyn wird also eine Geschwindigkeit von 2 cm sec^{-1} auslösen. Der Stab wird sich in jedem Fall im ersten Augenblick mit dieser Geschwindigkeit in Bewegung setzen, jedoch pflanzt sich diese Geschwindigkeitserhöhung mit Schallgeschwindigkeit im Stab fort. Wenn der Stab unendlich lang ist, bleibt diese Geschwindigkeitserhöhung bestehen. Wenn er dagegen eine endliche Länge hat, kehrt eine Reflexion vom abgewandten Ende zurück.

5. Mechanischer Eingangswiderstand bei Sinusantrieb.

Der mechanische Eingangswiderstand Z_{m_1} bei sinusförmigem Antrieb am Eingang und bei einem Abschluß mit einer Masse m am Ende kann man aus Gl. (72) errechnen. Damit ist

$$Z_{m_1} = i\,\omega\,m \cdot \frac{\cos\omega\tau + i \cdot \frac{m' \cdot v_m}{i\,\omega\,m} \cdot \sin\omega\tau}{\cos\omega\tau + i \cdot \frac{i\,\omega\,m}{m' \cdot v_m} \cdot \sin\omega\tau}.$$

Wenn $\omega\tau \ll \frac{\pi}{2}$, ist annähernd

$$Z_{m_1} \sim i\,\omega \cdot \frac{m + m'\,l}{1 - \omega^2 \cdot \frac{\tau_m}{Z_m}}. \tag{92}$$

Bei tiefen Frequenzen addiert sich einfach die Masse des gesamten Stabes $m'l$ zur Endbelastung hinzu. Diese Masse steigt scheinbar mit der Frequenz an und wächst bei der Frequenz $\omega_{gr} = \sqrt{\frac{Z\,m}{\tau \cdot m}}$ über alle Grenzen. Mit den Werten des Beispiels liegt diese Frequenz bei $\omega_{gr} = 5 \cdot 10^4$ entsprechend etwa 8000 Hz.

6. Sonstige mechanische Systeme.

Die verlustfreien Längsschwingungen im Stab mögen als ein Beispiel aufgefaßt werden für mechanische Längsschwingungen überhaupt in Richtung einer besonders ausgeprägten räumlichen Ausdehnung. Da die Querschwingungen einer gespannten Saite sowie die Biegeschwingungen und die Schubschwingungen von Stäben auf ganz ähnliche Gleichungen führen, ist es nicht notwendig, nochmals besonders auf diese einzugehen.

Die Schwingungen in Systemen mit zwei ausgeprägten räumlichen Ausdehnungen (Platten- und Membranschwingungen) sind in der Literatur sehr viel mehr in bezug auf mechanische Anordnungen als in bezug auf elektrische Systeme behandelt worden. Das hängt mit der geringen Bedeutung solcher Systeme in der Elektrotechnik zusammen. Der umgekehrte Fall tritt z. B. ein, wenn die Schwingungen innerhalb eines Kondensators zu untersuchen sind, dessen Plattengröße nicht mehr klein gegen eine Viertelwellenlänge ist. In diesem Fall würde man mit Vorteil vorher die Lösungen der entsprechenden Differentialgleichungen in der Mechanik studieren (Platten- und Membranschwingungen).

Räumliche Gebilde mit drei Dimensionen gibt es sowohl in der Mechanik als auch in der Elektrizitätslehre. Den mechanischen Schwingungen dreidimensionaler Körper (Akustik) stehen die Schwingungen elektrischer Hohlräume als Analogie gegenüber.

III. Analogie zwischen Wärmeleitung und elektrischer Leitung.

Man kann jedem Körper eine bestimmte Wärmekapazität $K = m \cdot c'$ zumessen, wobei m die Masse und c die spezifische Wärme bedeuten. Ferner besitzt er eine bestimmte Wärmeleitzahl λ. Darunter versteht man diejenige Wärmemenge (in Grammkalorien), die in einer Sekunde durch den Querschnitt von 1 cm² einer 1 cm dicken Platte hindurchgeht, wenn zwischen beiden Seiten eine Temperaturdifferenz von 1 Grad besteht.

Führt man einem Körper mit der Wärmekapazität K eine bestimmte Wärmemenge Q zu (etwa durch einen im Innern des Körpers stattfindenden chemischen Prozeß oder durch elektrische Erwärmung), so erhöht sich seine Temperatur um

$$T = \frac{Q}{K}. \tag{93}$$

Diese Wärme hat das Bestreben, in Richtung des Temperaturgefälles abzufließen.

Wenn kein Wärmeverlust durch Wärmestrahlung oder durch bewegte Wärmeträger (Luftstrom) stattfindet, tritt jetzt eine räumliche Wärmeströmung durch das die Wärmequelle umgebende Material ein.

Vergleicht man diese Wärmeströmung mit der Elektrizitätsströmung durch das Isoliermaterial, welches einen elektrisch leitenden Konduktor umgibt, so entstehen folgende Analogien:

Tabelle 7.

Wärme		Elektrizität
Wärmemenge	Q	Elektrizitätsmenge
Wärmemenge/Zeit	Q/t	Stromstärke
Temperatur	T	Spannung
Wärmeleitfähigkeit	λ	elektrische Leitfähigkeit
Wärmekapazität	K	elektrische Kapazität

Die an sich sinnvollen Bezeichnungen Wärmestromstärke und Wärmewiderstand sind leider nicht üblich. Ein Analogon zur elektrischen Induktivität kommt in der Wärmelehre nicht vor. Übersetzt man also Wärmemodelle in elektrische Ersatzschaltbilder, so bestehen diese *nur aus* konzentrierten oder verteilten *Widerständen und Kapazitäten* und enthalten niemals Induktivitäten.

Beispiel. Ein Stück Kupfer besitze das Gewicht $m = 1000$ g, die spezifische Wärme $c = 0{,}092$ cal/g °C und die Oberfläche $F = 50\,\text{cm}^2$ und sei mit einem $d = 0{,}2$ cm starken Wärmeisolator mit der Wärmeleitfähigkeit $\lambda = 0{,}01$ cal/cm sec °C allseitig umgeben, dessen Außenfläche auf eine konstante Temperatur gehalten werde. Welche Übertemperatur nimmt das Kupfer im Endzustand an, wenn im Kupfer eine elektrische Leistung $N = 1000$ Watt in Wärme umgesetzt wird?

Lösung. Entsprechend dem elektrischen Wärmeäquivalent beträgt die Wärmeeinströmung $Q = 235{,}65$ cal/sec. Im Endzustand fließt dieselbe Wärmemenge unter der Einwirkung der Übertemperatur durch den Wärmeisolator ab. Daher ist die Übertemperatur

$$T_{ü} = \frac{d \cdot Q}{F \cdot \lambda} = 94{,}2\ °\text{C}\,.$$

Aufgabe. Welchen zeitlichen Verlauf hat die Übertemperatur, wenn die Wärmequelle zur Zeit $t = 0$ eingeschaltet wird?

E. Schaltungen mit aktiven Elementen.

I. Mechanische Verstärker.

Die bisher betrachteten Systeme enthalten nur passive Elemente, welche eine zugeführte Energie nur mit Verlusten speichern und wieder abgeben oder vollständig verbrauchen können. Zwar kann eine bestimmte Ursache auch in einem passiven System vergrößert werden, z. B. kann man die Spannung *oder* den Strom bzw. die Kraft *oder* die Geschwindigkeit in einer rein passiven Anordnung erhöhen, niemals aber das Produkt beider Größen, die Leistung.

Eine Erhöhung der Leistung, also eine echte Verstärkung, kann nur dann auftreten, wenn das System eine steuerbare Energiequelle enthält, an der mit geringen Steuerleistungen größere Leistungen frei gemacht werden. Ein einfacher elektrischer Schalter ist bereits ein solches Element.

Da die folgenden Betrachtungen sich nicht auch auf unstetig arbeitende Verstärker erstrecken sollen, seien bekannte Beispiele für stetig wirkende Verstärker genannt: Ein elektrischer Verstärker ist die Elektronenröhre, bei der die am Gitter liegende Spannung den Anodenstrom steuert. Ein mechanischer Verstärker ist der Kraftwagenmotor, bei dem ein mehr oder weniger starker Druck auf den Gashebel eine entsprechende Erhöhung oder Verminderung der Umdrehungszahl zur Folge hat.

Natürlich kann man statt des Druckes auch die Auslenkung des Gashebels aus seiner Ruhelage als Ursache annehmen. Beide hängen ja unmittelbar miteinander zusammen. Ebenso ist es möglich, nicht die Umdrehungszahl, sondern das abgegebene Drehmoment als Wirkung anzusehen. Auch hierbei besteht ein Zusammenhang über den inneren Widerstand des Motors und seiner äußeren Belastung.

II. Vergleich zwischen Verstärkern und Reglern.

Beim Verstärker und beim Regler stehen zwei verschiedene Gesichtspunkte im Vordergrund der Aufmerksamkeit: beim Verstärker ist es die Möglichkeit, mit einer kleinen Leistung eine hohe Leistung auszulösen, beim Regler dagegen ist es die Genauigkeit der Einhaltung eines vorgegebenen Sollwertes. Trotzdem ist der Regler auch ein Verstärker (s. Abb. 130): die geringe vom Fühler aufgenommene Energie wird verstärkt, sie steuert das Stellglied, gegebenenfalls ist noch ein Regelverstärker zwischengeschaltet.

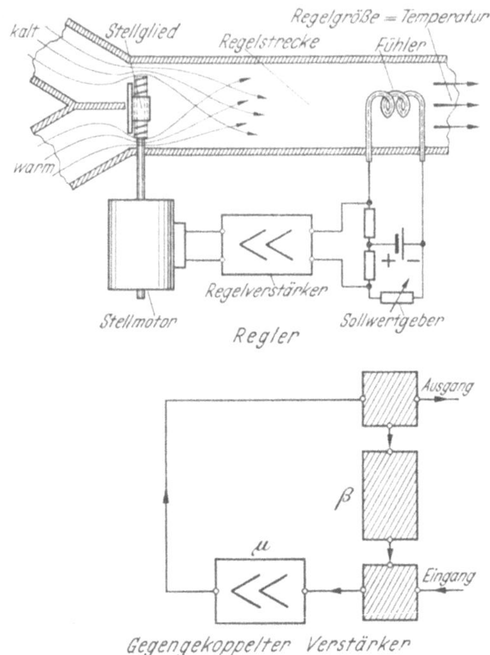

Abb. 130. Analogie zwischen einem Regler und einem gegengekoppelten Verstärker. Der gegengekoppelte Verstärker kann als ein Folgeregler mit kontinuierlich veränderlichem Sollwertgeber aufgefaßt werden.

Der gegengekoppelte Verstärker ist ein besonders einfaches Beispiel eines programmgesteuerten Reglers: Die von außen angelegte Eingangsspannung gibt mit dem Faktor $1/\beta$ den Sollwert, den die Ausgangsspannung erreichen soll. Daher wird in einem Vergleichsglied der β-te Teil der Ausgangsspannung mit der Eingangsspannung verglichen und die um den Faktor μ verstärkte Differenz der Ausgangsspannung überlagert. Die Polung wird so gewählt, daß der Fehler verkleinert wird. Der gegengekoppelte Verstärker ist also ein mit hoher Geschwindigkeit arbeitender Regler, bei dem der Sollwert sich fortlaufend ändert. Im allgemeinen fehlen ihm die sonstigen Bestandteile eines Regelsystems, wie Fühler, Stellmotor usw., weil meistens eine Umsetzung auf andere Größen, z. B. von Temperatur auf elektrische Spannung, von elektrischer Spannung auf mechanischer Auslenkung, nicht erfolgt. Faßt man den Begriff Verstärker sehr allgemein, so ist dieser Unterschied nicht wesentlich. Die Regeltechnik kann daher die in den vorhergehenden Kapiteln angestellten Betrachtungen als die Behandlung eines besonders einfachen Regelsystems ansehen, das allerdings dafür auch besonders hohe Anforderungen an die Regelschärfe erfüllen soll.

F. Zusammenfassung.

1. Zwischen mechanischen und elektrischen Elementen können Analogien gebildet werden. Analog sind diejenigen Größen, welche in gleichartig aufgebauten Gleichungen an der entsprechenden Stelle stehen.

2. Es gibt zwei Möglichkeiten der Zuordnung mechanischer und elektrischer Elemente zueinander.

3. Die Analogiebildung erstreckt sich auch auf die Ersatzquellen für den Generator und auf die Schaltverbindungen unter den Elementen.

4. Die Analogien sind ein besonders geeignetes Hilfsmittel bei der Behandlung von mechanisch-elektrischen Wandlern.

5. Auch Schaltelemente mit verteilten Eigenschaften bieten Analogien; bei dieser Gelegenheit wird der Einfluß der Zuleitungsdrähte behandelt.

6. Systeme mit gesteuerten mechanischen Kraftquellen können zu den elektrischen Verstärkern in Analogie gesetzt werden. Ist außerdem noch eine Rückführung vorhanden, so entspricht das mechanische System einem gegengekoppelten Verstärker.

7. Einen gegengekoppelten Verstärker kann man umgekehrt als einen programmgesteuerten Regler ansehen; die Eingangsspannung entspricht der Einstellung des Sollwertgebers.

Schrifttum.

Bücher.

BARTELS, HANS: Grundlagen der Verstärkertechnik, 3. Aufl. Leipzig: Hirzel 1944.
BETZ, ALBERT: Konforme Abbildung. Berlin/Göttingen/Heidelberg: Springer 1948.
BIEBERBACH, LUDWIG: Lehrbuch der Funktionentheorie. Leipzig u. Berlin: Teubner 1930.
BÔCHER, MAXIME: Einführung in die höhere Algebra. Leipzig u. Berlin: Teubner 1925.
BOCHNER, S.: Vorlesungen über Fouriersche Integrale. Leipzig: Akad. Verlagsgesellschaft 1932.
BODE, H. W.: Network analysis and feedback amplifier design, 4. Aufl. New York: van Nostrand 1947.
CARATHÉODORY, C.: Funktionentheorie, Bd. I u. II. Basel: Birkhäuser 1950.
CAUER, W.: Theorie der linearen Wechselstromschaltungen. Leipzig: Akad. Verlagsgesellschaft 1941.
CHERRY, COLIN: Pulses and Transients in Communication Circuits. London: Chapman & Hall 1949.
CHURCHILL, RUEL V.: Fourier series and boundary value problems. New York u. London: McGraw-Hill 1941.
— Modern operational mathematics in engineering. New York u. London: McGraw-Hill 1944.
Cruft Laboratory: Electronic Circuits and Tubes. New York u. London: McGraw-Hill 1947.
CUCCIA, C. LOUIS: Harmonics, Sidebands and Transients in Communication Engineering. New York: McGraw-Hill 1952.
DAUDT, WALTER: Einführung in die Lehre von den komplexen Zahlen und Zeigern. Stuttgart: Hirzel 1951.
DOETSCH, G.: Tabellen zur Laplace-Transformation und Anleitung zum Gebrauch. Berlin u. Göttingen: Springer 1947.
— Handbuch der Laplace-Transformation I. Basel: Birkhäuser 1950.
— Theorie und Anwendung der Laplace-Transformation. Berlin: Springer 1937.
DÖRRIE, HEINRICH: Determinanten. München u. Berlin: Oldenbourg 1940.
— Einführung in die Funktionentheorie. München: Oldenbourg 1951.
DROSTE, H. W.: Die Lösung angewandter Differentialgleichungen mittels Laplacescher Transformation. Berlin: Mittler 1939.
FALCKENBERG, HANS: Komplexe Reihen. Berlin u. Leipzig: de Gruyter 1931.
FELDTKELLER, R.: Einführung in die Theorie der Rundfunk-Siebschaltungen. Leipzig: Hirzel 1940.
— Einführung in die Theorie der Spulen und Übertrager mit Eisenblechkernen. Leipzig: Hirzel 1944.
— Einführung in die Vierpoltheorie der elektrischen Nachrichtentechnik. Leipzig: Hirzel 1937.
GOLDMAN, STANFORD: Frequency analysis, modulation and noise. New York, Toronto u. London: McGraw-Hill 1948.
GUILLEMIN, ERNST: Communication Networks, Bd. I u. II. New York: Wiley; Bd. I, 6. Aufl. 1949; Bd. II, 7. Aufl. 1947.
— The mathematics of circuit analysis. New York: Wiley 1950.
HÄNNY, JOST: Regelungstheorie. Zürich: Leemann 1947.
HECHT, HEINRICH: Die elektroakustischen Wandler. Leipzig: Barth 1951.
— Schaltschemata und Differenzialgleichungen elektrischer und mechanischer Schwingungsgebilde. Leipzig: Barth 1950.
HEINHOLD, JOSEF: Theorie und Anwendung der Funktionen einer komplexen Veränderlichen. München: Leibniz-Verlag 1948.
HURWITZ-COURANT: Funktionentheorie, 3. Aufl. Berlin: Springer 1929.
KOWALEWSKI, G.: Einführung in die Determinantentheorie. Berlin u. Leipzig: Teubner 1925.
KÜPFMÜLLER, KARL: Die Systemtheorie der elektrischen Nachrichtenübertragung. Stuttgart: Hirzel 1949.
LEONHARD, A.: Die selbsttätige Regelung. Berlin/Göttingen/Heidelberg: Springer 1949.

MEYER-EPPLER, WERNER: Experimentelle Schwingungsanalyse. Ergebn. exakt. Naturw. Berlin/Göttingen/Heidelberg: Springer 1950.
MÖLLER, HANS-G.: Grundlagen und mathematische Hilfsmittel der Hochfrequenztechnik, 2. Aufl. Berlin: Springer 1945.
NEISS, FRITZ: Determinanten und Matrizen. Berlin/Göttingen/Heidelberg: Springer 1948.
OBERDORFER, G.: Lehrbuch der Elektrotechnik, II. Band. München: Leibniz-Verl. 1949.
OLLENDORF, FRANZ: Die Welt der Vektoren. Wien: Springer 1950.
OLSON, HARRY: Dynamical Analogies. New York: Nostrand 1943.
OPPELT, WINFRIED: Grundgesetze der Regelung. Wolfenbüttel u. Hannover: Wolfenb. Verlagsanst. 1947.
— Stetige Regelvorgänge. Wolfenbüttel u. Hannover: Wolfenb. Verlagsanst. 1949.
OSGOOD, W.: Lehrbuch der Funktionentheorie. Leipzig und Berlin: Teubner 1912.
PHILIPPS, E. G.: Functions of a complex variable with applications. Edinburgh u. London: Oliver and Boyd 1947.
ROTHE, HORST, u. WERNER KLEEN: Grundlagen und Kennlinien der Elektronenröhren, 3. Aufl. Leipzig: Akad. Verlagsgesellschaft 1948.
SCHMEIDLER, WERNER: Vorträge über Determinanten und Matrizen mit Anwendungen in Physik und Technik. Berlin: Akad. Verl. 1949.
SCHUMANN, W. O.: Elektrische Wellen. München: Hauser 1948.
SMITH, ED. SINCLAIR: Automatic Control Engineering. New York u. London: McGraw-Hill 1944.
SPANGENBERG, KARL: Vacuum tubes. New York, Toronto u. London: McGraw-Hill 1948.
STRECKER, FELIX: Die elektrische Selbsterregung mit einer Theorie der aktiven Netzwerke. Stuttgart: Hirzel 1947.
— Praktische Stabilitätsprüfung. Berlin/Göttingen/Heidelberg: Springer 1950.
STRUTT, M. J. O.: Moderne Mehrgitter-Elektronenröhren. Berlin: Springer 1940.
— Verstärker und Empfänger, 2. Aufl. Berlin/Göttingen/Heidelberg: Springer 1951.
WAGNER, K. W.: Einführung in die Lehre von den Schwingungen und Wellen. Wiesbaden: Dieterich 1947.
— Operatorenrechnung und Laplacesche Transformation nebst Anwendungen in Physik und Technik, 2. Aufl. Leipzig: Barth 1950.
WIENER, NORBERT: Cybernetics. New York: Wiley 1948.

Aufsätze.

ADAM, E.: Berechnung von Schaltvorgängen in elektrisch kurzen Netzwerken mit Methoden der Funktionentheorie. Ö. T. F. Bd. 5 (1951) H. 9, 10 S. 117—130.
BADER, WILHELM: Kettenschaltungen mit vorgeschriebener Kettenmatrix. T. F. T. Bd. 32 (1943) H. 6 S. 119—147.
— Kopplungsfreie Kettenschaltungen. T. F. T. Bd. 31 (1942) H. 7 S. 255—265.
BLACK, H. S.: Stabilized feedback amplifiers. Bell Syst. techn. J. Bd. 13 (1934) S. 1—18.
BODE, H. W.: A general theory of electric wave filters. J. Math. Phys. Bd. 13 (1934) S. 275—362.
— A method of impedance correction. Bell Syst. techn. J. Bd. 18 (1939) S. 794—835.
— Relations between attenuation and phase in feedback amplifier design. Bell Syst. techn. J. Bd. 19 (1940) S. 421.
BOOTHROYD, A. R., E. C. CHERRY u. R. MAKAR: An electrolytic tank for the measurement of steady-state response, transient response and allied properties of networks. Proc. I. E. E. (I) Bd. 96 (1949) S. 163—177.
BOOTHROYD, A. R.: Design of electric wave filters with the aid of the electrolytic tank. Mon. Inst. E. E. Nr. 8 (1951) S. 65—91.
BRUNE, OTTO: Synthesis of a finite, two-terminal network whose driving point impedance is a prescribed function of frequency. J. Math. Phys. Bd. 10 (1931) Nr. 3 S. 191—236.
BUBB, F. W. JR.: A network theorem and its application. Proc. I. R. E. (1951) S. 685—688.)
BUTTERWORTH, S.: On the theory of filter amplifiers. Exp. Wireless Bd. 7 (1930) S. 536 bis 541.
CAMPBELL, GEORGE A.: Physical Theory of the electric wave filter. Bell Syst. techn. J. (1922) Bd. 2 H. 2 S. 1—32.
CAUER, W.: Das Poissonsche Integral und seine Anwendungen auf die Theorie der linearen Wechselstromschaltungen (Netzwerke). ENT Bd. 17 H. 1 (1940) S. 17—30.
— Ideale Transformatoren und lineare Transformationen. Bd. 9 ENT (1932) H. 5 S. 157 bis 174.
— Siebschaltungen. Berlin: VDI-Verlag (1931).
— Vierpole. ENT Bd. 6 (1929) H. 7 S. 272—282.
CHESTNUT, HAROLD, u. ROBERT W. MAYER: Comparison of steady state and transient performance of servomechanisms. Trans. Amer. Inst. electr. Engrs. Bd. 68 (1949) S. 765 bis 777.

DARLINGTON, SIDNEY: The Potential Analogue Method of Network Synthesis. Bell Syst. techn. J. Bd. 30 (1951) S. 315—365.
DUERDOTH, W. T.: Some considerations in the design of negative feedback amplifiers. Proc. E. E. Pt III 97 (1950) S. 138—158.
EPHESER, H., u. H. GLUBRECHT: Die Grundlagen der Siebschaltungstheorien und ihre Anwendungen. ENT Bd. 17 (1940) H. 8 S. 169—192.
GEWERTZ, CHARLES M. SON: Synthesis of a finite, fourterminal network from its prescribed driving-point functions and transfer function. J. Math. Phys. Bd. 12 (1933) S. 1—257.
GILLIES, A. W.: The application of power series to the solution of non-linear circuit problems. Proc. I. E. E. (III) Bd. 44 (1949) S. 453—475.
GLOWATZKI, E.: Entwurf und Beispiele symmetrischer Siebschaltungen nach der Methode von W. CAUER. ENT Bd. 10 (1933) H. 9 S. 377—415.
GÖRK, EUGEN: Stabilitätskriterien. A. E. Ü. Bd. 4 (1950) S. 89—96.
HÄNDLER, W., und J. PETERS: Die Berechnung trägerfrequenter Einschwingvorgänge. F. T. Z. Bd. 6 (1953) H. 4 S. 179—186.
HERZOG, WERNER: Bandfilter, Hoch- und Tiefpässe mit geebnetem Wellenwiderstand. A. E. Ü. Bd. 1 (1947) S. 184—194.
HOWITT, NATHAN: Group theory and the electric circuit. Phys. Rev. Bd. 37 (1931) S. 1883 bis 1895.
HURWITZ, A.: Über die Bedingungen, unter welchen eine Gleichung nur Wurzeln mit negativen reellen Teilen besitzt. Math. Ann. Bd. 46 (1895) S. 273—284.
KÄMMERER, H.: Die Frequenzabhängigkeit des Klirrfaktors von Spulen mit Eisenblechkernen. A. E. Ü. Bd. 4 (1950) S. 249.
KELL, R. D., u. G. L. FREDENDALL: Selective side-band transmission in Television. RCA Rev. Bd.4 (1939/40) S. 425—440.
KIRSCHNER, N.: Allgemeine Netzwerktheorie. A. E. Ü. Bd. 4 (1950) S. 367—373.
KIRSCHSTEIN, F.: Zum Stabilitätskriterium von H. NYQUIST. A. E. Ü. Bd. 4 (1950) S. 195.
KLEINWÄCHTER, HANS, u. H. WOJTECH: Graphische Ermittlung der Einschwingvorgänge von Schwingungssystemen mittels komplexer Darstellung. A. E. Ü. Bd. 2 (1948) S. 69 bis 75.
KNESER, HANS O.: Bemerkungen über Definition und Messung der Frequenz. A. E. Ü. Bd. 2 (1948) S. 167—169.
KNOPP, KONRAD: Theorie und Anwendung der unendlichen Reihen. Berlin: Springer 1931.
KOM, GRANIO A.: Design of d.-c. electronic integrators. Electronics, Bd. 21 (1948) S. 124—126.
KRAMBEER, H. H., u. K. ERDNISS: Die Übertragungseigenschaften eines Kreuzgliedes aus widerstandsreziproken Impedanzen unter besonderer Berücksichtigung der Laufzeit. T. F. T. Bd. 28 (1939) H. 11 S. 395—403.
KÜPFMÜLLER, KARL: Über die Dynamik selbsttätiger Verstärkungsregler. ENT Bd. 5 (1928) Heft 5 S. 459—467.
LEE, Y. W.: Synthesis of electric networks by means of the Fourier transforms of Laguerre's functions. J. Math. Phys. Bd. 11 (1932) S. 83—113.
LEHMANN, N. JOACHIM: Die Stabilitätsfrage bei rückgekoppelten Verstärkern. Z. angew. Math. Mech. Bd. 28 (1948) S. 23—29, 59—64.
LEONHARD, A.: Stabilitätskriterium insbesondere von Regelkreisen bei vorgeschriebener Stabilitätsgüte. Arch. Eisenhüttenw. Bd. 19 (1948) S. 100—107.
LINKE, JOSEF M.: Entwurf von Reaktanzfiltern mit nur einem endlichen Abschlußwiderstand unter Verwendung Zobelscher X-Endglieder. A. E. Ü. Bd. 4 (1950) H. 11 S. 465 bis 474.
MACDIARMID, I. F.: Über die Bedeutung der Nullstellen und Pole eines Netzwerkes für das Verhalten des Einschwingens. Wireless Engr. Bd. 28, Nr. 338 Nov. (1951) S. 330—334.
MEAD, S. P.: Phase Distortion and phase distortion correction Bell Syst. techn. J. Bd. 7 (1928) S. 195—224.
MEYER-EPPLER, WERNER: Die Schwingungsanalyse nach dem Suchton-Verfahren. A. E. Ü. Bd. 4 (1950) S. 331—338.
— Ein Abtastverfahren zur Darstellung von Ausgleichsvorgängen und nichtlinearen Verzerrungen. A. E. Ü. Bd. 2 (1948) S. 1—14.
MOSS, H.: Die Einschwingvorgänge von RC-Schaltungen beim Einheitssprung. Wireless Engr. Bd. 28 Nr. 338 Nov. (1951) S. 345—349.
MURAKAMI, T., u. M. CORRINGTON: Relation between amplitude and phase in electrical networks. RCA Rev. Bd. 9 (1948) S. 602—631.
NADLER, MORTON: The Synthesis of electric networks according to prescribed transient conditions. Proc. I. R. E. Bd. 37 (1949) S. 627—633.
NYQUIST, H.: Regeneration Theory. Bell Syst. techn. J. Bd. 11 (1932) S. 126—147.
OPPELT, WINFRIED: Graphische Verfahren zur komplexen Multiplikation. A. E. Ü. Bd. 2 (1948) S. 76—78.

PETERS, JOHANNES: Berechnung von Verzerrungen bei vorgegebener statischer Kennlinie. H. F. E. Bd. 57/58 (1941) S. 39/40.
— Wann gilt das Stabilitätskriterium nach NYQUIST? A. E. Ü. Bd. 4 (1950) S. 286/287.
— Über die praktische Bedeutung komplexer Frequenzen für die elektrische Übertragungstechnik. A. E. Ü. Bd. 6 (1952) S. 401—413.
— Rückführung eines trägerfrequenten Einschwingvorganges auf einen komplexen niederfrequenten Vorgang. A. E. Ü. Bd. 6 (1952) S. 513/514.
— Trägerfrequenzsysteme ohne lineare Verzerrungen. A. E. Ü. Bd. 5 (1951) S. 509—515.
PILOTY, H.: Konjugierte Impedanzen und Weichenfilter. T. F. T. Bd. 31 (1942) H. 10 S. 255 bis 265.
— Reaktanzvierpol mit gegebenen Sperrstellen und gegebenem einseitigen Leerlauf- und Kurzschlußwiderstand. A. E. Ü. Bd. 1 (1947) S. 59—70.
— Über Reaktanzvierpole. ENT Bd. 14 (1937) H. 3 S. 88—117.
— Weichenfilter. T. F. T. Bd. 28 (1939) H. 8 S. 291—297; H. 9 S. 333—344.
— Wellenfilter, insbesondere symmetrische und antimetrische, mit vorgeschriebenem Betriebsverhalten. T. F. T. Bd. 28 (1939) H. 10 S. 363—375.
POL, BALTH. VAN DER: Mathematics and radio problems. Philips Res. Rep. Bd. 3 (1948) S. 174—190.
SCHIENEMANN, RUDOLF: Trägerfrequenzverstärker großer Bandbreite mit gegeneinander verstimmten Kreisen. T. F. T. Bd. 28 (1939) H. 1 S. 1—7.
SCHNEIDER, PETER: Einschwingvorgänge in zwei gekoppelten linearen Schwingungsgebilden, Art und Größe der Kopplung. A. E. Ü. Bd. 1 (1947) S. 91—100.
SCHULZ, HERMANN: Über Wesen, Sinn und Zweck der Laplace-Transformation. T. F. T. Bd. 29 (1940) S. 95—100, 137—147, 235—245; (1941) S. 95—108.
SCHUNACK, JOHANNES: Der Einfluß des übertragenen Frequenzbandes auf die Güte des Fernsehbildes. A. E. Ü. Bd. 3 (1949) S. 301—304, 323—326; Bd. 4 (1950) S. 75—80, 113—120.
— Die Wiedergabe der mittleren Helligkeit eines Fernsehbildes bei Direktverstärkung. A. E. Ü. Bd. 1 (1947) S. 127—136.
SKWIRZYNSKI, J. K.: The response of a vestigial side-band system to a „sine-squared" step function. Marconi-Review Bd. 16 (1953) S. 8—24.
SLOOTEN, J. VAN: A simple oscilloscope for unit function response testing of networks. Electron. Appl. Bull. Bd. 11 (1950) S. 134—139.
STEFFENHAGEN, KURT: Über die Realisierung von Wechselstromwiderständen nach der Methode von Dr.-Ing. W. CAUER, mit Hilfe der Partialbruchzerlegung. ENT Bd. 13 (1936) H. 10 S. 357—361.
STRECKER, FELIX: Aktive Netzwerke und das allgemeine Ortskurvenkriterium für die Stabilität. Frequenz Bd. 3 (1949) S. 78—84.
— Anleitung zur praktischen Stabilitätsprüfung mittels Ortskurven. Elektrotechn. Bd. 3 (1949) S. 379—388.
— Stabilitätsprüfung durch geschlossene und offene Ortskurven. A. E. Ü. Bd. 4 (1950) S. 199—206.
TANNER, J. A.: Über Filter mit den Bodeschen Beziehungen für minimalen Phasengang und Anwendung in der Regeltechnik. Electronic Eng. Bd. 23 Nr. 285 (1951) S. 418 bis 423.
TASNY-TSCHIASSNY, L. DOE, A. G.: Die Lösung algebraischer Gleichungen und Polynome mit Hilfe des elektrolytischen Tanks. Nature, Bd. 168 Nr. 4277 (1951) S. 702—703.
TELLEGEN, B. D. H., u. J. HAANTJES: Gegenkopplung. ENT Bd. 15 (1938) H. 12 S. 353—358.
THOMAS, D. E.: Tables of Phase associated with a Semi-Infinite Unit Slope of Attenuation. Bell Syst. techn. J. Bd. 26 (1947) S. 870—899.
WAGNER, K. W.: Über den Zusammenhang von Amplituden- und Phasenverzerrung. A. E. Ü. Bd. 1 (1947) S. 17—28.
WALLMAN, HENRY: Stagger-tuned amplifier design. Electronics, Bd. 21 (1948) S. 100—105.
WALTHER, ALWIN und DÖRR, JOHANNES: Typische Einschwingvorgänge zu fundamentalen Übertragungsfunktionen. A. E. Ü. Bd. 7 (1953) S. 379—386.
WHEELER, H. A.: Wideband amplifiers for television. Proc. I. R. E. Bd. 27 (1939) S. 429.
— The solution of unsymmetrical-side-band problems with the aid of the zero-frequency carrier. Proc. I. R. E. Bd. 29 (1941) S. 446—458.
YU, Y. P.: Bridge-balanced amplifiers. Electronics, Bd. 21 (1948) S. 111—123.
ZIEL, A. VAN DER, u. K. S. KNOL: On the power gain and the band width of feedback amplifier stages. Philips Res. Rep. Bd. 4 (1949) S. 168—178.
ZOBEL, OTTO J: Distortion correction in electrical circuits with constant resistance recurrent networks. Bell Syst. techn. J. Bd. 10 (1931) S. 438—533.
— Extensions to the theory and design of electric wave filters. Bell Syst. techn. J. Bd. 7 (1928) S. 284—341.

Sachverzeichnis.

(Ohne die aus dem Inhaltsverzeichnis ersichtlichen Schlagworte.)